U0175178

本书获武夷学院、数字福建旅游大数据研究所基金资助

世界遗产地茶文化空间演化研究

郭伟锋 著

九州出版社
JIUZHOUPRESS

图书在版编目（CIP）数据

世界遗产地茶文化空间演化研究 / 郭伟锋著 . — 北京：九州出版社，2020.9

ISBN 978-7-5108-9520-3

Ⅰ . ①世… Ⅱ . ①郭… Ⅲ . ①武夷山—茶文化—研究 Ⅳ . ① TS971.21

中国版本图书馆 CIP 数据核字（2020）第 172260 号

世界遗产地茶文化空间演化研究

作　　者	郭伟锋　著	
出版发行	九州出版社	
地　　址	北京市西城区阜外大街甲 35 号（100037）	
发行电话	（010）68992190/3/5/6	
网　　址	www.jiuzhoupress.com	
电子信箱	jiuzhou@jiuzhoupress.com	
印　　刷	天津雅泽印刷有限公司	
开　　本	710 毫米 ×1000 毫米　16 开	
印　　张	21.25	
字　　数	315 千字	
版　　次	2021 年 1 月第 1 版	
印　　次	2021 年 1 月第 1 次印刷	
书　　号	ISBN 978-7-5108-9520-3	
定　　价	88.00 元	

目　录

第一章　绪论

第一节　问题缘起与研究意义

一、问题缘起

（一）社会背景：现代化进程与城镇空间生存悖论

19世纪中叶至今，现代化一直是中国社会重要的理论和实践话题之一。改革开放以来，我国的现代化建设推动了城镇化快速发展，2014年城镇化率提升到54.77%，城镇人口开始占据主导地位。城镇空间迅速扩张的同时，城镇居民处于一种生存悖论状态，即人住进了高楼大厦，精神却在外面淋雨。

（1）人的生存向度从时空维度解读为：时间上，机械乏味；空间上，狭隘封闭。结果是人被安置于一个充满不确定性的、全面异化的城市生活之中，内在于生活世界的自在价值随之被埋葬了。现代化、城镇化招致了时空的异化，人成为工具理性役使下的"单向度的人"。

（2）旅游地成为人们的"精神家园"。旅游地的游览性、休闲性、娱乐性迥异于惯常生活环境，成为寻求愉悦感的"异位空间"，旅游活动是人们对精神家园的寻觅。

（二）产业背景：文化空间与旅游新业态的契合

（1）旅游业进入大众旅游时代，产业发展空前繁荣。我国从发展旅游业以来，已经历了产品和产业两个重要的发展阶段。20世纪80年代，地方政府把景区包装成旅游产品，可以筑巢引凤，吸引大批游客参观游览。90年代，随着游客的增多，围绕着游客食、住、行、游、购、娱旅游产业供给链逐渐形成。今天，产业规模不断扩大，产业发展空前繁荣。2015年，国内旅游人数达到40亿人次，人均出游达3次之多，解决就业人数达到7911万人，占全国就业比重为10.2%。旅游不但已成为居民日常生活的必要组成部分，而且也名副其实地成为国民经济的支柱产业。

（2）产业转型升级，文化空间地位突显。大众旅游时代的到来是个喜讯，互联网与旅游的结合，加快了旅游产业的转型升级。现代游客已经从"下车拍照，上车睡觉"的"经历游"转向了文化、休闲、体验的"享受游"，供给侧不断涌现的新产品、新线路、新方式中更多融入了"商、养、学、闲、情、奇"等文化元素。在出游方式上，自由行超过85%，自驾游超过60%。而且，随着80后、90后这批年轻游客群体中的主力军兴起，越来越多个性化、定制化、地方性的旅游产品逐步占领市场，文化空间已不仅是为游客提供游览服务的地理和物理场所，而是为游客提供分享和体验的精神场所。

（3）旅游地文化空间种类繁多，特色越来越明显。旅游产业生产出来的文化空间的基础是景区、饭店、购物场所、休憩商务区、接待中心、机场等组成的复杂空间网络。今天，除了传统"高大上"的A级景区、星级饭店等传统的文化空间外，博物馆、文化遗址、主题公园、游憩商务区、古城、古镇、古街、民俗文化生态村、演艺场、农家乐等文化空间逐渐向游客开放，与此同时，"低小吊"的房车营地、帐篷度假营地、树屋等新兴空间已经开始占领年轻游客的市场。旅游地文化空间不仅种类繁多，而且，更具有艺术性、人文性、诗意性、体验性等，例如北京798艺术区、深圳华侨城、阳朔西街、丽江古城、厦门曾厝垵等。今天的旅游目的地更注重小尺度空间文化氛围的提升，即便是停车场、游客服务中心、旅游厕所等都要进行人性化设计，融入众多的文化元素。总之，文化空间在旅游地的兴起不仅符合旅游业新常态的发展需求，而且也迎合着现代游客的审美需求，是旅游供给侧改革和发展的新领域。

（三）学术背景：旅游研究中地理空间的"文化转向"

范式是解释世界的工具，空间的研究同样经历着范式的转变。空间构造同社会形态相关，其布局呼应人类的生存模式。随着对空间问题研究的不断深入，"场所论""载体论""容器论"等传统的自然空间观已不能反映空间、社会、文化之间的交互影响。19世纪末，德国著名地理学家拉采尔开启了西方人文地理学研究的先河，自那时起，空间和文化的结合成为地理学的核心议题。20世纪60年代，列斐伏尔、福柯、苏贾、吉登斯、哈维、布迪厄等理论家把空间问题推向"社会学前沿"。当下，文化空间研究已映入旅游学者的眼帘。空间意象、地方感、景观图景、文化特质、符号消费等文化范畴成为旅游地文化消费的主要元素，旅游地理宏观尺度的"文化区域"研究已逐步转向微观尺度的"文化空间"研究。不过，目前旅游地文化空间的研究处于碎片化和边缘化状态，概念、要素构成、旅游开发等方面的研究相对较多，定性研究多，定量研究少。对旅游地文化空间的形成进行研究，以观照旅游推动下空间演化的驱动机制和演化机理，更是存在着较为广阔的拓展空间。

二、研究意义

（一）理论意义

本书在研究文化转向的启示下，把空间置入文化视域，观测旅游地茶文化空间的形成过程，揭示旅游地茶文化空间的形成机理。当前研究，轻空间文化，重空间物质结构，该研究一定程度上可以突破这一现象，拓展旅游地研究新领域，挖掘茶文化空间的空间特性及文化本质，强化人们对茶文化空间的认同感。

（二）实践意义

（1）茶文化空间具有较强的吸引物价值，一般通过文化特性和空间功能来实现。通过茶文化空间研究，挖掘空间的服务功能、文化特质、经济属性，丰富旅游文化产品，实现文化空间的旅游化生存，有利于指导旅游业可持续发展。

（2）深入研究旅游地茶文化空间的形成、演化机理，为我国旅游资源的开发利用、文化传播、文化遗产保护等寻找一般性规律。

第二节　相关概念辨析与研究综述

一、相关概念辨析

（一）旅游地

旅游地不仅是旅游吸引物的载体，而且是游客接待、旅游活动的载体，是旅游产业系统中最为活跃及富有生命力的要素。旅游地物理空间的地理属性，使其在概念界定时，大多具有地理学的色彩。黄羊山等（1999）定义"旅游地"为一定阶层旅游者的"地域组合"，是旅游的主要活动空间。它的特征有：由若干个具有空间尺度、景区数量、旅游资源丰裕度、旅游经济结构和规模等要素组成的地域空间[①]。保继刚等（2010）界定旅游地为旅游者停留和活动的地理场所，在这样一个场所里有机地使旅游资源、旅游基础设施、旅游专用设施及其他的相关条件结合在一起[②]。可见，这些概念是人地关系为核心的地理系统的重要组成部分，并表现出如下特征：

其一，具有一定数量的旅游吸引物。这些吸引物具有异质性及地域特色，能够满足游客旅游活动的需要，吸引他们前来参观游览。

其二，具有场所、场域、区域等物理空间的自然属性。它不仅是游客活动的承载，而且是旅游基础设施、旅游专用设施的空间载体。

---

① 黄羊山，王建瓶. 旅游规划. 福州：福建人民出版社，1999.

② 保继刚，楚义芳等. 旅游地理学. 北京：高等教育出版社，2010.

其三，具有较为完整的社会经济结构。旅游地为游客提供景区、饭店、购物场、休憩商务区、机场等空间场所，并在每个经济环节强化人性化服务，提升空间的文化氛围和艺术化设计，除了游览性、休闲性之外，文化性也成为旅游地社会经济结构的重要组成部分。本研究把"旅游地"界定为：旅游地是一个承载着文化空间、旅游吸引物及服务设施，既能够为当地居民提供生活方式，又能够为旅游者提供旅游产品服务的多元空间整体。它不仅是一种从事耕植、生产、民俗活动的生活场域，而且是一种从事旅游活动的旅游场域，孕育了丰富的文化空间。

毫无疑问，旅游地是一个具有地理特性的区域空间，尺度作为地理特性测度的基础概念，是旅游地类型划分的重要依据。以尺度为标准，旅游地可分为景点、景区、城市、区域等不同空间类型[①]。空间类型相异，其涉及的范围及文化内涵也不相一致。本研究所指的旅游地就资源类型来看，属于茶文化旅游地；就空间尺度而言，属于景区型旅游地，其特征为：各种吸引游客的事物和因素使旅游地汇合在一定的空间范围，组合成一个较为完整的空间单元，而旅游就是这个单元空间形成和发展的主要推手，推动其建构出一套为旅游者提供服务的社会经济结构及配套设施，随着游客的增多，旅游地空间范围不断扩大，其文化内涵及结构特征不断优化升级。景区型旅游地多为以资源为导向的目的地，其人文景观和自然景观较丰富且集中。如国家风景名胜区、主题公园、世界遗产地等，起步早、发展快、为大众所熟知，是富有代表性的旅游地。

（二）文化空间

文化是精神、物质与制度文明的总和[②]，文化的生成依托于空间载体，人类在改造物质世界的同时改造着自身，在创造文化的同时形成了集体认同的理性化的思维方式并在空间中传承，形成今天的文化空间。

---

① 王丰龙，刘云刚.尺度概念的演化与尺度的本质：基于二次抽象的尺度认识论.人文地理，2015，130（1）：9-15.

② 冯天瑜.中华文化词典.武汉：武汉大学出版社，2001.

1. 文化空间的定义

法国社会学家亨利·列斐伏尔最早在《空间的生产》(The Production of Space)(1974)一书中提出"文化空间"这一概念,他认为"文化空间"作为社会的产物,从来就是切实、有趣,并且是有意义的[①]。而西方学者早期在研究文化遗产时,将其理解为意境空间,Gartner[②](1989)提出了意境空间的旅游形象及游客的感知度,并进一步探讨了形象形成的过程(Gartner,1994)[③]。Mazanec(1994)主要研究意象空间与游客感知的关系[④]。Charlotte(2003)对意境空间的营销模式进行研究[⑤]。Bonn(2007)等探讨了意境空间对游客的吸引力作用[⑥]。John Fiske(1995)指出海滨沙滩举行着不同的文化活动,是一种文化空间[⑦]。如果作为一个较系统探讨的学术范畴,1998年的《人类口头及非物质文化遗产代表作宣言》就使用了这样一个人类学概念,根据概念的内涵和外延,目前全球已推选出10个享誉盛名的文化空间。刘朝晖(2009)认为文化空间既包含了地理意义上的"文化场所",又表现出文化意义上的"隐喻性空间",或称之为几个因子共同

---

① Henri Lefebvre.The Production of Space. Translated by Donald Nicholson-Smith. Blackwell, 1991:25-28.

② Gartner W. Tourism image:Attribute Measurement of State Tourism Products Using Multidimensional Scaling Techniques. Journal of Travel Research, 1989, 28(2):16-20.

③ Gartner W. Image Formation Process. Journal of Travel and Tourism Marketing,1994,2(2):191-216.

④ Mazanec J A. Image Measurement with Self-organizing Maps: A Tentative Application to Austrian Tour Operators.Tourism Review, 1994, 49(3):9-18.

⑤ Charlotte M Echtner,J R Brent Ritchie. The Meaning and Measurement of Destination Image. The Journal of Tourism Studies, 2003, 14(1):37-48.

⑥ Bonn M A, Joseph-Matthews M S, Dai M, Hayes S and Cave J. Culture and Heritage Attraction Atmospherics:Creating the Right Environment for Visitors.Journal of Travel Research. 2007, 45(4):345-354.

⑦ Fiske John. Heading the Popular. London:Routledge, 1995:43- 76.

烘托而成的一个"文化氛围"（张晓萍，2010）[①]。总之，学术界对文化空间的理解见仁见智，争鸣不一，目前主要表现为人类学、遗产学和文化学方面的定义（表1-1）。

表1-1 文化空间的定义

序号	定义者（时间）	文化空间的定义	学科取向
1	联合国教科文组织（1998）	文化空间，人类学概念，是指一个集中了民间和传统文化活动的地点。一般也按其确定某一周期（季节、日程表、周期等）或某一事件为特点的一段时间。特定时间与地点的存在依赖于人们传统文化活动本身的存在。	人类学遗产学文化学
2	爱德蒙·木卡拉（1998）	文化空间是一个人类学的概念，它指的是传统的或民间的文化表达方式有规律性地举行的地方。文化空间既包括民间传统文化活动集中的地区，又包括特定文化活动所选的时间。	
3	国务院办公厅（2005）	文化空间是定期举行传统文化活动或集中展现传统文化表现形式的场所，具有空间性与时间性。	
4	章剑华（2007）	文化空间是指文化存在所占用的现实空间，通常是指文化形式、文化范围和文化内容。	
5	乌丙安（2007）	根据民间约定俗成的古老习惯确定的时间和固定的场所，用以举行传统的大型综合性的民族、民间文化活动，就是非物质文化遗产的文化空间。	
6	向云驹（2008）	文化空间是指一个具有文化意义或性质的物理空间、地点、场所，是人和文化共同存在的重要场所。	
7	苗伟（2010）	文化空间是人的世界的一种基本的存在形式。也就是说，文化空间是人及其文化赖以存在和发展的场所，是空间的文化性与文化的空间性的统一。	
8	朴松爱、樊友猛（2012）	文化空间是以文化核心理念为焦点，以区域文化资源为依托，以社区参与为基础，通过市场产业化的运营与保护，构建起的表现文化精髓的立体化存在。	

---

① 张晓萍，李鑫. 基于文化空间理论的非物质文化遗产保护与旅游化生存实践. 学术探索，2010（6）：105-109.

文化空间概念的内在规定性表现出如下特点：

①人类学特征。文化空间突出人类活动所特有的社会民族性和历史传统性，关注的是族群和社区，人类学特征显著。

②文化独特性。区别于村落、学校、医院、社区等"泛文化空间"，文化空间聚焦于文化的古老性、历史性、民族性、活态性、传承性和周期性等文化内容所特有的性质。

③空间尺度小，文化空间也被称作"文化场所"，是集中举行传统节事的场所，局限在一定的区域内，范围、尺度较小。

2. 文化空间的特性

文化空间作为人类特定活动方式的空间，包含了诸多空间特性。陈虹（2006）认为时间性、空间性、文化性是文化空间的主要特征[1]。张博（2007）提出了活态性、传统性、整体性特征[2]。向云驹（2008）认为文化空间不仅包括物理和地理这两个自然特征，还有周期、综合、神圣等文化特征[3]；苗伟（2010）提出不可逆性、动态性、意识形态性等特征[4]。对于中小尺度的文化空间特性，学术界也开始涉猎。萧放（2010）提出城市文化空间具有公共性、参与性、信仰性和娱乐性等特征[5]。王晴（2013）指出图书馆是一个具有文化、伦理、社会特性的场所[6]。李星明（2015）将旅游地文化空间的特性概括为时空性、开放性、活态性和展示性[7]。总之，文化空

---

① 陈虹. 试谈文化空间的概念与内涵. 学术论坛，2006（4）：44–47.

② 张博. 非物质文化遗产的文化空间保护. 青海社会科学，2007，9（1）：33–37.

③ 向云驹. 论"文化空间". 中央民族大学学报，2008，35（3）：81–88.

④ 苗伟. 文化时间与文化空间：文化环境的本体论维度. 思想战线，2010，36（1）：101–106.

⑤ 萧放. 城市节日与城市文化空间的营造——以宋明以来都市节日为例. 西北民族研究，2010，67（4）：99–110.

⑥ 王晴. 论图书馆作为公共文化空间的价值特征及优化策略. 图书馆建设，2013（2）：77–80.

⑦ 李星明. 旅游地文化空间及其演化机理. 经济地理，2015，35（5）：174–179.

间凝聚着人类的社会活动而具有社会性，作为社会活动的载体而具有空间性，文化空间根据在人的凝视下进行规划、设计、规训和改造，建构出适合人的要求的人为空间，进而具有文化性。

3．文化空间的构成要素

文化空间由关键性文化要素构成。MacCannell（1979）认为文化空间包含着原创的传统文化要素[①]。关昕（2007）把这种传统文化要素概括为"核心象征""核心价值观"，这种价值观往往通过"行为叙事"表现出"符号价值""观念价值"和"神圣性"[②]。李玉臻（2008）、朴松爱（2012）均认为核心象征、核心价值、符号系统、主体记忆等是文化空间的构成要素[③④]（图1-1）。王承旭（2006）提出城市居民、文化活动及文化场所是城市文化空间的三要素[⑤]。侯兵、黄震方等（2011）认为文化空间是城市空间架构的文化维度和高级表现形式，并提出"物质、时间和区域"文化空间三要素等[⑥]。这些要素是组成文化空间话语系统的重要概念和范畴，也是文化不断传承和发扬的基本保证。

4．文化空间与文化区

学术界对文化区的研究先于文化空间。20世纪初"文化区"概念最早出现在人类学领域，吴文藻在介绍文化人类学学派时强调了"文化区"的人类学基因，不过，他认为这一概念是由"地理省区"概念基础上蜕变而

---

① MacCannell D. Staged authenticity: Arrangements of social space in visitor settings.American Journal of Sociology, 1979, 79（3）: 589-603.

② 关昕."文化空间: 节日与社会生活的公共性"国际学术研讨会综述.民俗研究, 2007, 33（2）: 265-272.

③ 李玉臻.非物质文化遗产视角下的文化空间研究.学术论坛, 2008, 212（9）: 178-181.

④ 朴松爱、樊友猛.文化空间理论与大遗址旅游资源保护开发——以曲阜片区大遗址为例.旅游学刊, 2012, 22（4）: 39-47.

⑤ 王承旭.城市文化的空间解读.规划师, 2006, 22（4）: 69-72.

⑥ 侯兵, 黄震方, 徐海军.文化旅游的空间形态研究——基于文化空间的综述与启示.旅游学刊, 2011, 26（3）: 70-77.

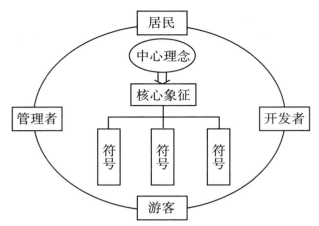

图 1-1　朴松爱、樊友猛（2012）的文化空间要素构成框架

来的①。以往的人类学家们视"文化特质"为地区文化结构的重要组成因子，后来的美国人类学者弗朗士·博厄斯（Franz Boas）基于前人的研究基础，更强调了族群文化具有地域性特征。族群生活中一定的区域范围内，在日常劳动中，不断去践行新的生活方式，创造新文化，这些文化不断向民俗文化相似的周边区域进行扩散，文化区的范围不断扩大。

　　对于文化区的研究，学者们主要集中于地理学范畴，所以地域性是研究文化区的地理学话语系统的核心。尤其是二战后人文地理学在北美出现，使得人类学和地理学在文化和空间的结合点找到了共同的论学旨趣。Tery G. 乔丹在介绍人文地理学的五大主题时，利用"文化区"概念来阐释"文化要素"在空间分布上的地域差异②。地理学得从"空间角度"去研究社会现象、经济发展和自然环境的文化表象特征，而作为五大主题之一文化区，能体现某种文化特征在空间上的布局特点或是具有不同文化特征的人群在不同空间上的布局特点③。然而，关于"文化"和"空间"何者为第一性的

　　① 吴文藻. 吴文藻人类学社会学研究文集. 北京：民族出版社，1990：76.

　　② Jordan T G，Mona Domosh，Lester Rowntree. The Human Mosaic：A Thematic Introduction to Cultural Geography，7th edition.New York：Longnan，1997：3-30.

　　③ 赵荣，王恩涌等. 人文地理学.北京：高等教育出版社，2000：23-24.

问题后来导致了人文地理学的分野。美国索尔（Sauer）为代表的 Beckley
学派强调人类文化与地域景观之间的相互关系，被视为传统人文地理学 [①]。
而新文化地理学颠覆传统的方法论转向，改变了过去对文化的（地理）空
间研究或分析，从空间的窠臼之中脱离出来，转向对（地理）空间的文化
研究 [②]。新文化地理学者认为，传统人文地理学提出的"地表上的文化印
迹"一味强调文化的地域性和空间性，割裂了与社会的关系，从"文化的
空间研究"转向"空间的文化研究"是人文地理学的"分野标志"。比如空
间的社会学转向颠覆了将文化区作为中立世界的观念，融入了政治、经济、
宗教等社会关系元素。这种分野和转向，尽管一定程度上导致了地理学内
部分类"学科边界模糊化"，但是，从社会学、人类学、民族学等学科视角
弥补了地理学对"空间问题"认识上的不足。文化区内涵及外延不断拓展，
也造成了文化区定义方面的争鸣（表 1-2）。

表1-2 文化区的定义

序号	定义者（时间）	文化空间的定义	学科取向
1	Kendal（1976）	文化区是一组共同文化因素组成的区域，这些因素通常性质相似、内部相关，在区域中占主导地位。	人文地理学文化地理学人类学社会学
2	金其铭、董新（1982）	文化区也称文化地理区，是指人类在地球表面活动时，形成的一种具有某种文化特征的地区。	
3	伍兹（1989）	文化区表示某种文化类型分布的地理范围，即具有相同文化特质的文化丛聚集一起，共同占有一个区域。	
4	《中国大百科全书·地理学》(1990)	文化区既是具有相同文化特质的文化复合体，又是政治、社会、经济等方面具有相似功能的空间单位，是一个具有某种共同文化属性的地区。	
5	王星、孙慧民、田克勤（1990）	文化区由文化因子这一最小的文化要素组成，它们之间相互关联、有机组合，构成某一区域的文化丛。	

① 李蕾蕾. 从新文化地理学重构人文地理学的研究框架. 地理研究, 2004, 23（1）: 125–134.

② 唐晓峰，周尚意，李蕾蕾."超级机制"与文化地理学研究. 地理研究, 2008, 27（2）: 431–438.

序号	定义者（时间）	文化空间的定义	学科取向
6	李润田（1992）	文化区是一组内部联系紧密、内涵相似的文化所主导的区域。	
7	张文奎（1993）	文化区即为文化圈，是由不同语言、宗教信仰、生活方式、习惯、民风民俗、文化景观等对自然适应所产生的文化现象划分的区域。	
8	陈才、陈慧琳（1993）	文化区是指人们所居住的特定地域，也是某一地域文化系统形成、发展、演化的空间特征。	
9	徐吉军（1994）	文化区，又称文化地理区，是指有着相似文化特质的特定地理区域。文化区中，居民的语言、宗教信仰、生活习惯、艺术形式、道德观念、性格、行为等方面通常具有一致性，是区域文化特征的显现。	
10	吴必虎（1996）	文化区，是一个空间范围、自然环境特征、历史过程、民族传统、文化景观、人口作用过程等相同或相似的地理区域。	
11	博厄斯（Boas）（1999）	文化区可以概括为当代空间区域对过去文化遗存的集中展示，可以透过当代空间所拥有的文化特质，重塑某一族群文化的发展历史。	人文地理学文化地理学人类学社会学
12	王恩涌（2000）	文化区域是一个客观存在的地理实体和文化形式，是许多具有共同特质的文化现象在空间上的分布形式。	
13	朱竑（2001）	文化区是具有相似或相同文化特质的地理区域。	
14	翟有龙、李传永（2004）	文化区，也称文化地理区，是指具有相似文化现象、文化特质，或具有某种特殊文化的人所分布和占据的地区。	
15	周尚意（2005）	文化区是人们根据文化传统在地域上的不同，进行客观划定，是具有一定共性的文化景观所构成的具有一定空间范围和时间过程的地理区域。	
16	叶宝明（2006）	文化区是一个在政治、社会与经济方面具有独特的统一功能的空间单位。	
17	张琳（2007）	文化区，又称文化地域，居住在同一地理区域中不同人群，彼此之间相互联系，形成相同的文化特质，并通过空间形式重建文化历史的顺序。因此，它是文化时间与空间所共同建构的产物。	
18	李琳琳（2011）	文化区是指文化现象从文化源地向周边扩散，形成了文化因素均质分布、且具有相对稳定文化特征的区域。	

观览表 1-2 可知，文化区是空间属性和文化属性的结合体。通常用"区域""地理区域"或"地理实体"等术语表示，区域"是人们认识空间的产物"。新文化地理学用"文化丛""文化圈"或"文化复合体"等地理学引以为豪的概念来表示空间属性，以"相似的文化特征""相联系的文化因子""共性的文化景观""稳定的文化特征"等来描述文化区的文化属性。文化区是一个大尺度的空间概念，表示一个"连续空间范围"。我国学者20 世纪 80 年代后开始从事文化区方面的研究，这些研究不论是关注房屋、田野，还是音乐民俗，大多都是些"古文物式"的景观陈设①。不过，近些年来，随着新文化地理学研究范式的转变，文化区的研究已发生了从乡村到城市，从现象到过程的学术转向②，通过对文化根植的价值观、道德、信仰、媒介、意识等与生成环境的关系来展开地理学与其他学科的对话。同时，地理空间尺度也从关注国家、地域等大尺度转向了城市、公园、房屋等小尺度。

新文化地理学研究的"尺度转向"进一步模糊了"文化区"和"文化空间"的界限。尽管有学者提出"文化空间是人文地理学和文化地理学关注的交叉领域"③，但是并没有将该概念纳入地理学的话语系统，仍然将文化区视为主要范畴。人类学对空间的关注为二者划分了界限，以人类行为活动为主线，引入地理学，形成文化区概念；植入遗产学，形成文化空间概念（图 1-2）。

首先，文化表现形式不同。文化区是从地域的角度去寻找人文现象的空间分布规律；文化空间是从场所的角度去发现人文活动的空间表现特点。文化区一般以语言、信仰、民俗习惯等为主要表现形式，尽管这些文化现象是动态、传播的，但是作为一个文化区来说，它是静态的。而相对动态

---

① 李蕾蕾. 从新文化地理学重构人文地理学的研究框架. 地理研究，2004，23（1）：125–134.

② 张敏，张捷，姚磊. 南京大学文化地理学研究进展. 地理科学，2013，33（1）：24–28.

③ 侯兵，黄震方，徐海军. 文化旅游的空间形态研究——基于文化空间的综述与启示. 旅游学刊，2011，26（3）：70–77.

的文化空间，是需要人参与的文化活动场所。因此，文化空间具有动态、活态的特征。

其次，尺度不同。文化区强调具有一定边界、范围的区域或地区，属于国家的、民族的活动区域，该区域承载着历史经验、民族意识、传统文化等。文化空间通常表示地方风俗、传统节庆等古老的场所或地点，是一个充满族群元素和祖先智慧的文化综合体。可见，两者属于不同地理和文化尺度的空间范畴。

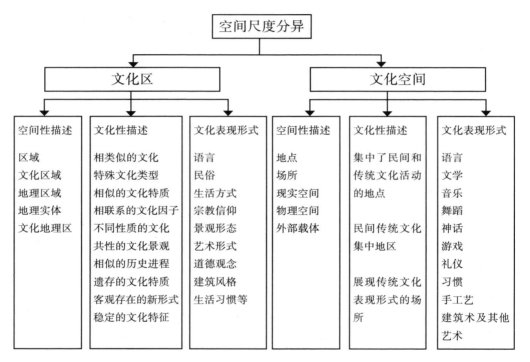

图 1-2　文化空间与文化区比较分析

再者，与文化区概念相比，文化空间的时令性和周期性更加明显。遍布在世界各地的颇具民族特色的文化空间，比如我国众多地方庙会、集市、节庆等，需要依托一定的工具或实物，季节性、周期性地在固定的街区、场所或地点进行重复性的文化聚会或展示。

最后，文化类型及集中方式不同。文化区要求文缘相似，地缘相近，人缘相通，相互联系，不断传播和扩散，逐步形成环境相似的文化圈或文化地理区。与之相比，文化空间承载的文化类型较为单一，多为民间风俗和节事活动，规模较小，要求集中于固定的场所或地点举行，传播性和影响力较弱。

总之，文化区作为地理学的核心概念，强调文化的地域性，阐述文化事象的区域分布状况。对于多数研究者而言，文化区往往会成为人们介绍历史进程、国粹、"文化超级体"的陈列馆。文化空间是一种工具化的自然语境，是在人类有目的的劳动过程中创造出来的产物[①]。可见，文化空间是本体论意义上人存在的场所，是融入社会关系、伦理道德和价值取向的尺度较小的文化载体。

5. 文化空间与空间文化

任何空间都有文化内涵，任何文化都有空间特征，这必然涉及文化空间和空间文化的辩证关系。从词语结构上看，二者的差异性是明显的。文化空间，"空间"为中心词，强调空间为文化活动的载体。就像哈维所理解的，当空间的本质、表现方式被我们掌握，我们对人类行为方式的理解便可以置放到预设的空间范畴之内[②]。所有表达系统都是自觉把流动的感受记录下来，是一套空间化的系统。建筑师尝试创制一种空间形式来传达出某种价值观，而且其他所有作家、诗人、雕塑家、画家的做法同上，就连书面表达也选择从感受之中抽出各种不同的特性，然后把它们凝固在一定的空间范畴之中，通过这样的创制流程，就可以产生具有文化性的空间[③]。

对于空间文化来说，"文化"为中心词，强调空间本身的文化性，空间不同，所承载的文化也不同。空间文化表明在一定的空间载体内，长期

---

① 向云驹. 再论"文化空间"——关于非物质文化遗产若干哲学问题之二. 间文化论坛，2009（5）：5–12.

② D. Harvey. Social Justice and the City. London：Edward Arnold Ltd. 1973：13.

③ ［美］戴维·哈维. 后现代的状况——对文化变迁之缘起的探究（阎嘉，译者）. 北京：商务印书馆，2003：258.

以来人类利用自己的智慧所创造及传承下来的地域文化。联合国教科文组织所颁布的《非物质文化遗产公约》中出现的空间文化通常讲的是各民族之间世世代代传承下来的、与大众生活息息相关的种种传统文化，这种传统文化有口头语言式的，表演艺术式的；各种民俗活动、节庆活动、礼仪活动；有关宇宙自然、历史社会、民间风俗的知识和实践及手工艺技能等。而我国有学者把"非遗"的空间文化进一步拓展为"文化景观、文化风情和文化意识"三个维度。举个例子，哥伦比亚的圣巴西里约帕伦克的空间文化就是它的非洲黑奴历史，在这样备受压迫的历史中，形成了帕伦克独特的社会结构，人们的生活、生产方式也与世界上其他地区产生了巨大的差异。在西方，学者索雅整合了同期社会学者的空间理论，从而得出了自己对后现代空间文化的理解。索雅努力在他的"第三空间"理论框架中置放空间文化，这些文化除了有"日常生活""消费文化""空间诗学"等词语之外，"小区、身体、家、城市、国家"等空间范畴，也在索雅的理论体系的涉及范围，文化身份、都市审美、性别地理及空间叙事等话语体系已被时代所追捧，并成为当代文化评论的新视角、新领域[1]，即使是社会学领域中的性别、阶级、种族等问题也被纳入他的空间文化体系之内。索雅的空间文化范畴是一个多学科交融的更广泛意义上的概念范畴。

文化空间与空间文化存在着紧密的联系。不同的文化空间既可以生产相似的空间文化，也可以生产迥异的空间文化。当文化空间自然而然地发展成为生活场所时，颇具地方性的空间文化也逐渐被衍化出来了。文化的空间性和空间的文化性是人类在社会实践中，实现自然、社会和人的和谐共处，推动空间社会化的进程。这也涉及空间一个重要的社会意蕴：同存性。文化同存性形成的根源在于人与人、社会、自然的互动性。如果我们都承认人在社会上存在互动，没有互动就无法构成社会。则行动者只有共同存在在一个空间才能实现日常的接触。身体和行动的同存性之所以重要，是因为空间发挥着制约互动的基础性作用。同存性是空间的一种体现形式，

---

① 黄继刚. 爱德华·索雅的空间文化理论研究：［博士学位论文］. 济南：山东大学，2009：6.

正如历时性是时间的体现。与此同时，如果能生产出这种文化空间并使之成为人们的生活方式即空间文化，那么它将带来巨大的文化经济效益。"①今天，文化空间已经和人们的旅游活动结合起来，形成旅游地文化空间，空间的这种转向、演变和利用将成为学术界研究的新的热点和焦点。

（三）旅游地文化

目前，文化研究关注旅游地的客体文化资源，是"文化生产与再生产的结果"②。旅游客体、主体、介体和社会环境文化，是学术界以文化载体为标准的常用的分类方法。旅游活动介入后，旅游资源、服务设施逐渐成为旅游产品，目的地的旅游供给逐渐演化出客体文化③。近些年来，研究成果不断增多，研究领域不断扩大。在旅游文化内容方面，王明煊，胡定鹏（1998）将旅游地的文化体系分为传统文化（建筑、美术、山水文学、演艺、饮食等）、民俗文化（生产生活民俗、礼仪信仰民俗）和宗教文化（基督教、佛教等）④。沈祖祥（2002）则把旅游地文化细分为思想文化（儒家、道家）、历史文化（先秦、秦汉、魏晋、唐宋等旅游活动较为兴盛的朝代）、宗教文化、文学艺术、园林文化、民俗文化、饮食文化等⑤。李向明等（2011）指出山水文化的发展表现出旅游审美观的变迁与发展⑥。李悦铮，俞金国等（2003）指出宗教文化是重要的文化资源，利用宗教文化，不但可以提升旅游的文化含量，而且宗教的和谐精神促进旅游业的可持续

①　胡惠林.时间与空间文化经济学论纲.探索与争鸣，2013（5）：10-16.

②　赵红梅.论旅游文化——文化人类学视野.旅游学刊，2014，29（1）：16-26.

③　王方，周秉根.旅游文化的类型与特征及其在旅游业中的地位分析.安徽师范大学学报（自然科学版），2004，27（1）：87-90.

④　王明煊，胡定鹏.中国旅游文化.杭州：浙江大学出版社，1998.

⑤　沈祖祥.旅游与中国文化.北京：旅游教育出版社，2002.

⑥　李向明，杨桂华.中国旅游审美观的变迁与发展——基于山水文化的视角.广西民族大学学报（哲学社会科学版），2011，33（1）：150-155.

发展①。石坚韧（2010）指出建筑文化多为文化遗产，应着眼于保护性规划，旅游活化建筑文化，对于提升建筑及景观品质具有重要价值②。民俗文化很容易受到游客外来文化的变动性影响。张军（2005）从专家、当地居民、旅游者3个相关利益主体角度探讨民俗文化旅游的"本真性"问题③。田茂军（2004）指出老百姓是民族文化保护的主体，老百姓参与保护，民俗文化才能传承④。古村落蕴含着丰富的建筑、民俗、宗教、生态文化，曹玮（2013）提出构建传统村落登录制度、制定专项规划、专项工程抢救等策略促进村落可持续发展⑤。

在区域旅游文化方面，研究热点主要集中于文化资源的开发利用。彭欢首（1998）指出长沙市旅游文化发展应"以文立市"，将湘楚文化注入旅游发展战略规划之中⑥。何建伟（1999）指出，旅游业与文化紧密融合是深圳华侨城旅游业成功发展的重要原因⑦。杨刚（2001）提出突出特色，开发南岳衡山的动态文化资源⑧。马晓东、翟仁祥（2001）提出苏北旅游文化资源应以英雄主义为主线，体现出外显、氛围、体验、意境等结构要素⑨。郑辽吉（2002）指出丹东市的旅游文化应围绕"满朝江山绿"充分开发满

① 李悦铮，俞金国，付鸿志.我国区域宗教文化景观及其旅游开发.人文地理,2003,18（3）：60-63.

② 石坚韧.旅游城市的建筑文化遗产与历史街区保护修缮策略研究.经济地理,2010,30（3）：508-513.

③ 张军.对民俗旅游文化本真性的多维度思考.旅游学刊,2005,20（5）：38-42.

④ 田茂军.保护与开发：民俗旅游的文化反思.江西社会科学,2004（9）：227-230.

⑤ 曹玮，胡燕，曹昌智.推进城镇化应促进传统村落保护与发展.城市发展研究,2013（8）：34-36.

⑥ 彭欢首.长沙市旅游文化发展战略初探.旅游学刊,1998（3）：21-23.

⑦ 何建伟.深圳华侨城旅游文化特色探析.旅游学刊,1999（5）：54-57.

⑧ 杨刚.关于南岳旅游文化发展的若干问题探讨.经济地理,2001,21（5）：633-636.

⑨ 马晓冬，翟仁祥.论旅游文化资源及其开发——以苏北地区为例.人文地理,2001,16（6）：89-92.

族文化[①]。曹诗图、沈中印（2004）指出长江三峡旅游文化的开发战略为地域特色旅游文化产业链构建、旅游产品内涵挖掘、文化节庆推动等措施[②]。吴永江（2008）指出张家界城市旅游文化的发展策略是塑造别具一格的国际生态旅游城市文化形象[③]。此外，刘敏、陈田等（2006）提出纵向提升旅游文化内涵。空间差异化文化特色等策略来丰富内蒙古草原旅游文化的内涵[④]。

　　综上所述，旅游地文化研究取得了可喜的成果，旅游对文化的开发利用一定程度上强化了文化的传承和保护。不过，旅游与文化的融合需要一定的空间载体，文化的符号化表达需要通过空间展示出来，在与游客的文化碰撞中实现交流与传播。所以，从文化旅游化生存的方面来看，研究文化空间是很有必要的。

（四）旅游地文化空间

1. 定义

　　研究旅游地文化空间，深入扩展了文化空间的研究内容和范式。Ritchie（1991）侧重于研究文化空间形象与游客感知之间的关系[⑤]，Mansfeld（1992）认为旅游动机的产生与宾馆、景区等服务性文化空间的吸引度息息相关。Mazanee（1994）对这种空间图像的形成进行探索性实证研究。目前，国内旅游地遗产文化空间研究方兴未艾，其他类型的文化空

---

①　郑辽吉. 丹东市旅游文化开发及其利用. 经济地理，2002，22（S1）：276–280.

②　曹诗图，沈中印. 长江三峡旅游文化开发战略构想. 西南师范大学学报（人文社会科学版），2004，30（2）：78–81.

③　吴永江. 张家界城市旅游文化建设与发展战略. 广西社会科学，2008（6）：207–210.

④　刘敏，陈田，钟林生. 草原旅游文化内涵的挖掘与提升——以内蒙古自治区为例. 干旱区地理，2006，29（1）：156–162.

⑤　Echtner M.Ritchie J. The meaning and measurement of destination image The Journal of Tourism Studies，1991，2（2）：2–12.

间研究也悄然兴起，如公共旅游文化空间（王玲，2010）[①]、电影集群旅游文化空间（高红岩，2011）[②]、乡村旅游文化空间（郭凌，2014）[③]、文学旅游文化空间（安宁，2014）[④] 等。这些空间研究，遵循"过程—格局—机制"范式，把文化空间研究推向了理论和实践的结合（黄剑锋，2015）[⑤]。纪念馆、文化博物馆、游憩商务区、饭店与旅行社空间分布、文化遗址主题公园和商业旅游区是其空间形态的表现形式[⑥]。利用"景观基因论"开发西安古城（翟文燕，2010）[⑦]，利用文化空间理论开发苏州环城河水上旅游项目（黄泰，2008[⑧]、重构适合旅游业发展的理想空间结构和模式等（明庆忠，2014）[⑨]。学术界已经将目光聚集在这种"旅游化生存"的研究范式，这一研究范式

①　王玲.基于公共文化空间视角的上海市博物馆旅游发展研究：[博士学位论文].上海：复旦大学，2010.

②　高红岩.电影旅游集群的文化空间生产研究.人文地理，2011，26（6）：34-39.

③　郭凌，王志章.乡村旅游开发与文化空间生产——基于对三圣乡红砂村的个案研究.社会科学家，2014（4）：83-86.

④　安宁，朱竑，刘晨.文学旅游地的空间重构研究—以凤凰古城为例.地理科学，2014，34（12）：1462-1469.

⑤　黄剑锋，陆林.空间生产视角下的旅游地空间研究范式转型—基于空间涌现性的空间研究新范式.地理科学，2015，35（1）：47-55.

⑥　陈岗.旅游文化的空间形式与空间整合模式研究–以古都南京文化旅游为例.改革与战略，2011，27（10）：137-139.

⑦　翟文燕，张侃，常芳.基于地域"景观基因"理念下的古城文化空间认知结构——以西安城市建筑风格为例.人文地理，2010，25（2）：78-81.

⑧　黄泰，保继刚.基于文化空间解读的城市水上旅游组织策划模式研究——苏州环城河水上旅游案例分析.规划师，2008，24（8）：37-40.

⑨　明庆忠，段超.基于空间生产理论的古镇旅游景观空间重构.云南师范大学学报（哲社版），2014，46（1）：42-48.

被视为非物质文化遗产新的生存和发展模式①，目前，旅游地在经济范式及符号化消费逻辑的引导下，商业化开发、旅游化生存是文化空间发展的主要途径。在游客需求的推动下，旅游地通常选择地方特色文化进行空间建构，为游客提供文化展示平台及服务场所。

关于旅游地文化空间的定义，目前学术界尚无定论。有学者将其定义为：旅游者在旅游地的行为与旅游地文化空间要素的相互作用所构成的文化综合体②。李迪（2015）将其定义成维持文化空间基本日常生活功能和服务于旅游功能的行为主体、实践活动和发生场所三大要素所集中体现的某种文化价值或文化形态的生存和发展状态。旅游地文化空间是由于旅游业的发展，使得原居民的生产生活空间演变为当地居民与旅游服务人员的生活工作空间，以及旅游活动的开展空间。以上定义研究存在两种倾向：一是强调文化要素论，主要反映旅游地活态文化的赋存状况，注重游客与空间文化的"关联性"，这极易造成"重文化""轻空间"的思维倾向。二是空间尺度的阈限较为模糊。空间范围大或内在规定性不明确，文化空间容易与旅游地、旅游空间等概念混为一谈。

本研究认为旅游地文化空间是以区域空间及地面筑造物为依托，以地域文化为核心，具有一定的生产、生活与旅游服务功能等，既能够为当地居民提供生产方式，又能够为旅游者提供旅游产品或文化服务，是一个集中了耕植、生产、消费、民俗等生活行为及文化活动的场所或地点。

2. 类型

旅游地文化空间依据产业属性，可以划分为垦殖型、生产型、服务型等空间类型。社会生产活动发展顺序是三次产业的划分依据，直接取自自然的产品生产部门称为第一产业；对初级产品再加工的部门为第二产业；

---

① 王德刚，田芸. 旅游化生存: 非物质文化遗产的现代生存模式. 北京第二外国语学院学报，2010（1）：16–21.

② 严雷. 旅游地文化空间形成机理研究——以恩施六角亭老城区为例: [硕士学位论文]. 武汉: 华中师范大学，2014: 14.

以服务性为特征的部门为第三产业。三次产业划分是目前世界上大多采取的产业结构分类，我国的三次产业划分：第一产业，农林牧渔业；第二产业，工业和建筑业；第三产业，除第一、第二产业以外的其他各业（包括服务业和流通业等）。对于旅游地而言，由于受到产品需求与供给、生产与消费等市场因素的影响，文化空间的产业属性越来越明显，文化空间成为产业结构的一个重要组成部分。基于此，按照产业属性，旅游地文化空间可以划分为垦殖型、生产型与服务型三种类别。

（1）垦殖空间：指第一产业形成的文化空间，农林牧渔业通过种植、养殖等手段从自然界获取初级产品，需要一定的空间载体。而且，人类与周围环境长期协调发展过程中，根据时令节庆创作并传承了一套农业种植、农业服务及农闲娱乐的农业生产系统，形成了丰富的农业文化。因此，垦殖空间是以第一产业为主体的文化空间。旅游活动介入后，较早成为旅游服务空间。

（2）生产空间：指第二产业形成的文化空间，主要由工业生产和建筑生产两大空间载体组成。其中，工业生产空间是主要的空间形态，包括采掘、制造、电力等。人类从农耕社会步入工业社会后，生产力大幅提升，生产空间的数量也快速增加，而且，在工业社会商品化和标准化大生产的机器时代，诞生了企业管理制度、企业文化、企业劳动分工等产业文化，丰富了文化空间内涵，使得生产空间具有空间性的同时，也拥有了文化性的市场特征。较早与旅游业融合，为游客提供商品服务。

（3）服务空间：指第三产业形成的文化空间。服务空间是提供生产和消费等服务的场所，它包括信息服务空间、商品服务空间（批发和零售业）、交通运输空间、科技空间、文娱空间等。经济全球化使得现代社会已进入一个服务第一、顾客至上的时代，服务文化深刻地影响着企业和企业所涉及的领域。纯粹的制造业已经无法在这个时代立足，如今服务业涉及各个领域、每个人都是文化者，各个方面都彰显着文化的气息。企业在长期对用户服务的过程中所形成的服务理念、服务技能、服务形象等服务价值体系构成了服务空间的主要文化内涵，服务文化对顾客满意度的提升，服务氛围营造、服务品牌塑造等具有重要的促进作用。服务空间是主要的旅游空间形态。

3. 特性

空间特性是文化空间重要的内涵结构。随着大众旅游时代的到来，各个旅游地不断寻找卖点，打造自己颇具地方特色的文化空间。如景观空间除了传统的 A 级景区、风景名胜区外，主题公园、美丽乡村、古镇、古村、古街等新兴空间接连诞生。旅游地文化空间的建构要在旅游市场逻辑的基础上，一方面使得文化空间的内在属性得以反映，另一方面使得旅游业的行业特性得以体现，其主要特性为空间性、文化性与经济性。

第一，空间性。首先，位置与空间。每个文化空间相对一个位置，位置是空间的物理属性，它是构成旅游地文化空间不可或缺的因素。西方学者海德格尔认为，"诸空间是从诸位置那里获得其本质的"[①]，并主张从物和位置研究本源空间，把空间与位置的关系视为研究人的生存与空间的关系的前提和基础。物的存在不是以占据位置而体现，而是物自身就是一个位置。位置与空间的联系是通过场所实现的，选择位置的目的是构建场所，文化空间作为一个场所，其位置的选择是方便人们在这里集散并与其他空间关联起来。例如，北京奥林匹克公园位置的选择是空间性表达的体现。由清华规划设计院与美国 SASAKI 两个世界顶级设计公司联合设计了北京奥林匹克公园，把"通过自然的轴线"这一生态理念贯穿到整个方案之中[②]。轴线沿着北京城市中轴线从故宫红墙逐渐融入自然世界，以"轴线、秩序、和谐"为理念，把北京的文化底蕴与山水园林融合起来，构筑了一个天人合一的文化空间。

其次，筑造与空间。游客到异地旅游，旅游地就需要接待设施，就会想方设法筑造，筑造为了给游客提供一个服务空间，筑造与空间处于手段与目的的关系之中。何为筑造？海德格尔认为，"物的生产就是筑造"，"筑

---

① ［德］海德格尔. 演讲与论文集（孙周兴 译者）. 北京：生活·读书·新知三联书店，2005：163.

② 张祖群. 古都遗产旅游的文化空间类型研究. 北京：经济管理出版社，2014：146.

造是对诸空间的一种创设和结合"①。筑造的目的是为人类提供居住、逗留、容纳和指引的功能。旅游地文化空间的筑造表现为旅游规划和建设。旅游空间规划强调文化节点设计、功能区划分等。旅游地文化空间把旅游者、道路、景点、寺庙观堂、演艺场等关系节点关联在一起，形成供游客观光、休闲、娱乐、体验的旅游场。

最后，物性与空间。物性即空间的本真性。空间性所表示的内涵不仅仅是物理空间，它往往包含某种空间意象，赋予空间某种符号学的意义，使其具有文化性或象征性。海德格尔借"壶"喻理，认为壶的外观、制造等表象不是决定壶之为物的原因，决定壶之为壶的本真是容纳物的"虚空"。"物性"通过空间性呈现出来，空间提供了一个虚空状态的敞亮和聚集，通过与人的照面使物表现出自性的、本真的境界②。文化广场、历史街区、古村落、神山、圣湖等文化空间，之所以能成为有价值的景观，是因为这些空间自身物性的反映，在游客那里找到了文化认同感，对空间的物性发现也使人们具有了存在论上的意义。旅游地文化空间是由景区、饭店、购物场、休憩商务区、机场组成的复杂空间网络。同时，食宿、购物、娱乐、接待等服务空间也不断推陈出新，再加上文化氛围的提升和艺术化设计，连同景点、道路、标识系统、服务设施等组成空间意象，成为旅游吸引物，表现为自由性、休闲性、审美性和体验性等"物性"，从而使旅游者在此获得意义，在文化空间中感受生活本真。

第二，文化性。旅游地文化空间的重要内在是文化性，这也是旅游资源的核心所在。文化空间的文化性表现在如下几个方面：首先，文化空间是一个人类社会实践的生活世界，既有民族的语言、音乐、舞蹈、礼仪、神话等，又有传统的民间节庆、宗教信仰、民族风情、历史传统、生活习惯等，这些文化要素是人类生产劳动及社会实践的产物，也是文化空间重要的旅游吸引物。

---

①　[德]海德格尔.演讲与论文集（孙周兴 译者）.北京：生活·读书·新知三联书店，2005：163.

②　[德]海德格尔.海德格尔选集（孙周兴 选编）.上海：三联书店，1996.

其次，旅游地为游客提供了一个休闲的文化空间。星级酒店、客栈、茶吧、咖啡吧、酒吧等作为休闲空间，为旅游者提供的休闲服务，一定程度上表达了人们的生存愿景。它们为平时工作繁忙的旅游者提供了诗意的生存环境和生活方式。

最后，旅游地文化空间是一个审美空间，为旅游者提供精神愉悦感。旅游者对旅游地文化空间"善性""神性""纯真"的审美与客源地惯常空间"无家可归""沉沦""被抛"的审丑进行比照，人的存在意义和本真状态得以显现，游客才能领悟。现代旅游者为精神愉悦而活，催生了一批批审美空间，如阳朔西街、丽江大研、大理洋人街、浙江乌镇等，这些旅游地物质需求项目越来越少，文化需求项目越来越多，空间的文化性越来越强。

第三，经济性。经济性是文化空间与旅游业结合的基本特性。经济性以旅游活动为前提条件，而旅游活动带动文化符号的消费及商品经济的发展，是一种商业化的市场经济活动。

首先，遵从市场逻辑，客源地游客的"需"与目的地的"供"共同推动着文化空间的发展。可见，旅游地文化空间的经济性是客源地需求驱动的依赖型经济，游客人数增多，旅游产品需求量大，文化空间的供给条件需要改善，其数量和品质就需要不断地提升。反之，则不断下降。

其次，在市场机制作用下，文化空间已成为旅游消费结构的重要组成部分，一方面它是旅游产品生产、销售的载体，另一方面它是文化符号消费的对象。文化广场、历史街区、古村落等景区空间是文化消费产品，而游客集散中心、景区超市、演艺场等是产品销售场所，这些空间均因为游客的消费而产生了经济功能。

最后，文化空间承载的是主客文化差异的跨文化经济。文化空间承载着旅游地的地域特色文化，所接待的游客来自五湖四海，具有不同的文化背景，从游客凝视的角度看，文化的差异性需要空间的多元化，其文化性和体验性需要不断丰富和提升。这样，才能满足日益增强的文化消费活动，文化空间作为旅游服务的载体，才能从经济上获利。因此，文化空间的经济性具有跨文化特征。

（五）旅游地茶文化空间

1. 定义

学术界论述过茶文化空间的定义。茶文化空间是指以茶文化的内涵为主，在室内或室外，用茶文化元素构建的审美空间[①]。从这一概念的内涵和外延可以判定，建构一个茶文化空间，需要具备如下要素：

其一，具有茶文化内涵。我国的茶文化历史悠久，《神农本草经》中已对茶有记载。发展到今天，茶文化已将物质文化和精神文化糅合在一起。茶文化是一种媒介，通过这种媒介表达饮茶人的情怀。可见，我国传统文化的重要组成离不开茶文化，茶文化的内容主要包括茶与诗词、茶与歌舞、茶与禅教等[②]。王立霞（2013）提出富丽多彩的茶艺及内涵深刻的茶道思想是茶文化的精神核心，它不仅是当时社会思想追求的体现，也透视着当时人民的生活状况，是研究社会生活和研究茶文化体系不能忽略的范畴[③]。

其二，具有空间性。茶文化空间是一个看得见、摸得着的可感空间。室内空间包括茶馆、茶楼、茶坊、茶邸、茶吧、茶叶店、茶艺馆、茶会所等物理载体。李爽、丁瑜等（2016）将其视为"社交媒体"[④]。世外空间通常是指园林庭院、广场、演艺场、露天茶座等，也包含了品饮雅聚的大自然空间。

其三，茶文化元素由"人工布置"而形成的文化空间。朱宇丹（2016）指出室内空间设计应用中，应体现紫砂壶、竹子、青砖、古木、古玩、字画、窗花、观赏石等传统文化元素来装饰茶文化空间[⑤]。

近些年来，随着旅游活动的泛起，旅游地越来越多的茶文化空间与旅

---

① 周新华. 茶文化空间概念的拓展及茶席功能的提升. 农业考古，2011（2）：86-89.

② 中华茶人联谊会. 中华茶叶五千年. 北京：人民出版社，2001：35.

③ 王立霞. 茶·茶文化·茶文化学：茶的文化史考察. 农业考古，2013（2）：23-31.

④ 李爽，丁瑜，钟爱勤，伍艳慈. 基于社交媒体的广州早茶文化空间建构研究. 特区经济，2016（7）：24-30.

⑤ 朱宇丹. 传统茶文化元素在室内空间中的应用. 福建茶叶，2016（10）：91-92.

游业融合起来，或成为旅游活动空间载体，或成为审美吸引物，或成为消费空间。李伟、郭芳（2002）指出应挖掘绿色、生态、高雅等茶文化潜力，牵引地方旅游业快速发展①。宗敏丽、祁黄雄等（2012）认为茶文化旅游的开发是茶通过空间原地浓缩型、茶文化主题附会型、茶资源直接利用型等三种模式发展旅游地茶文化旅游②。周晓芳（2003）提出利用茶文化空间开发"享受型"深度体验旅游产品的建议③。总之，茶文化空间作为地方特色的文化资源，与旅游活动的结合是势在必行的，旅游地应充分融入审美、体验、表演、创意等文化元素，提升旅游地的文化吸引力。茶文化空间既包括艺术性的美学空间，又包括种植、生产活动的生活空间，还包括产品消费的服务空间，是一种多功能、宽领域的空间类型。因此，可以将旅游地茶文化空间定义为：旅游地以空间载体为依托，以茶文化为核心吸引物，既能够为当地居民提供一种生活方式，又能够为旅游者提供茶旅游产品或服务，是一个集中了茶叶种植、生产、消费等文化活动的场所或地点。

综上所述，旅游地茶文化空间作为文化空间的一个组成部分，具有空间性、文化性与经济性等本质属性。空间性表现为具有容纳功能的物理载体；文化性是茶文化空间区别其他空间的本质属性，是人类从事茶事活动或社会实践的结果。文化性能够让人们产生愉悦感和审美情趣；经济性表现为游客对茶文化的符号化消费而产生商业利润的市场行为活动。其次，茶文化空间贯穿于农业、工业与服务业三个产业阶段，茶园种植形成了农耕空间，茶叶生加工、制作发展为生产空间，茶产品或茶文化销售演化为服务空间。在长期的空间活动中，逐步积淀起丰厚的茶功能文化、产业文化和服务文化。最后，茶文化作为一种物质文化，容易被游客接受，被开发为旅游产品，实现茶旅结合。

① 李伟，郭芳.论茶文化对旅游业的牵引作用.云南师范大学学报，2002，34（1）：75-80.

② 宗敏丽，祁黄雄，吴健生等.茶文化旅游模式研究及开发策略–以浙江顾渚村为例.中国农学通报，2012，28（3）315-320.

③ 周晓芳.广州茶文化旅游资源的开发利用.资源开发与市场，2003，19（1）：41-57.

2. 旅游对茶文化空间的融合与推进

旅游是一种空间的行走。旅游活动、旅游产业均需要空间载体，因此，旅游业自发展以来，始终寻觅着与空间的结合。首先，观光型的茶园农耕空间较早与旅游融合。之后，梯田式茶园、盆景式茶园、山坡式茶园等自然景观是重要的旅游吸引物。其次，随着旅游人数的日益增多，茶厂、茶楼、茶店、茶馆、茶舍、茶吧等小尺度的文化空间也进行旅游开发，成为重要的旅游资源，吸引越来越多的游客前往参观游览和品味。最后，旅游的发展使得当地涉茶居民从中获利，提高了他们空间生产的积极性。而随着游客文化层次、审美意识的提升，涉茶居民会不断地进行文化创新，对空间进行升级改造，赋予空间更多的体验和美学元素，使得茶文化空间更富有文化内涵和审美价值。可以说，文化空间是人类的一种基本存在方式，而对茶文化空间的研究意味着从空间角度考察的游客、当地居民、投资商等相关利益主体的社会行为。现实中，人们生活在这些场所，追求着自身的精神需要，树立自身的道德价值观，从事着社会实践和创造活动。随着旅游与茶文化的融合，生活空间逐渐演化为旅游空间。

二、研究综述

（一）空间的相关研究

在旅游的视野中，空间（Spaces）是一种"核心吸引要素""游客体验对象"，也是旅游业"可持续发展的基础①。它既是地理学引以为豪的标志性核心概念，又与时间一样，是一个相当抽象的哲学概念，吸引了笛卡尔、牛顿、康德等哲学家长达2000多年的关注。中西方对"空间"本源的考察，把我们带进了历史性的领域。空间作为万物生存的载体，是一个包容性很强的范畴。随着时间的推进，其广延度和深刻度不断拓展，演绎了一个复杂的流变过程。"空间是一个多尺度的概念"，东西方对空间概念的理

---

① 孙九霞，苏静.旅游影响下传统社区空间变迁的理论探讨–基于空间生产理论的反思.旅游学刊，2014，29（5）：78-86.

解是不同的。冯友兰在对东西方哲学进行比较时指出，二者的差异性表现在：概念形成的途径不同，"一种来自直觉，一种来自假定"。中国哲学以"直觉的概念"为出发点，借助比喻例证，从"具象"领会其"完整意义"；西方哲学所强调的"假定的概念"则是从演绎法推演概念的"完整意义"。这正是中西方不同思维方式在科学研究方法论中有所差异的表现。正是因为不同的思维方式，空间的概念、命题、判断、推理等话语系统的生成方式就会存在差异。中国人偏重于形象思维，长期以来，形成了认识论的伦理性空间；西方人属于逻辑思维，形成了科学性的本体论空间。马耀峰把"空间思维"视为旅游研究的"顶层设计"，它是"认知空间、分析空间关系与结构、探究空间表示、利用空间概念进行分析推理并作出决策的思维方法"[①]。

1．中国哲学的"伦理性空间"

我国古人的空间概念是从对"宇宙"的认识开始的。冯友兰将"宇宙"视为"人类生存的背景"和"人生戏剧演出的舞台"。《尸子》有云："四方上下曰宇，往古来今曰宙"。"宇"表示的"上下四方"六合体构成了世间万物生存的空间。《墨经》提到"宇：弥异所也"这一空间概念。古人认为空间范围也包括所有物质的"异所"。即物质运动与位移造成的空间变化。《说文》中提道："空，从宀，工声。"指的是原始人居住的洞穴，说明空间与建筑有直接的关系。毫无疑问，这种形象性的直觉思维直接影响了古人对空间形态的认识，"宇宙"概念的生成途径就是用"直觉的方法"获得的。不过，这种"直觉"并非凭空臆断，而是一种"重比喻例证式的体悟和妙悟"[②]，因此，中国古人的空间观是一种有序的、具体的、综合的、整体的、象征的符号形象排列。

正如汉字"以形求义"的思维方法一样，易学所描述的"空间"概念

---

① 马耀峰. 旅游研究之顶层设计——时空思维的旅游应用与启示. 中国旅游评论，2011（7）：26-28.

② 徐通锵. 字的重新分析和汉语语义语法的研究. 语文研究，2005（3）：1-9.

是一种象征性的"直觉空间"。《周易》作为中华文化的渊薮和群经之首，后世程颐、朱熹等思想家的宇宙空间论皆由其所生。从《周易》看，天地即为空间。"天地姻缊，万物化醇，男女构精，万物化生"（《周易·系辞传下》）。《周易》用八种自然现象（八卦）喻天地万物，用"八方"代表万物生存的宇宙空间，即乾天（西北）、坤地（西南）、兑泽（西）、艮山（东北）、离火（南）、坎水（北）、震雷（东）、巽风（东南）。"圣人设卦观象"，卦象的符号系统有序排列了一个直觉、形象、整体的空间观。例如：旅卦，从卦象的空间布局看，下卦为艮（山），上卦为离（火）。"山上有火"，直观形象地告诉我们此地已不可居，被迫"失其本居""客寄他方"，"旅"便为"行旅"之义。毋庸置疑，长期以来，中国先民观察万物所采用的"直觉方法"是一种"空间优先"的思维方式。这种思维方式构成了东方文化的"空元思维"，直觉影响着对空间的认识和应用。

众所周知，道家是易学"空间"思想的直接继承者，方东美将道家视为"太空人"[①]。儒家的诸多思想来自易学的智慧，尤其是空间万物生生不息的自然法则。《周易·系辞传上》："《易》与天地准，故能弥纶天地之道"。"一阴一阳之谓道。""（天地）日往则月来，月往则日来，日月相推而明生焉。"（《系辞传下》）。儒家效法《易》生生化育的"天地之道""崇天卑地"，构筑了一个等级分明、井然有序的"伦理空间"："有天地，然后有万物。有万物，然后又男女。有男女，然后有夫妇。有夫妇，然后有父子。有父子，然后有君臣。有君臣，然后有上下。"（《周易·序卦》）儒家思想中的空间包含了易学的道（秩序），又包含了儒家的德（仁、义、礼、智、信）。儒家把空间概念由自然指向了社会，其内涵和外延向伦理和道德方面拓展，空间开始向社会性转向。

2. 西方哲学的"本体论空间"

早期西方人的空间观与中国哲学如出一辙，即从宇宙观开始认知。然而，由于思维方式的不同，对空间概念的认识也有所迥异。在西方学者看

---

①　方东美.原始儒家道家哲学.台北：黎明文化事业股份有限公司，1983：133.

来，空间概念需要逻辑性的推理和判断，方法是科学的，内容是本质的，是一种科学性的"本体论空间"。

"本体论空间"源自古希腊哲学，后被各个学科所吸纳。在海德格尔看来，是"处所"演变为希腊人的"空间"概念。万物的本源包括"处所属于事物本身"，其具有"本体论"的意义①。早期的空间概念，西方学术界有两种主流观点，一是"相对空间论"；二是"绝对空间论"，分别从物质存在的"有限"和"永恒"两种属性来推理和判断。

古希腊哲学家德谟克利特是物质本体论者，其空间观是"虚空"。他认为物质是由"原子"组成的，"虚空"是原子运动的"场所"。因此，"虚空"如同"原子"一样，是一种物质存在。接着，他又指出二者的不同之处：原子是"绝对性的"，虚空是"相对性的"。德谟克利特最早提出的这个"相对空间"，后来被亚里士多德所继承。亚里士多德把"空间"属性概况为四个方面：空间是事物的"直接包围者"，是"可分离的"，有"上下之分"。

与之相反，柏拉图则十分推崇绝对空间。在讨论"宇宙本原"过程中，柏拉图提出"载体"概念，"（载体）不朽而永恒，并作为一切生成物运动变化的场所"，"只能依靠一种不纯粹的理性推理来认识"②。这一载体其实就是"空间"，鉴于它的永恒性和无限性，柏拉图"感觉无法认识"，目前只能是一个逻辑推理的"假定空间"。随着天文学的发展，对宇宙的逐步了解让天文学家意识到绝对空间的存在。乔尔丹诺·布鲁诺提出"无限宇宙说"，笛卡尔的学生亨利·摩尔肯定了绝对空间的存在，并主张将空间和物质区别进行研究，形成几何空间和物理空间，后来成为几何学和物理学的理论之源。

牛顿借助前人研究的成果，对绝对空间和相对空间两者间的存在关系做出区别。绝对空间表示与外界存在无关；相对空间是指一部分可以对这

---

① ［德］海德格尔.形而上学导论（熊伟，王庆节，译者）.北京：商务印书馆，1996：65.

② 柏拉图.蒂迈欧篇（谢文郁，译者）上海：上海人民出版社，2005：35.

个绝对空间的测定①。牛顿之后，空间概念的演变发生了两种倾向，一是空间的绝对论和相对论之争日渐平息；二是物理空间、数学空间从哲学空间概念中分离出来，哲学的空间话题逐渐被"时间和历史的决定论"所取代，沦落为边缘化和碎片化的存在状态。正是因为空间与物理学、数学、建筑学、地理学之间的历史性联系掩盖其特性，空间被放置在一种预先规定的物质背景之下。即使在马克思的理论体系中，空间也是资本的附属物。"资本空间化"实现了人、财、物在空间的聚集，成为"一种固化的语境或历史行为发生的地点"②。这种论述，尽管我们隐约看到空间的社会性，但是它仍然是一个物理性质的场所和背景世界，仅仅是马克思的社会理论体系中是一个边缘化的概念。在多数社会学家的著作中，空间并没有被单独提及与研究，和宗教、阶级、统治、法律等主题相比，空间好像不能被认定为"社会的"现象，社会学不应该也不需要对它进行专门研究。纵然在少量空间研究中，也是被当作成是物理实体、静止存在"容器"，是一个被动的、自然事件展开的平台③。

空间从边缘化概念到多学科的核心范畴，社会学家功不可没。在他们看来，"场所论""载体论""容器论""先验的资本统治秩序论"等传统空间思想已不能反映空间与社会的交互影响，列斐伏尔认为，"空间是社会的产物"④，只有肯定了社会空间的动态性、生产性、实践性，才能厘清与几何学、地理学、物理学等学科的本质区别。不管是齐美尔的"社会意义空间"、本雅明的城市"拱廊街"，还是列斐伏尔的"三元辩证空间"，以及福柯的"权力空间"和索雅的"第三空间"，这些社会学家钩沉于空间的历史

---

① ［英］牛顿. 自然哲学的数学原理（赵振江 译者）. 北京：商务印书馆，2006：7.

② David Harvey. The Geopolitics of Capitalism in Gregory(eds)Social Relations and Spatial Structures. New York：St Martin's Press：142.

③ 黄继刚. 爱德华·索雅的空间文化理论研究：［博士学位论文］. 济南：山东大学，2009：6.

④ Henri Lefebvre.The Production of Space.Translated by Donald Nicholson-Smith. Blackwell，1991：26.

记忆和思想流变，将空间概念与"社会异化""景观社会""符号消费""城市生活"等现象结合在一起进行思考，通过梳理空间与文化、政治、经济、意识形态等社会各要素之间的关系，考察空间的"元概念"和生成机理，探析空间研究的思维方式和理论范式，建构自己的空间话语系统。表面看来，他们努力从不同视角来表达他们对社会空间的论学旨趣，事实上，他们心照不宣地从不同空间的关系中探寻社会普适的规律，其思想源泉归一为"空间本体论"。

（二）旅游空间的相关研究

国外学者关注旅游空间的时间较早，研究成果较为丰富。Mathieson（1982）认为，城市旅游休闲空间是现代游客重要的旅游活动场所，其结构由核心区域、居住区域、城市边缘、乡村区域等多元旅游休闲空间组成，不同的休闲空间逐渐演化出不同的功能[①]。Pearce（1992）以巴黎为例，全面系统地观察了旅游业微空间，认为旅游微空间结构上存在着不同等级的旅游节点、旅游通道、旅游区域系统等空间单元组成[②]。这些不同尺度的空间单元构成了点状、轴状和面状的空间结构体系。Gunn（2002）以功能为单元，对旅游空间进行三个层次的结构划分，即目的地地带、游览廊道和非吸引物腹地。目的地地带强调了旅游吸引物的功能价值，游览通道提出了交通的便利性，它们主要为游客提供观光游览服务。21世纪以来，国内学者对旅游空间的研究日渐增多，研究热点开始集中于结构、布局、规划、竞争和生产等方面（表1-3）。

[①] Mathieson A Wall G.Tourism: Economic, Physical and Social Impacts. Essex: Longman Ltd, 1982.

[②] Pearce D.Tourist Development（Second Edition）. Essex: Longman Scientific &Technical, 1992.

表1-3 旅游空间的相关研究

研究对象	具体内容	常用理论	作者（年份）
旅游空间结构	空间结构模型、空间结构优化、空间一体化、空间结构分布状态等	系统空间结构理论 点—轴理论 核心—边缘理论 轴—辐网络理论 协同论 社会网络理论 分形理论 推拉理论	高卫国（2001），卞显红（2003），汪德根（2007），陈浩等（2008），秦学（2008），肖光明（2009），王浪等（2010），梁滨等（2009），杨春利等（2010），吴国清等（2011），庞闻等（2012），刘大均等（2013），张爱平等（2011），李红波等（2011），苗恩标等（2012），程晓丽等（2013），王恩旭等（2014），陈志军（2008），沈惊宏等（2015），窦银娣等（2015），李淑娟等（2015），姜付高等（2015），汪德根等（2015），段冰（2015），王成龙等（2015）
旅游空间布局	体—翼模式、点—轴模式、点—轴—系统模式、点—轴—面模式、点—轴—区模式、点—轴树状模式等	空间聚集理论 核心—边缘理论 点—轴理论	李琛等（2007），刘少和等（2007），蔡卫民等（2010），夏文桃等（2010），赵金涛等（2010），于慰杰（2010），沈惊宏等（2012），李玉臻（2011），王立国等（2012），陈建设等（2013），唐柳等（2012）
旅游空间规划	规划布局、规划理念、规划要素、规划思路、规划设计等	图底理论 核心—边缘理论 分形理论	汪宇明（2002），卞显红（2003），汪芳等（2007），范春等（2009），姜辽等（2009），韦智超等（2009），张奇（2011），唐柳等（2012），毛焱等（2013），李江丽等（2013），刘乐等（2015）
旅游空间竞争	竞争规律、竞争与合作	旅游场理论 竞合理论	尹贻梅（2003），章锦河等（2005），刘佳等（2005），史春云等（2005），王丁玲（2005），刘一君等（2006），王艳平等（2010），刘娇（2014）

续表

研究对象	具体内容	常用理论	作者（年份）
旅游空间生产	空间生产维度、空间生产模式、空间生产驱动机制、空间生产关系、空间生产与市场耦合	空间生产理论场域理论	郭文等（2012），桂榕等（2013），王娟等（2013），孙九霞等（2014），姜照君等（2014），郭凌等（2014），李彪（2015），孙九霞等（2015），孙根紧等（2015）

目前，学术界对旅游空间的研究呈泛化态势，除了上述六个方面的研究外，还涉及旅游空间相互作用、空间组织、空间发展战略、空间影响、空间行为路径、空间聚集、空间认知、空间容量、空间融合、空间感应、空间保护、空间差异等领域的研究。不过，这些研究篇幅较少，还不够深入。

（三）空间演化的相关研究

游憩活动与地理空间的结构关系在早期就有人注意到。Mitchell（1985）指出，长期以来，由于受到地理学、区域经济学研究的影响，游憩活动对地理空间的演化起到重要的作用，研究前景较为广阔[1]。Christaler（1964）指出地方旅游空间的经济价值，因落后地区会因旅游而带来经济成长[2]。Friedmann（1966）认为旅游空间除了对地方产生经济价值之外，对周边的社会和经济也产生着正面影响[3]。Cooper（1981）提出空间对游客行为的影

---

[1] Mitchell L. Recreational geography: inventory and prospect. Pros. George, 1985（1）: 198-120.

[2] Christaller.W. Some considerations of tourism location in Europe: the peripheral regions-underdeveloped countries- recreation areas.Regional Science Association Papers, 1964, 12: 95-103.

[3] Friedmann, J.Regional Development Policy: A Case Study of Venezuela..Cambridge: MIT Press. 1966.

响，指出空间的依恋性和文化认同感①。Fagence（1990）将既有的旅游模式与后期发展的旅游规划方法结合起来，以点线面空间架构的方式研究空间②。Smith（1992）提出试验性海滨度假区模式（TBRM）来预测海横地区的都市化过程③。有学者基于旅游经济活动及其空间结构分析，提出核心模型包括本地市场效应模型、核心—边缘模型等④。MacDonald（2003）提出乡村旅游空间具有文化性、地域性和乡野性⑤。Andreas（2004）探讨了旅游度假区的演化⑥。旅游空间的演化受多种因素的影响，比如经济发展水平、旅游资源禀赋等⑦。此外，不同旅游区域之间基础设施和经济发展状况也会影响区域旅游规模发展⑧。

1. 空间演化的影响因素研究

国内学者分析和诠释旅游空间结构、研究各类空间动态演化过程影响

---

①　Cooper, C.P. Spatial and temporal patterns of tourist behaviour.Regional Studies, 1981, 15（5）：359–371.

②　Fagence, M. Georaphically-referenced planning strategies to resolve potential conflict between environmental vaJues and commercial interests in tourism development in environmentally sensitive areas.Journal of Environmental Management, 1990, 31：1–18.

③　Smith, R.A. Beach resort evolution imp1ications for planning.Annals of Tourism Research, 1992, 19（1）：304–322.

④　Fujita M, Krugman P, Venables A J. The Spatial Economy：Cities, Regions and International Trade.Cambridge, Massachusetts：MIT Press, 1999.

⑤　MacDonald R. Lee J. Cultural rural tourism：Evidence from Canada. Annals of Tourism Research, 2003, 30（2）：307–322.

⑥　Andreas Papatheodorou. Exploring the evolution of tourism resorts. Annals of Tourism Research, 2004, 31（1）：219 –237.

⑦　Tosun C, Timothy D, Ozturk Y. Tourism Growth, National Development and Regional Inequality in Turkey.Journal of Sustainable Tourism, 2003, 11（2）：133–161.

⑧　Hall C, Page S. The geography of tourism and recreation：Environment, space and place. London：Routledge, 2006.

因素对更好地梳理文化空间演化的影响因素起着积极的促进作用。

（1）旅游空间演化的影响因素。旅游空间是学术界关注的热门话题之一，国内学者对旅游空间的研究是多元的，城市、岛屿、企业、景区、乡村等不同尺度旅游空间演化的影响因素均已在学术界展开讨论。朱晶晶，陆林（2007）指出，受旅游活动的影响，舟山群岛空间结构演化出层级制特征，并进一步概括出旅游资源、规划、市场、交通、政策、经济等因素是促进空间结构一体化演化的重要影响因素[①]。卞显红（2009）在对旅游企业空间的区位因素分析后，提出市场、资源、交通、企业聚集程度等是影响区位选择的重要因素[②]。王丽华、俞金国（2008）对城市旅游空间进行宏观研究，南北向度而言，指出南方城市有先发优势，20世纪90年代初旅游发展快，而长江中下游城市及北方城市旅游发展后发优势明显。东西向度来看，东部城市空间机构演化速度明显高于中西部[③]。而中国省域之间的旅游空间演化呈现出高度自相关的聚集状态，经济发展水平、旅游上层设施、旅游基础设施和人力资源是主要的影响因素（戈冬梅、姜磊，2012）[④]。旅游景区空间是游客的观光游览场所，其结构演变的主要因素主要为旅游资源开发水平、基础设施建设水平、旅游服务水平等（张奇、刘小燕等2012）[⑤]。

（2）旅游经济空间演化的影响因素。经济空间是旅游产业存在与发

① 朱晶晶，陆林等.海岛型旅游地空间结构演化机理分析——以浙江省舟山群岛为例.人文地理，2007，93（01）：34-39.

② 卞显红.城市旅游核心——边缘空间结构形成机制——基于协同发展视角.地域研究与开发，2009，28（04）：67-71.

③ 王丽华，俞金国.20世纪90年代以来我国主要旅游城市格局演化特征及机制研究.地域研究与开发，2008，27（05）：54-58.

④ 戈冬梅，姜磊.基于ESDA方法与空间计量模型的旅游影响因素分析.热带地理，2012，32（5）：561-567.

⑤ 张奇，刘小燕，谭璇.重庆市高等级旅游景区发展演变及空间分布特征探究.市场论坛，2012（2）：28-31.

展的前提。经济空间的区域特征明显，影响因素表现不同。如西部地区旅游经济空间发展均衡，而西南、西北两地区空间发展失衡，其原因在于从业人员数量、资源禀赋及可支配收入的影响作用不同（王淑新、王学定，2012）①。刘佳、赵金金（2012）通过对我国 31 个省份旅游经济空间的定量分析和研究，揭示出空间分异的特征主要受到旅游资源禀赋、交通区位条件和经济发展水平等因素的影响②。而且，刘佳、奚一丹（2015）通过对长三角地区旅游经济空间格局的实证分析，再次验证了这些因素的重要作用③。李如友、黄常州（2015）提出江苏省旅游经济空间演化受旅游收入的影响较为显著④。

（3）入境旅游空间演化的影响因素。影响入境旅游空间演化的因素很多，刘法建、张捷（2010）指出自然资源、经济发展水平、服务水平、对外联系度、空间距离等因素的不同，中国入境旅游流空间结构演化出东强西弱的态势⑤。对于西部边疆的新疆而言，自然条件、旅游资源、区位交通是推动入境旅游空间结构极化演化的主要影响因素（李莺飞、郭晓东，2014）⑥。对于东北沿海城市而言，在交通通达度、地方经济水平、旅游产业水平、旅游目的、重游率、客源结构等因素推动下，该地区表现为高

①　王淑新，王学定.西部地区旅游经济空间变化趋势及影响因素研究.旅游科学,2012,26（6）：55-67.

②　刘佳，赵金金.中国省域旅游经济发展的时空分异特征及其影响因素研究.经济问题探索，2012（11）：110-116.

③　刘佳，奚一丹.长三角地区旅游经济发展格局演化与影响因素空间计量分析.云南地理环境研究，2015，27（3）：15-24.

④　李如友，黄常州.江苏省旅游经济重心演进格局及其驱动机制.地域研究与开发，2015，34（01）：93-99.

⑤　刘法建，张捷.中国入境旅游流网络结构特征及动因研究.地理学报，2010,65（8）：1013-1024.

⑥　李莺飞，郭晓东.新疆入境旅游发展的空间差异及其演变趋势分析.资源开发与市场，2014，30（5）：633-636.

耦合状态，并沿着环渤海、长三角等核心区域向中西部等低耦合区域扩散（薛华菊、马耀峰，2014）[①]。

（4）城镇空间演化的影响因素。城镇空间演化是学术界的热点话题，城市微观尺度空间，如西安市餐饮业空间着城市发展格局、文化、人口及旅游活动等因素的推动下，呈现出由市中心区向城郊逐减的演化态势，这些空间沿着交通干线如串珠状分布（梁璐，2007）[②]。城市空间与之不同，陈辞、李强森（2010）认为技术因素、政治和经济等因素才是空间结构演化的动力要素[③]。吴勇（2012）认为，山地城镇空间结构的演化除技术经济、政治制度影响因素之外，重要的是受到自然生态和社会文化等因素的驱动[④]。

（5）村落空间演化的影响因素。村落空间是居民聚集的地方，是人们的生活空间，生产、生活功能较强，因此，受到经济、政治、文化、技术条件等因素的影响较大，其演化途径包括自然式和计划式（刘晓星，2007）[⑤]。在自然的演化中，高程与坡度等地理状况，道路与河流的分布状况是主要的影响因素（郭晓东，2012）[⑥]。而政策、经济、社会、文化等因

---

① 薛华菊，马耀峰.基于ESDA-GIS中国入境旅游流质时空演进模式及影响因素研究.资源科学，2014，36（9）：1860-1869.

② 梁璐.城市餐饮业的空间格局及其影响因素分析——以西安市为例.西北大学学报（自然科学版），2007，37（6）：925-930.

③ 陈辞，李强森.城市空间结构演变及其影响因素探析.经济研究导刊，2010，92（18）：144-146.

④ 吴勇.山地城镇空间结构演变研究——以西南地区山地城镇为主：［博士学位论文］.重庆：重庆大学，2012.

⑤ 刘晓星.中国传统聚落形态的有机演进途径及其启示.城市规划学刊，2007，169（3）：55-60.

⑥ 郭晓东，马利邦，张启媛.基于GIS的秦安县乡村聚落空间演变特征及其驱动机制研究.经济地理，2012，32（7）：56-62.

子是重要的社会因素（王静、徐峰，2012）①。对于村落中的农村居民点来说，空间形态、结构体系、用地规模、景观格局对空间的影响力较大（冯应斌，2014）②。总之，空间演化的影响因素是多元的。如表1-4所示：

表1-4　空间演化的影响因素

空间类型	影响因素	作者（年份）
旅游空间	人口增长、传统文化、交通条件、政策制度、旅游资源开发水平、服务水平、城市等级、经济发展水平、外部需求环境、社会资本、基础设施、人力资源、旅游产品价格、外商投资量、旅游地发育接待能力、旅游市场、旅游集聚、旅游产业属性、区位条件、消费者偏好、经济、社会、文化、旅游合作、国家宏观的空间发展战略、旅游客源市场、旅游规划、旅游空间竞争与协作等	卞显红（2002）；陆林等（2010）；黄振庆、汪宇明（2007）；朱晶晶、陆林等（2007）；王丽华、俞金国（2008）；薛领、翁瑾（2010）；钟泓、黄海（2010）；张奇等（2012）；黄华、王洁等（2012）；戈冬梅等（2012）；郑芳、侯迎（2012）；李细归等（2014）；刘传喜等（2015）
旅游经济空间	地区经济发展水平、旅游要素投入、旅游服务设施、区位交通条件、资源开发、政策支持、对外开放、事件影响、旅游景区数、旅游从业人员数、旅游资源禀赋、旅行社数量、星级饭店数、居民消费水平、旅游基础设施等	王淑新、王学定（2012）；向艺、郑林（2012）；刘佳、赵金金（2012）；尹燕、周应恒（2012）刘佳、奚一丹（2015）；李如友、黄常州（2015）；王博、吴清、罗静（2015）
入境旅游空间	自然条件、经济外向度、地理区位、旅游资源禀赋、对外联系度、空间距离、飞机起降架次、国际旅行社数、旅游产业水平、旅游服务水平、市场发展、客源结构、重游率、基础设施条件等	刘法建、张捷（2010）；陈志刚、许学强（2011）；方远平等（2014）；李莺飞、郭晓东（2014）；薛华菊、马耀峰（2014）

---

① 王静，徐峰. 村庄聚落空间形态发展模式研究. 北京农学院学报，2012，27（2）：57-62.

② 冯应斌. 丘陵地区村域居民点演变过程及调控策略：重庆市潼南县古泥村实证：［博士学位论文］. 重庆：西南大学，2014.

续表

空间类型	影响因素	作者（年份）
城镇空间	城镇自然生态环境、人口密度、政治制度、技术、区域经济水平、城市空间格局、交通便捷程度、旅游活动、文化传统、政治事件、消费观念等	梁璐（2007）；宋立忠（2009）；陈辞等（2012）；吴勇（2012）；舒舍玉等（2012）；丁宁等（2012）
村落空间	地形、自然地理环境、气候、区位、人口结构变化、政治政策、道路交通导引、产业结构调整、基础设施、政府、技术、社会、经济、文化、农村居民、家庭因素、设计者、发展商、公众的观念和价值取向、居住环境等	刘晓星（2007）；尹长林（2008）；胡敏（2009）；郭晓东等（2012）；王静（2012）；海贝贝等（2013）；李文忠等（2013）；冯应斌（2014）；王福军（2015）
文化空间	旅游者、地方政府、旅游地居民、旅游地媒介、旅游地文化、交通便捷性、文化景观、民族精英、主客文化排斥、原文化空间资源本底等	严雷（2014）；李迪、李星明等（2015）

综上所述，学者们对空间演化影响因素见仁见智，但也存在一个共同的地方，如受旅游者、政府政策、产品价格、当地居民、区域经济水平、资源禀赋等关键因素影响。本研究结合文献研究及空间属性的分析，可以把旅游地茶文化空间形成与演化的影响因素概括为市场供需因素、政府管理因素和文化资本因素等方面。

2. 空间演化的驱动力研究

驱动力是指促使机体工作运转的动力、模式和方法等。空间演化受多重因素的影响，阶段不同，其演变的动力机制也不尽一致。

（1）宏观尺度空间演化的驱动力。在旅游业的冲击下，宏观尺度的区域空间不断整合与演化，各种动力因素相互关联，相互影响，形成动力机制。靳诚、徐菁（2006）认为空间生长力、市场驱动力和政府调控力推动着长三角区域旅游的空间整合[①]。区域旅游经济区以旅游合作为主，通常受到综合推动力、创新性源动力、融入聚合力等多力联合机制影响（陈非、

---

① 靳诚，徐菁，陆玉麟. 长三角区域旅游合作演化动力机制探讨. 旅游学刊, 2006, 21（12）: 43–47.

庄伟光，2012①。黄华（2012）认为，边疆省区旅游空间结构演进的动力要素很多，环境、旅游资源、旅游产品、技术、政治、经济条件等②。云南省旅游空间格局演化过程中，政治政策、自然环境、交通可达性和地缘结构的驱动作用较为突出（王峰、刘安乐，2014）③。

（2）中微观尺度空间演变的驱动力。中观尺度的空间范畴多指城市空间，金丽（2007）提出国际旅游城市发展的动力机制是区位、资源、环境及各要素之间的联合驱动④。游客的介入，通常会带来旅游产业空间的聚集，这种格局的形成，既包括自然驱动力与内在驱动力，又包括政府的推动和市场的引导（刘名俭、黄茜，2010）⑤。陆林、鲍捷（2010）认为，千岛湖演化由系统内部的自组织和外部约束的他组织两种动力机制组成⑥。而城郊旅游空间的动力要素较多，既包括人与自然的和谐相处，又包括旅游产业发展，以及农村经济发展、农民生活质量和农民人口素质的提高（韩非、蔡建明等，2010）⑦。对于微观尺度空间而言，指出武夷山景区空间格局的演变是自然环境、生产行为、经济利益、人口红利和旅游发展共同作

——————————

①　陈非，庄伟光，李坚诚.区域旅游合作的"核心——边缘"模式及动力机制——以"海西"为例.广东社会科学，2012（03）：60-66.

②　黄华.边疆省区旅游空间结构的形成与演进研究——以云南省为例：[博士学位论文].上海：华东师范大学，2012.

③　王峰，刘安乐，明庆忠，西南边疆山区旅游空间格局演化特征及其驱动机制——以云南省为例.c云南师范大学学报（哲学社会科学版），2014，46（04）：61-68.

④　金丽.国际旅游城市形成发展的动力机制与发展模式研究：[博士学位论文].天津：天津大学，2007.

⑤　刘名俭，黄茜.武汉城市圈旅游产业空间集聚的动力机制研究.湖北大学学报（哲学社会科学版），2010，37（05）：70-74.

⑥　陆林，鲍捷.基于耗散结构理论的千岛湖旅游地演化过程及机制.地理学报，2010，65（6）：755-768.

⑦　韩非，蔡建明，刘军萍.大都市郊区乡村旅游地发展的驱动力分析——以北京市为例.干旱区资源与环境，2010，24（11）：195-200.

用的结果（巍斌、何东进，2011）①。古镇旅游演变受城市居民游憩需求的内在动机影响较大，而旅游热点带动也引起了旅游空间不断实现良性竞合，进而推动空间发展（毛长义、张述林等，2012）②。旅游发展效率空间的发展与经济政策导向、旅游消费需求刺激及旅游生产单元价值相关（曹芳东、黄震方等，2012）③。景区内旅游企业受市场需求的驱动力较大，同时，政府、企业家精神、社区和旅游治理支配着企业空间生产的方向（尹寿兵、刘云霞等，2013）④。（杨俊、李月辰等，2014）认为，国家旅游度假区作为游客集散地，"企业""政府"和"当地居民"的作用力不容小觑⑤。熊亚丹（2015）认为，鄱阳湖作为公共资源的旅游空间，政府调控直接推动资源的旅游开发利用，而市场、技术、产业的发展是助推剂⑥。杭州乡村旅游产业空间演化的模式是原发型集聚、融合型集聚和嵌入型集聚，这三种模式是在社会资本、区位交通、旅游市场、资源环境的综合作用下实现演化的（刘传喜、唐代剑，2015）⑦。

综上所述，空间的形成、发展、演化是在多种因素相互影响、相互作

---

① 游巍斌，何东进等.武夷山风景名胜区景观格局演变与驱动机制.山地学报，2011,29（06）：677-687.

② 毛长义，张述林，田万顷.基于区域共生的古镇（村）旅游驱动模式探讨——以重庆16个国家级历史文化名镇为例.重庆师范大学学报（自然科学版），2012，29（05）：71-77.

③ 曹芳东，黄震方等.城市旅游发展效率的时空格局演化特征及其驱动机制——以泛长江三角洲地区为例.地理研究，2012，31（08）：1431-1444.

④ 尹寿兵，刘云霞，赵鹏.景区内旅游小企业发展的驱动机制——西递村案例研究.地理研究，2013，32（02）：360-368.

⑤ 杨俊，李月辰等.旅游城镇化背景下沿海小镇的土地利用空间格局演变与驱动机制研究——以大连市金石滩国家旅游度假区为例.自然资源学报，2014，29（10）：1721-1733.

⑥ 熊亚丹.区域旅游发展保障、动因分析——以环鄱阳湖区域为例.旅游纵览（下半月），2015（09）：191.

⑦ 刘传喜，唐代剑与常俊杰，杭州乡村旅游产业集聚的时空演化与机理研究——基于社会资本视角.农业经济问题，2015（06）：35-43.

用的机制下形成的。无论是宏观尺度的区域、省域、城市等旅游空间形态，还是中微观尺度的景区、度假区、旅游企业、乡村、古镇等旅游空间形态，其驱动机制大多受区位条件、资源环境、旅游市场、社会经济、资本投资、政府政策等多元动力的合力作用。在综合以上观点的基础上，本研究认为，伴随着旅游产业的发展，旅游地茶文化空间演化的驱动力是需求、供给、政府调控和文化资本等驱动力的交织作用，共同构成了茶文化空间演化的动力主体。

3. 空间演化机理研究

演化即演变，在事物发展变化的过程中，从一种多样性形态转变为另一种多样性形态的复杂过程。机理是指系统结构中各要素为实现某一特定功能，相互联系、相互作用，通过内在工作方式形成一定的运行规则和原理。空间演化主要包括两方面内容：一是新增空间的产生，即结构演化；二是空间分布形态的格局演化。"过程—格局—机理"是空间研究的主要思路。演化过程是以旅游空间发展的周期性和阶段性表现出来的。Oppermann（1993）把旅游空间概括为六个演化阶段，并概括出每个阶段的演化特征。大城市近郊旅游景区空间受城镇居民的消费驱动，经历了原生、挤压、竞争、恢复、优化五个演变阶段（刘少湃、2008）[①]。从空间结构特征看，城镇空间从点状演化为线状、簇团状，并不断地内部填充（向宝惠、柴江豪等，2009）[②]。随着古镇旅游的兴趣，其商业空间的发展加快，先后历经了起步、初期和快速成长三个演化阶段（周年兴，梁艳艳等，2013[③]。对于乡村旅游而言，乡村旅行社区空间的演化表现为路径形成前、路径形成、路径发展及路径停滞或衰落四个阶段（龚伟、马木兰,2014）[④]。不同的理论依据，演

---

① 刘少湃.大城市近郊旅游景区的空间演变.城市问题，2008（08）：14-17.

② 向宝惠，柴江豪，唐承财.武夷山三姑旅游城镇空间结构演化过程及其调控策略.生态经济，2009（10）：79-81.

③ 周年兴，梁艳艳，杭清.同里古镇旅游商业化的空间格局演变、形成机制及特征.南京师大学报（自然科学版），2013，36（04）：155-159.

④ 龚伟，马木兰.乡村旅行社区空间共同演化研究.旅游科学，2014，28（03）：49-62.

化阶段划分也呈现不同。根据生命周期理论，李雪、李善同（2012）认为旅游地域空间系统的演化过程是一个循序渐进的过程，形成阶段缓慢发展，发展阶段提速发展，成熟阶段完善发展，并随着旅游空间的饱和，进入衰落发展阶段[①]。李伯华、刘沛林等（2014）从人地关系论视角提出，游客介入后，乡村旅游空间经历了入侵、竞争、反应和调控等四个演化阶段[②]。同时，区域旅游空间的演化也是自组织过程，初始阶段发展缓慢，自我调适的动力较小，发展阶段，自组织的力量增加，空间快速演化。进入成熟阶段，空间形态日渐多元化，随着竞争加剧，空间演化逐步走向再升级或衰退阶段（朱翠兰、侯志强，2013）[③]。

空间结构形态演变的研究集中在两个方面：其一，空间结构形态演化的研究。陈睿、吕斌（2004）认为，在系统内部自组织的作用下，区域旅游空间形态形成了中心辐射网络、平铺网络、嵌套网络三种演化模式[④]。张立明、赵黎明（2005）提出了点状（增长极模式），线状（轴线战略模式），网状（区域一体化模式）的区域旅游空间形态演化模式[⑤]。对于城市空间形态演变而言，单节点聚集，多节点并存，板块化整合是其主要特征（汪德根，2007）[⑥]。游憩商务空间的演化模式是多元的，从单核走向多核，进入

---

① 李雪，董锁成，李善同.旅游地域系统演化综述.旅游学刊，2012，27（9）：46-55.

② 李伯华，刘沛林等.景区边缘型乡村旅游地人居环境演变特征及影响机制研究——以大南岳旅游圈为例.地理科学，2014，34（11）：1353-1360.

③ 朱翠兰，侯志强.基于系统熵的区域旅游合作系统演化研究——以厦漳泉地区为例.旅游论坛，2013，6（05）：56-61.

④ 陈睿，吕斌.区域旅游地空间自组织网络模型及其应用.地理与地理信息科学，2004，20（06）：81-86.

⑤ 张立明，赵黎明.旅游目的地系统及空间演变模式研究——以长江三峡旅游目的地为例.西南交通大学学报（社会科学版），2005，6（01）：78-83.

⑥ 汪德根.城市旅游空间结构演变与优化研究——以苏州市为例.城市发展研究，2007（01）：21-26.

互联网时代，网络化是必然趋势（陈虹涛、武联，2007）①。卞显红（2007）认为，城市旅游空间演化是从重点城市的旅游增长极开始，继而向周边城市扩散，形成核心—边缘结构，或者沿着交通要道分别，形成"点—轴"结构，这些空间连接起来，就成为城市聚集群②。陈梅花、张欢欢、石培基（2010）指出大兰州滨河带旅游空间结构演化模式为点状、轴线，最终成为板块状③。就整个旅游系统而言，空间结构形态演化特征通常为点状、凝聚、放射、扩展和网络状（任开荣，2010）④。这些结构形态是复杂多变的，如区域空间结构聚集在一起形成极核型，沿轴线扩散，形成点轴型，在各个区域分布成为网络型（张华，2010）⑤。陈志钢、保继刚（2011）指出，阳朔游憩商业区（RBD）空间结构经历了"十字""工字"、南北"日字"和网状几种结构形式⑥。程晓丽、黄国萍（2012）提出，安徽省旅游空间"点—轴""点—轴—区"模式演化、"丰"字形演化⑦。刘大均、谢双玉（2013）认为，景区空间结构在起步阶段主要表现为点状，随着游客增多，开始呈现聚集状，围绕着核心景点聚集在一起，形成多核心空间，并随着

① 陈虹涛，武联.信息时代我国城市游憩商务空间演变初探.西北大学学报（自然科学版），2007，37（05）：835-838.

② 卞显红.城市旅游空间成长及其空间结构演变机制分析.桂林旅游高等专科学校学报，2002，13（03）：30-35.

③ 陈梅花，张欢欢，石培基.大兰州滨河带旅游空间结构演变研究.干旱区资源与环境，2010，24（12）：195-200.

④ 任开荣.区域旅游系统空间结构演化研究——以丽江市为例.安徽农业科学，2010，38（18）：9806-9807.

⑤ 张华.旅游目的地区域空间结构演化研究——以岳阳为例.广义虚拟经济研究，2010（02）：48-59.

⑥ 陈志钢，保继刚，典型旅游城市游憩商业区空间形态演变及影响机制——以广西阳朔县为例.地理研究，2012，31（07）：1339-1351.

⑦ 程晓丽，黄国萍.安徽省旅游空间结构演变及优化.人文地理，2012（06）：145-150.

空间的内部填充，走向空间一体化[①]。胡宪洋、马嘉等（2013）对旅游空间结构演化展开实证分析，指出大西安旅游圈旅游空间形态也是基于单点集聚的状态发展，然后沿轴线扩散、网状扩散，最终形成旅游圈[②]。牟红、雷子珺（2013）提出了长江三峡"点—轴—圈—网"旅游共生空间演化模式[③]。李星明、朱媛媛等（2015）认为，旅游地文化空间最初形态是文化节点，随着游客的增多，文化空间功能从生产、生活衍化为旅游功能，旅游文化轴和文化场逐渐形成，各个场域连在一起，形成文化域面。与之相比，省级旅游目的地空间形态也表现为"点—线—面"演化模式（王慧娴、张辉，2015）[④]。

还有部分学者的研究，从时空演变角度分析空间结构演化。卞显红（2012）认为，城市旅游产业空间开发阶段为单节点分布、发展阶段为多节点分布和成熟阶段演化为链状节点分布[⑤]。村镇空间不同，最初以居住空间为主，游客介入后，才逐渐演化出产业与公共服务空间（乔花芳、曾菊新等，2010）[⑥]。也有学者对旅游吸引物空间进行研究，归纳出萌芽期空间布局为点状，起步期放射状，快速发展期则表现为聚集或扩散状（申涛、田

---

① 刘大均，谢双玉等.基于分形理论的区域旅游景区系统空间结构演化模式研究——以武汉市为例.经济地理，2013，33（4）：155-160.

② 胡宪洋，马嘉，寇永哲.大西安旅游圈旅游规模分布演变及空间特征.经济地理，2013，33（06）：188-192.

③ 牟红，雷子珺.长江三峡旅游共生空间结构生长与演进研究.未来与发展，2013（12）：110-113.

④ 王慧娴，张辉.旅游政策与省级旅游目的地空间演进互动机制研究.经济问题，2015（06）：109-113.

⑤ 卞显红，闫雪.内生与外生型旅游产业集群空间演化研究.商业研究，2012（08）：180-187.

⑥ 乔花芳，曾菊新，李伯华.乡村旅游发展的村镇空间结构效应——以武汉市石榴红村为例.地域研究与开发，2010，29（03）：101-105.

良，2010）[①]。朱岚涛、王力峰等（2012）以中原地区为例，提出旅游圈的空间结构为萌芽期为点状均衡分布，起步期极化扩散、发展期点轴延伸、形成期圈层扩散、成熟期均衡发展[②]。北京地区的文创旅游空间结构也快速演变，经历了三个阶段。创意景点时期，空间结构以点状为主，文创飞地时期，呈现出区域性的面状特征，最后创意空间时期，空间形态开始向集群化发展（马朋朋、张胜男，2012）[③]。王恩旭、吴荻（2014）把旅游空间演化阶段划分为聚集、链接、嵌入和辐射四阶段，旅游空间结构概括为"一心三轴"[④]。

概而言之，旅游空间演化过程不同，其结构形态也表现出多样化，它们之间体现了一种递进的关系，反映出演化强度的层次性和阶段性，而且大多遵循着"单点极核→点轴放射→网络关联"这样一种规律进行演化。

其二，空间分布形态演化的研究。空间在区域内的分布形态通常以聚集程度来体现。戴学军、丁登山等（2005）对南京市实证研究获知，景区空间结构随在旅游活动的影响下，表现出聚集状态，不过这种结构是随机分形而产生[⑤]。这种分形结构扩展农村居家空间，通过平衡、增长、缩减、重建等途径进行空间建构（李君，2009）。赵小芸（2010）提出旅游小城镇产业集群空间分布状态为聚集、衍生和扩散[⑥]。对于旅游企业空间来说，由于市区的便利性，该空间首先在市区集聚，当聚集状态极化后，逐渐向郊

---

① 申涛，田良.海南岛旅游吸引物空间结构及其演化——基于41家高等级旅游景区（点）的分析.热带地理，2010，30（01）：96-100.

② 朱岚涛，王力峰，黄梅芳.中原旅游圈空间结构演化与发展模式研究.经济地理，2012，32（07）：147-151.

③ 马朋朋，张胜男.国外城市创意旅游空间演化研究.特区经济，2012（11）：108-109.

④ 王恩旭，吴荻，辽宁沿海经济带旅游空间结构演变与优化研究.辽宁师范大学学报（社会科学版），2014，37（04）：505-509.

⑤ 戴学军.旅游景区（点）系统空间结构随机聚集分形研究——以南京市旅游景区（点）系统为例.自然资源学报，2005，20（05）：706-713.

⑥ 赵小芸.旅游小城镇产业集群动态演化研究:［博士学位论文］.上海：复旦大学，2010.

区扩散（李雪、李善同，2012）①。旅游资源空间则不同，空间分布受自然环境的影响较大，如洛阳的自然空间主要聚集在中部地区（李中轩、吴国玺，2012）②。王朝辉、陆林（2012）提出上海市住宿产业空间分布由"两中心集聚、沿一轴线梯度向外分布"到"从内环线向外环线扩散"③。刘大均、谢双玉等（2013）提出，武汉城市圈旅游景区沿河流、交通分布，线性集聚状态较为明显，呈现出圈递变趋势。陈君子、刘大均等（2013）认为旅游景区空间分布"中密周疏"④。李文正（2014）通过对陕南 A 级旅游景区的研究发现，该空间经历了单极、两级、三级的聚集状态，而最终实现了均匀分布的随机状态⑤。薛华菊、马耀峰等（2014）认为环首都经济圈的空间分布由"单极辐射"到"三强并立"演变模式⑥。逯付荣、刘大均等（2014）以湖北省为例，提出优秀旅游城市主要集聚在中部地区，并呈梯状向周边递减⑦。对于全国优秀旅游城市空间来说，聚集状态是"东密西疏"

① 李雪，李善同，董锁成.青岛市旅游地域系统演化时空维分析.中国人口·资源与环境，2011（S2）：246-249.

② 李中轩，吴国玺.洛阳市旅游资源的空间结构及其演化模式.地域研究与开发，2012，31（04）：107-109.

③ 王朝辉，陆林等.世博建设期上海市旅游住宿产业空间格局演化.地理学报，2012,67（10）：1423-1437.

④ 陈君子，刘大均，谢双玉.武汉市旅游景区空间结构演化.热带地理，2013（03）：349-355.

⑤ 李文正.陕南A级旅游景区空间格局演变特征及内在机理研究.水土保持研究，2014,21（05）：138-143.

⑥ 薛华菊.环首都经济圈入境旅游规模—经济—质量空间演化研究.地理与地理信息科学，2014，30（05）：111-116.

⑦ 逯付荣，刘大均，谢双玉.湖北省优秀旅游城市空间结构演化研究.旅游论坛，2014,7（02）：63-67.

（龚箭、吴清等，2014）①。黄雪莹、张辉等（2014）将长三角地区旅游空间演化概括为"极化—飞地"空间格局②。王峰、刘安乐等（2014）指出云南省旅游空间格局演化由极化聚集发展为核心—边缘状态③。虞虎、陈田等（2015）把中国农村居民旅游流空间划分为一般、边缘、区域、全国等四种聚集状态④。

　　还有部分学者的研究，从时空演变角度分析空间分布形态演变。农业旅游空间布局演化阶段围绕着村落展开，时空演变特征为萌芽时期，空间多分布于近郊区域，发展期向中郊区域延伸，进入繁荣和专业化阶段，空间拓展至远郊地带（卢亮、陶卓民，2005）⑤。对于青岛旅游空间系统在形成、发展、成熟三个演化阶段中，形成了中心地、中心带、旅游腹地三种时空特征（李雪、李善同等，2011）。陆林、鲍捷（2012）通过对桂林、阳朔的研究，提出了山水型的旅游目的地时空演化特征：萌芽阶段，空间均质发展；极化阶段，空间极化状聚集发展；进入优化阶段，空间开始向周围扩散，形成板块式发展⑥。樊亚明、徐颂军（2013）指出广东省温泉旅游地在室内温泉、露天温泉、主题温泉和度假温泉四个历时阶段中，形成了

　　① 龚箭，吴清，刘大均.中国优秀旅游城市空间分异及影响机理研究.人文地理，2014（02）：150-155.

　　② 黄雪莹，张辉，厉新建.长三角地区旅游空间结构演进研究：2001-2012.华东经济管理，2014，28（01）：69-73.

　　③ 王峰，刘安乐，明庆忠.西南边疆山区旅游空间格局演化特征及其驱动机制——以云南省为例.云南师范大学学报（哲学社会科学版），2014，46（04）：61-68.

　　④ 虞虎，陈田等.中国农村居民省际旅游流网络空间结构特征与演化趋势.干旱区资源与环境，2015，29（06）：189-195.

　　⑤ 卢亮，陶卓民.农业旅游空间布局研究.商业研究，2005（19）：171-173.

　　⑥ 陆林，鲍杰等.桂林——漓江——阳朔旅游地系统空间演化模式及机制研究.地理科学，2012，32（09）：1066-1074.

集群分布空间特征 ①。林瑶云、李山（2015）提出了旅游圈演化的时空特征，即探查和发展期表现为"嵌套式圈层结构"，巩固期发展为"嵌套式分层结构"②。此外，近年来，部分学者开始运用空间计量学的理论和方法，分析空间布局的演化。史文涛、唐承丽等（2014）认为，河南省入境旅游经济空间分布呈现扩散效应区、极化效应区、过渡效应区和落后效应区的时空演变③。江苏省各城市国内客流演化特征呈现为"高低"聚集和"低低"聚集两极分布状态（李晓维、唐睿，2015）④。

通过以上文献的归纳和分析，可以发现旅游地多维度的旅游空间尽管空间形态不同，地理环境不同，影响因素也不尽一致，但是，在空间的分布形态上表现出一定的规律性，即主要遵循"疏—密、聚—散、核心—边缘、圈—层"等几种分布形态进行演化。而旅游地茶文化空间的演化机理处于一定的时空环境中，动力要素通常是多元的，时空环境、动力要素不同，茶文化空间的形态、格局、文化形态也呈现出不同的演化特征。

三、本章小结

毫无疑问，已有的研究成果是该课题研究的基础，不过，通过与前期国内外研究的理论对话，发现目前关于茶文化空间的研究存在着不足之处：一是空间尺度研究较大，不是把文化空间的尺度视为场所的微观尺度，而是等同于城市、景区等中宏观尺度。二是文化空间的研究仍停留在质性研

---

① 樊亚明，徐颂军.广东省温泉旅游地空间结构及演化发展.华南师范大学学报（自然科学版），2013，45（03）：99-105.

② 林瑶云，李山.旅游圈空间演化的嵌套模型与效用分析.旅游学刊，2015，30（06）：17-29.

③ 史文涛，唐承丽等.河南省入境旅游经济时空差异演变研究.西部经济管理论坛，2014，25（01）：45-49.

④ 李晓维，唐睿.江苏省各城市接待国内旅游人数的时空演化特征分析——基于空间自相关和Hurst指数分析法.安徽农业大学学报（社会科学版），2015，24（06）：28-34.

究的分析阶段，其影响要素、动力机制和演化机理的量化研究不足；三是研究呈碎片化状态。概念及结构要素研究多，空间形态、格局及文化内涵形成及演化的机理等核心问题研究不足；四是对区域空间的研究多，对产业空间的研究少，如茶文化空间只有较少学者研究。旅游地茶文化空间是在旅游产业背景下发展起来的，经济性、文化性、空间性是空间的本质特性，其内涵和外延直接影响着空间的外在结构表现。因此，需要对旅游地茶文化空间的研究进一步深入和拓展。

旅游地茶文化空间研究的关键问题是空间发展的"过程—格局—机制"的分析。这一问题的解决，必然涉及茶文化空间的演化。首先，在历史回溯和评述基础上，厘清茶文化空间的概念；其次，以案例地武夷山茶文化空间为例，建构茶文化空间演化的动力因素指标，深入研究旅游地茶文化空间的生成、演化机理，为我国茶文化旅游资源的开发利用、茶文化传播、茶文化遗产保护等寻找一般性规律。最后，为旅游地茶文化空间的规划建设、转型升级、结构优化、文化内涵提升等提出建设性的对策和建议，使得茶文化空间既成为游客活动、文化传播的载体，又成为旅游吸引物，提升茶文化空间的应用价值。

第二章　理论方法与内容框架

第一节　理论方法

一、研究理论

（一）旅游需求理论

从经济学角度看，需求是消费者在市场价格条件下，购买某种商品的意愿与数量。需求表现为消费动机与支付能力的统一。旅游需求是指在一定时期内，有需求意愿、空暇时间和支付能力的消费者，在多种旅游产品价格存在的情况下，能够购买的旅游产品的数量[①]。在本文的研究过程中，经济学中的需求理论被作为理论依据，起到了重要作用。需求理论涵盖了需求的内涵、弹性规律、需求函数和效用最大化理论的基本内容。客观来看，旅游需求是由科技、经济及社会生产力水平的不断提高，三种要素共同驱动而形成的必然产物。旅游消费需求是人类在一定的社会经济条件下，对旅游产生的消费意愿和消费行为。导致旅游需求产生的原因主要包括人们可自由支配收入和闲暇时间的增多、旅游地产品价格吸引及现代交通的出现[②]。同购物需求、餐饮需求、休闲需求等其他消费需求一样，旅游需求受到如资源、价格、政策、环境等因素的多重干扰，因此，基于需求规律，它呈现出曲线式的变化趋势。一般而言，游客的可自由支配收入是影响旅游消费需求的主导性因素，需求量通常随着可支配收入的变化而变化。具体表现为：在其他因素不变情况下，旅游需求量与人们的可自由支配收入

---

① 林南枝，陶汉军.旅游经济学.南开大学出版社，2009：19-63.

② 董亚娟.供需视角下入境旅游流驱动与城市目的地响应耦合关系研究——以西安市为例：［博士学位论文］.西安：陕西师范大学，2012.

呈正相关。如下图（2-1）所示：

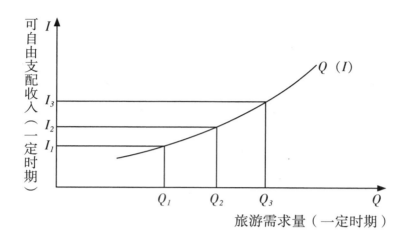

图2-1　旅游需求量与可自由支配收入关系

由图2-1可知，旅游需求量用Q表示，可自由支配收入用I表示，一定期限内，如果可自由支配收入I增加，如从I_1增至I_3时，旅游需求量Q也随之提升，从Q_1提升到Q_3；反之，I_1减少到I_2，则Q也随之降低到Q_2。二者之间的函数关系可表示为：$Q_d=f（I）$，f表示二者之间的函数关系，Q_d表示旅游需求量，I表示可自由支配收入[①]。

（二）旅游供给理论

有需求，就应该有供给，供给理论是与需求理论相对的一个理论范畴。从经济学角度看，供给是指生产者在多种价格存在的条件下，对某种产品有销售意愿并且能够被消费的数量。旅游供给是指旅游企业在有供应意愿并且具备供给能力的条件下所能提供的旅游产品的数量。旅游供给是一种具有特殊性的产品供给体系，它向游客提供的旅游产品是以组合或包价的形式包装的，通常指的是与旅游相关的吸引物、商品、设施、交通运输设

①　林南枝，陶汉军.旅游经济学.南开大学出版社，2009：19-63.

施等，但凡能够满足游客旅游活动需要的服务，具体表现在吃、住、行、游、购、娱及各种预订服务①。旅游供给的特殊性主要表现在它的不可叠加性，即只能对游客的数量进行统计以展示，而不能直接单一地通过对产品数量的累加来度量②。除此之外，旅游供给的多样性、稳定性、持续性、非储存性等行业特性，对于旅游产品供应网络结构的形成产生着重要的影响。

从旅游供给规律上讲，旅游产品的供给量和该种产品价格呈正相关。也就是说，旅游产品的价格会随着游客需求的变化而波动，这种波动会对旅游产品的供给量产生影响，使得旅游产品价格与供给量呈同向变化。

（三）旅游地生命周期理论

生命周期理论从生物学出发，表示生物体在不同阶段发生的形态或功能方面的改变③。随着内涵和外延的不断延伸，这一概念拓展至经济学、地理学、管理学等学科领域，并逐步发展成为一种观察客观事物演化的研究方法，研究对象的初始到衰亡过程，好比人的生命过程一样，需历经坎坷，跌宕起伏，经历阶段化演进。从产品领域分析，一般划分为准入市场、成长市场、成熟市场和衰退市场等阶段。加拿大学者巴特勒（Butler）于 1980 年发表了一篇名为《旅游地生命周期的演化概念：对资源管理的启示》文章，将生命周期理论拓展至旅游学领域，文中首次提出将 S 型演化模式应用在旅游地的生命周期分析中，同时，探索、参与、发展、成熟、停滞、衰退或复苏期作为旅游地演化阶段过程，依据旅游地呈现出的阶段性特征与游客多寡数量进行划分④。如图 2-2 所示，巴特勒对每个生命周期阶段的特征和规律进行了描述。探查阶段（Exploration）始于一小部分自

---

① 林南枝，陶汉军.旅游经济学.南开大学出版社，2009：19-63.

② 董亚娟.供需视角下入境旅游流驱动与城市目的地响应耦合关系研究——以西安市为例：［博士学位论文］.西安：陕西师范大学，2012.

③ 朱晓峰.生命周期方法论.科学学研究，2004，22（6）：566-571

④ Butler R W. The concept of a tourist area cycle of evolution: Implications for management of resources. Canadian Geographer, 1980, 24（1）: 5-12.

然和文化探奇、探险的冒险旅游者，没有旅游服务设施，旅游的影响力较小。参与阶段（Involvement），特征表现为旅游者递增，旅游活动趋向秩序化。当地居民对外扩大推广、政府开始改善旅游服务交通设施。主要为旅游者提供一些简单的膳宿设施。发展阶段（Development），旅游广告推广力度增强，游客量越发增大，更多的外来资本进驻旅游地，当地人的旅游经营控制权逐渐被外来公司合理收取。旅游地面貌发生初期改变，之前的简陋设施逐渐演变为现代化设施。自然和文化属性的原真性吸引物得到发掘，带来一定的经济社会效益。稳固阶段（Consolidation），游客量增速放缓，旅游地功能已呈现空间分异，地方经济活动与旅游业的联系度越来越紧密，而部分当地居民已开始对旅游业产生反感和抵触心理。停滞阶段（Stagnation），游客量已达顶峰，文化和自然的吸引物要素被"人造设施"替代，环境、社会、经济等问题已开始暴露，旅游地良好形象日益受损，旅游地本身已不再让旅游者感到是一个充满魅力的去处了。衰落或复兴阶段（Decline or Rejuvenation），这一阶段，旅游地的旅游业将向两个方面发展，一方面，旅游产品更新慢及市场竞争激烈，旅游者被新旅游地所吸引，旅游市场衰落，旅游服务设施消失或被当地居民低价收购，旅游地效益产出将不复往日；另一方面旅游地也可增加人造景观的吸引力，利用旅游产品的更新换代、开发新资源等措施，重新提升吸引力，旅游地进入复苏阶段。巴特勒的生命周期理论的不同阶段特征和发展规律及其演化过程受旅游地多重因素的作用和影响。自然名山、人造主题公园、历史遗迹兵马俑等旅游区、景区景点的分析与探讨，以及人为开发项目等传统旅游产品生命周期成为研究焦点。

（四）文化资本理论

布迪厄的文化资本理论认为文化资本通常是指"与文化及文化活动有关的有形及无形资产"①。该理论被社会学界奉为经典。人们的行为模式、

---

① 朱伟珏."资本"的一种非经济学解读——布迪厄"文化资本"概念. 社会科学,2005（6）：117-163.

鉴赏能力、审美情趣等都会受到所处阶层和等级等多重文化因素的影响。
布迪厄把文化资本分为三种形式：

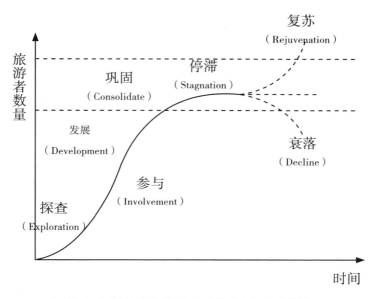

图 2-2　巴特勒（Butler）旅游地生命周期曲线图

①身体化形态。以"持久性情"的形式表达出来，如主体的惯习、教养、趣味及理性等文化特质是具体化表现。

②客观形态。表现形式为文化商品，如文学、纪念碑、书籍、词典等，这些商品具有符号性和文化性。

③制度形态。表现形式为学术资格的形式，如以文凭、学历等制度头衔表现出来。学历证书公认行动者掌握的知识与技能，赋予其拥有者一种约定俗成的社会价值[①]。人们个人修养的提升来自家庭、学校教育、社会培训等知识和技能的学习，文化资本身体化来自学术资格的实现。

由于文化资本的无形性，人们通常把文化资本视为一种"合法的能

———————————

① 布迪厄. 文化资本与社会炼金术——布尔迪厄访谈录（包亚明 译者）. 上海：生活人民出版社，1997：192-201.

力"，或者是"权威"，而忽略了与收入和消费的关系。这种关系下，文化资本积累的程度、稀缺性和卓越化，与资本拥有者的收入、消费的能力呈同向变化，在文化、经济资本推陈出新的过程中亦有展现。布迪厄认为主体性社会分层很大程度上取决于文化资本理论。游客根据拥有文化资本的差异，分为低文化资本和高文化资本两种层次[①]。低文化资本游客偏好观光型、娱乐型旅游产品，对文化型旅游产品不太感兴趣；高文化资本游客热衷遗产类、鉴赏力等文化旅游，希望感受地方文化的原真性。

（五）点—轴理论

点—轴理论。"点"是指一定区划范围内的各级居民点和中心城市，"轴"是指由两通和两源（交通和通讯，能源和水源）连接起来的"基础设施束"。中国经济地理学家陆大道先生，在德国地理学家克里斯塔勒的中心地理论、赫格尔斯德兰的空间扩散理论理论基础上提出该理论。点—轴理论认为区位条件和投资环境的形成得益于重要交通干线的建立，连接区域的人流和物流与生产和运输成本呈反方向变化。占有优势地位的旅游业作为现代区域经济发展的一种朝阳产业，经过学者们的研究，基本符合点—轴理论的规律。区域旅游空间结构研究的第一要义是将各个节点的地位、性质、功能与发展方向确定在若干重要旅游节点中。旅游发展轴的形成和发展很大程度上取决于各级旅游节点、旅游发展轴线的集聚和扩散核心。

旅游"点—轴系统"开发，从区域空间来看，适用于旅游发展轴的区域较为有限，而交通运输要道通常是城市、发展中心、增长极的联结线路，对于促进区域发展具有重要意义。从空间结构上看，实现旅游节点、旅游带、旅游域面的统一，最终呈现空间网络化趋势。当交通干线流动的信息流、货币流、文化流等达到一定流动规模、并且连接两个或多个旅游"点"时，旅游"点—轴系统"的发展轴方可成型[②]。

---

① 王宁，刘丹萍等.旅行社会学.南开大学出版社，2008：85.

② 程晓丽，祝亚雯.基于点——轴理论的皖南国际旅游文化示范区旅游空间结构研究.地理科学，2013，33（9）：1082–1088.

（六）增长极理论

法国经济学家佩鲁（Perroux）是增长极理论的创始者。该理论于 1950 年首提，后被延展至经济地理学领域，用来经济空间格局数据阐述。增长极理论指出，经济增长速度在每个空间领域上不是齐头并进的，一定时期内，某个主导经济部门或有创新能力的行业通常率先发力，成为经济增长的发动机，而这些行业部门往往是一般以区位最优为聚集方向的产业聚集度高、交通便利、人才集聚的大中城市。勿庸置疑，这些大中城市表现在空间结构上往往在一定范围内呈现经济正方向突出发展，对周边地区实现强大的带动作用、凭借支配、扩散等效应实现与它们形成区域经济的"圈—层"结构或"点—轴"结构，带动它们协同发展。

增长极理论不仅可以使得旅游业从理论上优先发展得到理论依据和支持，而且可以利用旅游业经济增长点的聚集与扩散作用，将旅游业的一个更为广阔的地域空间纳入在辐射范围下[1]。在此理论下，大中城市在整个区域结构中，具有与其他节点城市连接和主导的作用，通常在区域经济空间结构中心初具规模，而后演变成增长极。其他非中心城市往往通过它们与其他城市发生联系，处于被支配的地位。因此，大中城市或区域中心城市依托自身地理区位、人、财、物、信息等方面的优势，使得周边城市聚集发展，实现增长点的扩散作用，最终共同发展在区域旅游中全面实现。

（七）文化生态理论

文化生态是各类文化相互融合发展的一种循环系统。生态属性是文化的重要特性。其集中表现在文化形成、发展、传播等各个环节及阶段中[2]。人们通过研究文化生态来细化不同种类文化的根源与特性，强化对人与自然联系的认识，便于促进区域经济、文化与社会的永续发展、借鉴历史经

---

① 吴必虎，俞曦.旅游规划原理.北京：中国旅游出版社，2010：242.

② 孙兆刚.论文化生态系统.系统辩证学学报，2003，11（3）：100–103.

验，为文化研究的新领域提供智力支持①。

文化体系是文化生态系统，它有自身独特的能量、信息与转化方式、人类的思维模式、观念及价值与情感、内心活动特性、演化过程和发展的规律性等六个方面②。文化生态系统就像自然生态系统，存在着相互关联的内在关系，是一个难以割裂的有机整体。它们的成长与演变都是因为人类社会发展所导致的。人类是消费者的主体，是文化创造者与传播者，人类的社会发展史也是一部文化的演变史。人的观念价值、行为思想、生产方式等文化生态系统通常影响自然生态系统；同时，自然生态系统产生的讯息、规律也直接作用于人类社会发展过程。着眼于文化生态系统内部结构、功能、文化要素内部结构、社会文化的变化等，以及文化形态与构造所造成的影响，分析文化系统错综复杂的经济、政治、文化等内部要素的互相作用，进而理解文化生态系统演化的内在动力。

（八）文化传播理论

19世纪末，西方人类学界出现了文化传播学浪潮，目的是与进化论学派对抗，在横向传播与扩散着文化的区域分布上，文化传播学派反对进化论的"独立创造说"，重视文化传播变迁的过程。文化传播学派认为文化现象孕育于自然条件中，地理环境孕育出的文化要素具有相似特性。因此，文化是特定区域内独一无二的东西，所谓"百里不同风，十里不同俗"，民俗、宗教、制度、伦理等每一种文化现象都是某个地方的地理环境产生的。而且，文化产生之后，开始通过各种载体向外传播，传播到民族中间后，区域相近、地理环境相近或民族相近者容易借用，形成一定的文化圈或文化丛。文化传播学派认为，本民族的地域文化是世界各处传播的文化现象中现成的舶来品，没必要侧重文化的创新、创造。

---

① 邓先瑞.试论文化生态及其研究意义.华中师范大学学报（人文社会科学版），2003，42（1）：93–97.

② 黎德扬，孙兆刚.论文化生态系统的演化.武汉理工大学学报（社会科学版），2003，16（2）：97–101.

文化传播学派把他们文化变迁的话语体系建立在以人类迁徙为基础的人类学基础之上，德国地理学者拉采尔对这一理论的形成与发作出了突出贡献。拉采尔从人类学角度，把区域文化的相似性归结为人类的迁徙，在迁徙过程中，人与人之间的接触、交流是文化传播的主要途径。拉采尔进一步从各民族文化的地域分布图阐释民族迁徙与文化传播的一致性。

尽管传播与借用的过程因地域、环境的不同而表现出巨大差异，但还是可以从文化变迁现象中归纳出传播理论的基本特征。首先，借用具有选择性。文化特质被接受或拒绝，通常是根据外来文化的适用性及有无意义而定。其次，两个民族之间交流的时间不间断性与接触密切程度使得借用范围随之变化。经常接触的民族，拥有共同文化内涵的程度通常比零星接触的民族更大，较易避免文化借用的隔阂。再次，文化的相似度越高，传播和借用的数量越大。因传播者与受众文化特质、社会历史环境的影响，两者具有相似的文化渊源。在民族较可能相互"适应"的条件下文化更容易传播与借用。最后，文化传播过程中通常不是两个民族间文化的单向攫取输入，而是在交流过程中达成文化特征与功能共识形成认可。

（九）文化变迁理论

文化永恒在西方文化人类学中喻指变迁。人类学家指出，社会环境、文化内容、文化结构等发生的改变属于文化变迁，表明三者之间具有联动变化联系。美国社会学者克莱德·伍兹在《文化变迁》一书中，将这种既包括文化内容，又包括文化结构的改变定义为民族生活方式上发生的任何改变。创新、发明、发现、借用、传播、文化涵化等被视为文化变迁过程中的基本模式[①]。如图 2-3 所示：

文化内容或文化结构的变化被称为文化变迁。文化变迁的过程并非千城一面，往往伴随着进化、发明、发现、传播、整合、隔离、选择和适应

---

① 　［美］克莱德·M·伍兹. 文化变迁. 何瑞福译，石家庄：河北人民出版社，1989：29–37.

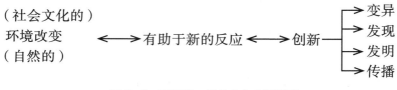

图 2-3　克莱德·伍兹文化变迁模型

等相互交错的复杂过程。就旅游地而言，游客的介入，使得文化的演变受到客源地与目的地文化潜移默化的影响，这种影响甚至会以对抗的形式出现。接待地越封闭，越具有异质性，越容易对外界文化产生好奇，并接受外来文化，变迁容易发生①。文化涵化即具有相似性质的文化容易受到同质化，失去独特性的过程。人类学家把它视为一个非对等的、强势文化不断消融弱势文化的借鉴过程。在旅游业发展过程中、旅游活动的介入下，目的地文化变迁只是时间长短问题，因此，为使文化在变迁过程中得以永续发展利用。根据文化变迁理论，文化的天平需要在保护和利用、持续发展和盲目发展之间寻找。总之，文化变迁是文化人类学关注的重要话题，学术界关心的不仅是文化的传播、整合、涵化、创新及外来干涉引起的指导变迁、强制变迁等，而且文化的恢复或重构也近些年来也引起了学术界的兴趣。同时，需要进一步的拓展和挖掘文化变迁的影响因素、变迁速度、机理及社会各群体对其的态度等领域的相关主体在文化变迁过程中的地位和作用。

二、研究方法

（一）文献研究法

通过文献研究，梳理旅游地文化空间相关研究的脉络，指出本研究的研究思路与研究内容；并通过文献研究，对旅游地、文化空间、茶文化空间进行文献梳理，界定旅游地茶文化空间的概念、类型和特征，确定研究边界和范畴。

---

① 赵红梅.民族旅游：文化变迁与族群性.旅游学刊，2013，28（11）：10-11.

（二）案例研究法

案例研究法是指生活中出现的真实例子作为案例，以此进行分析研究的一种方法。旅游地文化空间作为一个具有文化价值的物理载体，需要一个具有代表性和典型性的案例地作为研究对象，适合案例研究法。对案例地的相关资料、数据进行搜集，建立案例地信息资料库。观一叶而知秋，通过对案例地的深入研究，发现规律性认识，提炼出一般规律[①]。本研究立足于世界双遗产地武夷山茶文化空间的演化等旅游产业发展过程中的焦点、热点问题进行个案研究，归纳总结出旅游地茶文化空间演化的驱动机制和演化机理。

（三）深度访谈法

走访武夷山茶企、政府部门，与茶商、茶农、导游、当地居民、政府工作人员等进行访谈，收集茶文化空间的相关信息资料。

（四）田野调查法

对本书涉及的案例地（武夷山）进行实地考察。并赴武夷山各乡镇、旅游局、茶业局、统计局、发改局等政府部门收集相关文件和数据等，并对相关材料进行分析和整理。

（五）数理统计法

通过社会网络分析、空间计量分析等统计分析方法，对9836个茶文化空间的空间形态、经营方式及市场管理主体，结合历时与共时原则进行数理统计分析。并通过相关性分析来研究旅游与科技空间、农耕空间、生产空间、商品服务空间、居民服务空间、食宿空间、文娱空间等7种茶文化空间形态发展的影响关系，并进一步探讨茶文化空间差异化演化的成因。

---

① ［美］罗伯特·K·殷.案例研究：设计与方法（周海涛，译者）.重庆：重庆大学出版社,2004.

借助 SPSS19.0 数理统计软件、Ucinet6.0 社会网络分析软件及 Arcgis 等空间计量软件，对原始数据进行定量分析。在统计分析过程中，将综合采用熵值法、向量自回归模型（VAR）等对旅游地茶文化空间演化进行可视化及关联性研究。

（六）社会网络分析方法

社会网络理论关注的问题大都涉及社会互动的形式化特征，茶文化空间的经营要素相互作用，影响到空间功能网络结构形式。因此，社会网络适用于探讨茶文化空间功能网络结构的形成机理。

1. 网络密度

密度作为一种常用的社会网络分析测度方法，表示网络中各节点之间相互关联的密切程度。网络密度是指网络中实际存在的关系数量与理论上最多可能存在的关系总数之比，用来衡量各个节点之间联系的紧密程度[1]。网络密度的大小取决于网络中的联系个数，连线越多，密度越大。通常茶文化空间中产业运营网络中节点之间的联系度越高，其空间功能的网络密度就越大，也意味着空间的经营能力、获取消费者青睐的能力就越强。

2. 中心性

节点的中心性是节点在网络中的地位的表现形式，分别从以下三个方面进行观测：

第一，点度中心度。判断一个行动者是否处于中心地位和权利的大小，根据其是否与较多其他行动者发生直接联系。若存在较多联系，表明该行动者居于中心地位，拥有较大权力。该概念受到社会计量学"明星"概念的启发。一个核心点处在一系列关系的"核心"位置，表明该点与其他点"关联紧密"，该点所对应的行动者是网络中的中心人物[2]。可见，点度中心度测量的是网络中一个节点与其他节点的关联程度，反映一个人的

---

① 刘军.社会网络分析导论.北京：社会科学文献出版社，2004.

② 刘军.社会网络分析导论.北京：社会科学文献出版社，2004.

交往能力。

第二，中间中心度。中间中心度是一种控制力指数。网络图中，如果一个行动者较大程度地处于交际网络路径的"中间"，表示该行动者居于重要位置，对其他行动者的交往能力具有一定的控制力。也就是说，一个点位于与其他许多点的最短距离，我们可以判定该点具有较高的中间中心度，在网络中发挥着中介与桥梁的作用。[①]

第三，接近中心度。接近中心度反映一个节点与网络中所有其他节点之间的接近程度。在社会网络结构中，两点之间存在一定的距离，如果一个点与网络中所有其他点的距离都很短，表示该点与许多其他点都较为接近，是整体网络中的中心点[②]。因此，接近中心度是一种网络中的行动者在多大程度上不受其他行动者控制的测度。

3. 核心—边缘关联模型

该模型是一种较为理想的结构模式，可以实现节点在整个网络中所处位置和节点核心度的量化分析。在该结构模型中，通常把网络中的所有节点划分为两部分。其中，一部分成员关系紧密，紧紧地聚集在一起，成为网络结构中的核心。另一部分成员之间不存在联系，然而，该组成员与核心组成员之间存在着广泛联系，是网络结构的边缘，这就构成了核心—边缘关联模型。[③]

（七）空间统计分析方法

1. 规模度指数

规模度指数是指每个研究区域单位面积内的点状地理要素的数量，它描述了茶文化空间在各个乡镇单位面积上空间分布情况，反映了空间的发展规模和集聚程度。由于各乡镇的区域面积存在差异性，仅仅依靠空间数

---

① 刘军.社会网络分析导论.北京：社会科学文献出版社，2004.

② 刘军.社会网络分析导论.北京：社会科学文献出版社，2004.

③ 刘军.社会网络分析导论.北京：社会科学文献出版社，2004.

量的统计通常较难正确反映出茶文化空间的发展状况及规模，规模度指数可以量化分析茶文化空间在各乡镇的发展规模，弥补这一不足。

2. 核密度估计法

能够适用可视化手段来显示空间点模式的一种方法叫作核密度估计法。该方法是一种事先抽取数据样本，然后再从所抽取的数据样本本身出发，从而来进一步研究数据本身的分布特征。核密度估计法的工作原理是：通过对于规则区域中点密度空间变化的考察，从而来研究点的一些分布特征，样本在区域的集聚性和分散性可通过结果来识别。

对茶文化空间的坐标数据进行空间化处理：其一，利用 Arcgis10.2 软件对坐标属性进行转换，将要素坐标统一投影，变换成投影坐标，进行空间配准；其二，提取出武夷山市各乡镇的辖区面积信息，并对茶文化空间坐标与武夷山辖区面积进行匹配，进而完成单元格处理和平均密度计算。

3. 平均最近邻指数

平均最近邻指数通过测量每个地理要素的质心与其最近邻要素的质心位置之间的距离，然后，通过计算最近邻距离的平均值大小，与随机分布中的平均距离进行比较，进而判断茶文化空间的聚集或分散程度[1]。倘若区域随机分布中的平均距离小于该平均距离，即可视为聚类要素；倘若区域随机分布中的平均距离大于该平均距离，即可视为分散要素。

（八）熵值法

熵作为一个物理概念最早应用于热力学领域，后被经济学广泛使用。熵值法根据指标间离散程度，用信息熵确定权重。信息论中，信息熵表示对系统无序程度的度量，某指标值离散程度越大，则信息熵就越小，表明该指标所包含的信息量越大，其权重值也就越大；反之，如果某项指标的指标值离散程度越小，信息熵越大，表明该指标包含的信息量越小，该指

---

① 海贝贝，李小建，许家伟.巩义市农村居民点空间格局演变及其影响因素.地理研究，2013，32（12）：2258-2269.

标的权重就越小①。熵值法既较好克服了指标之间存在的信息重复问题，同时又能够在一定程度研究的客观性与可信度，避免了主观赋权这一偏见性问题的困扰。

（九）VAR 模型

旅游地茶文化空间的演化是一个多元素联合驱动的结果。武夷山的茶文化空间也不例外，既包括市场供需、政府管理、文化资本等驱动因素自身的相互作用，又蕴涵着驱动因素对茶文化空间的动态影响。在茶旅产业共同发展的背景下，在市场逻辑的作用下，茶文化空间这种动态的演化机理通常需要经济理论进行解释和描述。让人感到失望的是，在这种变量之间的动态关系之中，经济理论通常束手无策。再加上经济模型中，内生变量可以出现在方程左侧，也可以出现在右侧，增加了对结果判断的难度。向量自回归模型（vector autoregression，VAR）可以针对性地解决这一问题。VAR 模型中，每一个内生变量均作为系统中所有内生变量的滞后值来构造模型，进而将单变量自回归模型推广到由多元时间序列变量组成的向量自回归模型②。模型的运用，需要每一个变量趋向，属于非平稳的时间序列数据，可以通过差分计算，得到平稳性单整序列，再构建 VAR 模型。这样，尽管通常会损失水平序列所包含的部分信息，但总体上不影响分析结果。VAR 模型已经被广泛地运用到经济系统的影响机制与演化机理的动态分析之中。

VAR 模型在实际应用中，脉冲响应和方差分解的使用较为普遍。本研究主要采用脉冲响应分析和方差分解的方法对武夷山茶文化空间的演化机理进行动态影响分析。

1．脉冲响应分析

运用 VAR 模型处理数据时，不是分析一个变量的变化对系统中其他变

---

① 郭显光. 改进的熵值法及其在经济效益评价中的应用. 系统工程理论与实践，1998（12）：98-102.

② 高铁梅. 计量经济分析方法与建模–Eviews应用及实例. 北京：清华大学出版社，2009.

量产生多大影响，而是分析当系统受到一个误差项的冲击时，如何产生动态影响，这就是脉冲响应分析法（impulse response function，IRF）。[①] 主要功能是用来探测扰动项影响，主要是检测扰动项的影响是通过何种途径传输到各关系变量的。也就是说，当一个单位的脉冲函数被一个内生变量所施加，而剩余的其他内生的变量同时也捕捉到了脉冲信息方面的时间，从而来反映影响的效果。若变量长期趋于稳定，表明脉冲响应基本不再变化。若冲击效应逐渐趋向于0，表明冲击未造成持久性影响。脉冲响应是一种用时间的序列数据来进行衡量动态性影响关系的一种分析方法。

2. 方差分解

方差分解（variance decomposition）是通过分析每一个结构冲击对内生变量变化所产生的贡献度（通常用方差来表示），进而客观评价各个结构冲击在系统中的重要地位[②]。可见，方差分解给出的是 VAR 模型中能够对变量产生重要影响的随机扰动项的基本信息。方差分解是量化测度变量间的影响关系，即每个变量的冲击所带来的系统变量动态变化程度。即驱动因素自变量对茶文化空间演化因变量的影响力大小。其基本原理可表现为，假设一个变量的方差所贡献的贡献率小时，就意味着该变量对其他变量的影响小，反之，则表示该变量对其他变量的影响小。

第二节 内容框架

一、研究内容

本研究将以验证"文化空间形成与演化"现象为出发点，以武夷山为案例地、以它的茶文化空间为研究对象，实证性地研究旅游地茶文化空间

---

① 高铁梅. 计量经济分析方法与建模–Eviews应用及实例. 北京：清华大学出版社，2009.

② 叶启桐. 名山灵芽——武夷岩茶. 北京：中国农业出版社，2008：14.

形成和演化过程，并进一步归纳和概括出旅游地茶文化空间演化的驱动机制和演化机理。拟将研究内容划分为七章，主要内容如下：

第一章　绪论。本章是论文研究背景、目的、意义、内容、方法等基本情况的介绍，据此，提出研究思路和研究框架。

第二章　基本概念与国内外研究述评。本章主要对旅游地、文化空间、旅游地文化空间等概念进行厘清，对与本研究密切相关的基础理论进行梳理和归纳，为旅游地茶文化空间的演化提供理论依据。并通过对旅游空间、空间演化等现有文献进行评述，借鉴前人研究成果，确定研究边界，明确研究方向。

第三章　研究设计。武夷山的旅游业经过 30 余年的发展，经历了起步、勃兴、成熟、转型升级四个发展阶段，取得了长足进步，并确立了支柱性产业的地位。旅游业的兴起推动了茶产业的快速发展，茶旅结合，成为产业结合的典范，并催生了一批内涵丰富的茶文化空间。

第四章　武夷山茶文化空间的形成研究。本章选取世界双遗产地武夷山作为案例地，遵循"过程—格局—机理"这一空间研究的基本范式，通过研究设计、阶段划分、空间演化等对茶文化空间的形成进行分析，进一步概括出茶文化空间演化的影响因素和演化机理。

第五章　武夷山茶文化空间演化研究。在现有驱动力研究的理论基础上，立足于市场供需、政府管理与文化资本三个维度，建构驱动因素的评价指标，对茶文化空间演化的驱动因子进行解析。从空间性、文化性、经济性三个维度评价茶文化空间的综合水平，并通过量化研究分析茶文化空间的演化机理。

第六章　旅游地茶文化空间的演化理论研究。在对武夷山茶文化空间演化机理的量化分析之后，再进一步通过相关文献研究和理论借鉴，归纳出旅游地茶文化空间演化模式、演化特征等基础理论，并以需求内驱力、供给外驱力、政府调控力和文化资本助推力为动力要素，构建出旅游地茶文化空间演化机理的理论模型。

第七章　研究结论与展望。本章是对研究结果的归纳总结，归纳研究内容，总结学术观点，概括本研究可能的创新点，并指出本研究存在的不足之处及今后的研究方向。

二、研究思路

第一步是研究准备阶段。根据旅游业的时代背景和旅游地茶文化空间的分布现状设定研究目标，进行文献分析，支撑理论遴选，完成相关概念界定；第二步是对旅游地茶文化空间进行专题研究。从茶文化空间的概念出发，厘清空间的内涵结构，据此对茶文化空间的形成过程进行分析；第三步为动力机制分析阶段。从文献研究和理论分析归纳出茶文化空间演化的动力因素，构建动力机制模型；第四步为演化机理分析阶段。通过动力机制与空间演化的回归分析，透析茶文化空间的演化机理；第五步为研究结论和研究展望。

三、研究框架

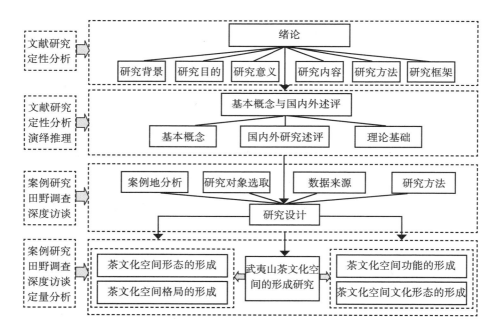

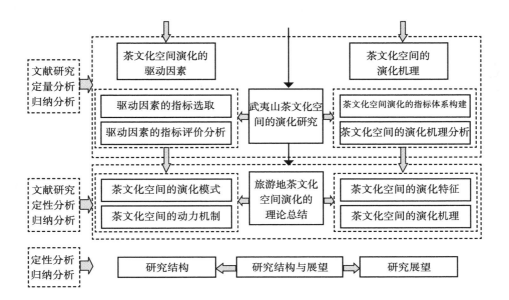

第三章　茶旅融合与茶文化空间的发展：武夷山案例

本书以世界双遗产地武夷山为案例地，以茶文化空间为观测样本，在文献阅读与田野调查、深度访谈的基础上，从武夷山市统计局、工商局、国土资源局、旅游发展股份有限公司、旅游局、茶业局、发改局、档案局等政府行政部门搜集相关数据资料，综合运用多种理论与方法，对武夷山茶文化空间进行实证分析，诠释空间的形成过程及空间格局演化特征。结合文献研究，进一步探索茶文化空间的驱动因素与演化机理，归纳旅游地茶文化空间的演化模式、特征、动力机制与演化机理。

第一节　武夷山旅游发展概况

武夷山位于武夷山脉北段东南麓，武夷山风景区位于东经117°37′22″至118°19′44″，北纬27°27′31′′--28°04′49″之间，位于江西与福建西北方两省交界处。景区的东西方向长度约70千米，南北长度约72.5千米，总域内面积约为2814平方千米。武夷山主要是以地质构造为红色砂砾岩的低矮丘陵构成的，主体是丹霞地貌。几万万年以来，因地壳运动，岩层受力不均匀，产生断裂，形成节理，积年累月的雨水冲刷，形成了独具特色的九曲溪和直冲云霄的三十六山峰，除此之外，还包括七十二座洞穴和九十九座奇特的岩石。

武夷山地区属于亚热带季风气候，气候温和湿润，降水量较多，昼夜温差较大。一年四季都适合旅游。充沛的雨量和湿润的气候孕育了奇秀的自然景观，这里拥有290平方千米原生性中亚热带常绿阔叶林带。武夷山还保存下了同一纬度最完好、面积最大的中亚热带森林生态系统。景区内物质资源丰富，昆虫 31 目，鸟类 3000 余种，蛇类 5 科 26 属 64 种，占全国蛇类总数的 37%。武夷山丰富的物种资源引起全球生物学家的关注，美国、英国、德国的一些博物馆均收藏有这里的动植物标本。武夷山自然保护区内森林覆盖率很高，空气中负氧离子浓度很高，是真正的"天然氧吧"。武夷山自然保护区享有"蛇的王国""世界生物之窗""天然植物园""鸟的天堂"等称号，完整的生态系统及丰富的动植物资源，对于人类今天日益恶化的生态环境而言，是弥足珍贵的旅游吸引物。

武夷山历史悠久，是我国著名的双遗产旅游胜地之一。据考证，4000年前已有先民在这里聚居。北宋淳化五年（公元 994 年）建立崇安县，迄至明清，均属建宁府管辖。为发展旅游业，1989 年 8 月 21 日，经国务院批准，撤县建市。时至今日，武夷山市辖 3 镇、4 乡、3 个街道、115 个行政村，人口达到 23 余万。在中国改革开放后，武夷山进入了经济建设的新时代，人民生活水平不断提高。1979 年，崇安县开始放宽农村经济政策，鼓励农民在搞好粮食生产的同时，积极开展多种经营活动。并开始筹建旅游景区，大力发展旅游业。时至今日，武夷山已展现出以旅游服务业为龙头的经济形态，同时，带动茶业、制造业、建筑业等经济形态协同并进，推动武夷山国民经济平稳较快增长。2015 年，武夷山全年生产总值（GDP）13.51436 亿元，其中，第一产业增加值 2.45381 亿元，同比增长 4.1%；第二产业发展较快，其增加值为 5.17819 亿元，同比增长 8.9%；而第三产业的增加值为 5.88236 亿元，同比增长达 12.0%；按本地常住人口来计算，预计人均 GDP 为 58630 元，比去年增长了 9.6 个百分点。

就业人数不断增加。2015 年，全市年末的已就业人员为 13.8 万人，同比增长了 2 千人。不断完善就业渠道的扩展，加快农村第一产业剩余劳动力的转移。武夷山市城镇新增加从业人员的数量为 2036 人，城镇登记失业率为 2.67%，控制在不超过 3.5% 的范围内。实现失业再就业人员 806 人，安置就业困难人员再就业 362 人，帮助剩余劳动力转移再就业 3539 人。对于旅游地研究而言，武夷山作为案例地研究对象，具有较强的代表性和示范性效应。

　　首先，旅游发展起步早，产业结构较为完善。在 1979 年，当地自建规划队，对景区规划建设进行工作部署。时至今天，已经形成了吃、住、行、游、购、娱等产业结构完善的旅游目的地。据工商部门注册登记数据显示，截至 2015 年，饮食方面：武夷山具有提供餐饮服务的餐馆、快餐店、饭店、小吃店、土菜馆、大排档、酒楼、农庄、美食城、食府等个体餐饮工商户 760 余家。住宿方面：武夷山四星级以上饭店 10 余家，此外，还有民宿、客栈、旅馆、招待所、宾馆等，已形成满足各类旅客需求，为游客提供舒适的住宿环境，优质服务的高、中、低档次齐全宾馆体系。出行方面：武夷山形成以城际航空、高铁、普通铁路、高速等多元化的长途运输、城内旅游短途运输等较为便利交通体系。旅游资源方面：既有奇灵毓秀的山水资源，又有底蕴深厚的儒释道三教资源，还有香江名苑茶产业观光资源，提供了类型多样的旅游产品。购物方面：为游客提供武夷岩茶、红菇、香菇、笋干、鲤鱼干、五夫白莲、吴屯鲤鱼干、野生黑木耳、朱子孝母饼、武夷黄酒等特产。娱乐方面：形成了娱乐广场、音乐会所、茶艺厅、印象大红袍实景演出等多形态的休闲娱乐项目。同时，武夷山还开发了商务会展、养生、游学等旅游项目，基本形成了较为完善的旅游产业结构。

　　其次，发展周期长，旅游品牌知名度高。武夷山旅游业发展到今天，历经了近 40 个春秋，发展周期长，投入成本高，拥有世界文化和自然双遗产地等多项旅游品牌，几乎见证了我国旅游业改革和发展的全过程，是一个代表性较强的旅游目的地。如表 3-1 所示：

表3-1　武夷山旅游品牌

年份（年）	旅游品牌
1979	国家重点自然保护区
1982	首批国家重点风景名胜区
1987	世界人与生物圈
1992	全球生物多样性保护区
1992	国家旅游度假区
1993	武夷山航空口岸被国务院列为国家一类口岸
1999	首批中国优秀旅游城市
1999	世界文化与自然双遗产地

续表

年份（年）	旅游品牌
2003	被评为中国十大名山之一
2007	首批国家"5A级"旅游城市
2010	被世界权威旅游丛书《孤星旅游指南》评价为全球十大最幸福地方之一
2012	荣获中国特色魅力城市称号
2013	被美国有线电视新闻网（CNN）评为中国最美景点
2013	国家生态旅游示范区
2013	武夷山古汉城遗址被列为国家考古遗址公园
2014	被《英国电讯报》评为全球十大幸福指数最高的地方之一
2016	被列入国家公园体制试点城市之一

最后，旅游文化资源丰富，蕴育了多元形态的文化空间。东南一隅，风光毓秀者，莫过武夷，自然孕育文化，文化点缀自然，形成了闻名遐迩、文化荟萃的旅游胜地，富有吸引物价值的文化空间众多。道教文化空间：汉武帝刘彻曾让他的手下到此祭拜武夷君，唐朝李隆基册封武夷山为"名山大川"；之后，武夷山成了道教三十六洞天里的"第十六升真元化之天"，历经唐宋，形成了以武夷宫、九曲溪为道教洞天福地的道教文化空间，此外，还有道观、庵、庙等空间。理学文化空间：武夷山作为东南名山，历代儒士官宦纷至沓来，最有名的是宋朝儒学集大成者朱熹，他曾在此长期居住，武夷山被喻为"道南理窟，闽邦邹鲁"。紫阳书室、五夫社仓、兴贤书院、朱文公祠等理学文化空间具有重要的旅游价值。佛教文化空间：魏晋南北朝时，中原动荡，部分士大夫衣冠南渡，佛教随之传入武夷山。唐代晚期，闽北地区佛教有很大发展，扣冰佛便是此时诞生的高僧。宋代佛教更为盛行，《五灯会元》记载武夷山高僧近十余人。佛教的盛兴，蕴育了诸多寺庙观堂等佛教文化空间。据《武夷山市志》载：明代以前，武夷山有寺庙53处，其中，现存较为著名的有天心永乐禅寺、瑞岩禅寺、中峰寺、慧苑寺、永丰寺、白云寺等①。历史文化空间：武夷山历史文化较为丰富，其中，能够与空间展示结合密切的是古汉城遗址、古闽越文化、红色文化，同时，博物馆、展览馆、文博馆等也是重要的历史文化空间。茶文化空间：武夷山茶文化空间富有地方特色，是最富有活力的文化空间，从

---

① 武夷山市市志编委会.武夷山市志.北京：中国统计出版社，1994：1021-1024.

最早的茶园、茶厂、茶作坊、茶行、茶室到今天的茶店、茶楼、茶社、茶会所、茶民宿等文化空间。古村落文化空间：武夷山遗留了较多明清古建筑的村落文化空间，其中下梅村、城村古村落、五夫镇、曹墩等较为知名，是武夷山乡村旅游、文化旅游的主要吸引物。

一、武夷山文化旅游资源

在 1999 年，武夷山被评为世界自然与文化双遗产地；联合国教科文组织评价："无论是从历史还是科学方面来看，武夷山的文化都拥有特性和普适的价值，不但可以为之前的文明和传统提供与众不同的历史印证，还与朱熹的理学思想有着实实在在、不可分割的联通关系。"武夷山也拥有能证实古文明的"古代闽越""闽越一族"文化遗址。从古至今，大自然的鬼斧神工造就了武夷山的奇山秀水，这绝美山水也产生了独具特色的地域文化。（详见附录 A）

二、武夷山旅游业的发展历程

1979 年两件大事掀开了武夷山发展旅游业的篇章，并奠定了今天国民经济支柱地位。其一，武夷山成为国家自然保护区并且被国务院列为国家重点自然保护区。武夷山自然保护区的设立，为后来武夷山旅游业的发展发挥了至关重要的作用。其二，成立了武夷山建设委员会，并开始对武夷山景区进行规划和建设，武夷山旅游发展翻看了一个新的篇章。时至今日，武夷山旅游业先后历经了起步阶段、勃兴阶段、成熟阶段与转型升级阶段四个发展时期，各个时期发生了影响旅游业发展的重大事件（详见附录 B）。

通过这些时期的重大旅游事件能够看出，武夷山发展旅游业，得到了当地政府、居民、投资商的支持。最近，武夷山政府提出了"12355"战略，即以建设国际旅游度假城市为目标，把握住交通的发展和武夷新区的建设这两个机会，推进武夷山的旅游业转型升级，由原先的自然观光游变为休闲度假游，加快产业结构调整，促进产业结构多元化，把支柱产业由单一旅游业调整为现代服务业，加快五大区域建设，将武夷山建设成为集人文、活力、和谐、幸福于一身的人间天堂，根据这一战略将武夷山的资本、资源优势结合起来，促进旅游业的进一步发展。

第二节　武夷山茶旅融合

长期以来，武夷山市政府利用武夷茶的资源、品牌优势，围绕"抓质量、树品牌、促营销、增效益"的发展目标，注重市场效果，实施品牌发展战略，通过落实现代茶业项目、强化品牌管理、拓展市场营销、加强培训服务等方式，加快建设和完善茶叶从生产加工到品牌营销全过程的完整体系，促进茶产业的机械化和现代化发展，推进了茶文化和茶行业的健康快速发展。

一、农耕型茶产业与茶文化发展

茶产业是一个融农业、工业和服务业为一体的综合性产业。农耕型茶产业主要表现在种植方面，茶文化形态主要表现为农耕文化。

①茶树品种的选择。武夷山茶农根据自己长久的工作经验，精心选育出优良品种，较为知名有肉桂、水金龟、铁罗汉等等，都是现在的知名品种。

②茶树的栽培。茶叶的成长对气候和土壤有很高的标准。武夷山气候湿热，土壤呈酸性，有机物含量丰富，适宜茶树发育。通过充分研究和利用扶持茶叶的优惠政策，改善茶园排蓄水系统，改良茶叶品种等方式，建设高级生态有机茶园，提高茶叶种植效率和茶叶质量，提高茶叶产量（表3-2）。自古代以来，根据武夷岩茶种植区域的不同，划分为正岩、半岩和洲茶。武夷山茶农大多利用幽谷、深坑、崖壑、山凹和缓坡山地，形成了石壁梯田茶园、石座填土茶园、天然寄植茶园、斜坡茶园、平地式茶园等形态为主，发展到今天，现代茶园已成为盆景式、梯田式自然景观。

③生态茶园建设。首先，引导投资，扶持本地或外地茶企、茶农投资

建立高级生态绿色无公害茶叶种植园。其次，尝试建立适度规模化、集约化经营模式的茶园，由大户或企业承包，建立现代化农业生产管理机制。最后，生态保护。近年来，市委、市政府先后研究出台了《关于科学开垦茶山保护生态资源的通告》（武政告〔2008〕10号），为了保护生态不受破坏，科学开垦茶山，保护生态资源，政府划定了禁止开垦区域、限制开垦区域和可开垦区域。2013年起，明确规定5年内均取消适开区，在武夷山茶叶种植的区域布局上，严格控制茶叶的种植面积，实施品质发展战略，力争在2020年前将茶山的面积控制在15万亩之内。

武夷山农耕型茶产业的发展是卓有成效的。至2015年，武夷山共有茶山14.8万亩，其中，目前已投产的有13.9万亩，机械化程度较高，机械化修剪的有14万亩，机械化采摘的有13万亩，无公害茶园所占比例较大，面积为14.8万亩。全市的乡镇、均有种植茶叶，种茶的行政村占总数的83.48%，茶行业从业人员已达8万余人。

表3-2　武夷茶种植面积、产量统计表

年份（年）	面积（亩）	产量（万千克）	乌龙茶（万千克）	红茶（亩）	绿茶（万千克）
1979	25513	35.89	19.64	8.78	7.47
1980	26999	40.20	22.12	10.39	7.69
1981	31696	45.08	27.88	10.34	6.86
1982	41433	53.28	34.16	11.92	7.20
1983	46573	51.78	33.21	13.01	5.56
1984	43123	49.92	32.17	9.35	8.40
1985	43123	59.82	42.33	9.16	8.33
1986	43123	74.05	54.53	15.81	3.71
1987	43123	93.21	75.77	9.25	8.19
1988	43123	95.54	71.39	7.94	13.21
1989	43708	95.60	61.23	10.61	23.76
1990	44157	101.40	61.48	11.93	27.99
1991	45083	113.40	84.10	14.60	14.70
1992	46268	122.50	94.80	18.40	9.30
1993	64200	151.35	117.78	24.51	9.06
1994	84100	210.29	172.97	22.30	15.02
1995	91389	250.00	206.90	21.80	21.30

年份（年）	面积（亩）	产量（万千克）	乌龙茶（万千克）	红茶（亩）	绿茶（万千克）
1996	93000	250.82	208.55	21.80	20.50
1997	96000	300.00	247.20	30.80	22.00
1998	96000	305.00	253.03	28.45	23.52
1999	96100	390.00	334.68	30.12	25.20
2000	96600	370.00	314.90	30.50	24.60
2001	96800	380.00	328.00	29.00	23.00
2002	97300	435.00	384.00	29.60	21.40
2003	96600	440.00	383.00	31.50	25.50
2004	98000	400.00	344.00	27.80	28.20
2005	99400	480.00	420.50	33.50	26.00
2006	99663	490.00	426.00	38.00	26.00
2007	104000	470.00	405.00	40.00	25.00
2008	106000	510.00	465.70	24.00	20.30
2009	124400	660.00	614.90	25.40	19.70
2010	131100	690.00	641.50	28.30	20.20
2011	136000	700.00	647.20	33.75	19.05
2012	138000	730.00	669.95	36.35	23.70
2013	140000	620.00	555.55	39.30	25.15
2014	148000	780.00	714	39.40	26.60
2015	148000	780.00	707.45	42.35	30.20

数据来源：武夷山市茶业局历年《春茶产销情况调查表》《武夷山市统计年鉴》

二、生产型茶产业与茶文化发展

1. 制作工艺

武夷岩茶的制作工序和技艺经历了多次演变发展，唐朝采用的是研膏饼茶的方法，宋朝的时候是把茶叶制作成饼状，明代已经演化出蒸青和炒青绿茶的制作工艺，散茶已经开始代替饼茶，至清代，武夷岩茶又创新出松萝制茶方法，制作工艺更加精细考究。传统制作工艺是劳动人民集体智慧的结晶，在数代人的坚持和努力下，不断完善和创新，使岩茶的优异品质能够充分表现出来。传统制作工艺流程如下：采青、晒青、做青、炒青、揉捻、复炒、复揉、初焙、扬簸、晾索、拣剔、复焙（足火）等20余道工序①。这套手工制作技艺自清代传承下来，2006 年，被确认为首批"国家级非物质文化遗产"。传统茶叶制作技艺的传承发展和创新对于武夷茶文化的延伸和发展传播有很深的文化意义。

2. 现代企业生产

改革开放以来，随着市场经济的展开，武夷茶的政府统购统销逐步走向商品化、市场化阶段，茶农自产自销，茶叶市场既有外地市场，也有本地市场。随着武夷岩茶的名气越来越大，市场的需求量也越来越大，因此要切实提高生产技术水平，提升茶叶生产效率，提高产量。首先，工业时代的机械化生产和加工是茶产业提高生产水平和质量的重要手段。这一时期，多数茶厂开始采购机器设备，进行机械化生产。采茶机、综合做青机、杀青机、揉捻机、烘干机、分选机、选色机等，整个制作工序逐步可以用机器完成，大大提高了生产效率，节约了生产成本。茶厂机械制作的流程如下：采摘、萎凋、做青、杀青、揉捻、烘焙、云摊、拼配、拣剔、分选、复火、装箱等工序。可见，武夷茶采用机械加工生产后，很多工序仍需要继承手工制作的原理。如萎凋中的观察水分散失程度，无法过秤测算水分散失程度，还得靠眼观察、手摸茶青来判定；烘焙时的水气是否走光，滋味有无苦涩，还得靠嗅闻和泡饮来判定等②。毫无疑问，武夷岩茶传统手工制作工艺是一项薪火相传的高超技艺，它是机械制茶的基础原理。其次，茶叶生产加工管理规范化。全市各地要把建设茶叶生产加工厂区和新农村规划建设结合起来，改善厂区生产环境和卫生条件，能够达到保证安全和游客参观的标准。武夷山市质监部门一定要严格按 QS 的审核标准规范茶企的生产加工条件和环境，指导和监督茶叶生产加工者要严格按照 GB/T18745-2006《地理标志产品武夷岩茶》的推荐标准进行组织生产，增投 660 多万元，购进一批如液相色谱仪、液相色谱—创联质谱联用仪、气相色谱仪、等美国进口的大型检测设备，建立起省级茶叶产品质量检验所，

---

① 萧天喜．武夷茶经．北京：科学出版社，2008：67-106.

② 萧天喜．武夷茶经．北京：科学出版社，2008：67-106.

使之对拥有食品生产许可证的企业进行出厂前检验。最后，质量管理制度
化。质监部门要将一定的工作重心放在武夷山市茶叶生产加工过程中各个
环节的人员质量安全意识的不断提高上，并依据国家食品管理规定，推进
对茶业生产环节的严格监督，改进监管方式，完善茶叶包装标识。建立完
善拥地理标志性产品的审查保护工作体系，这个体系还要有"一企一厂一
证一档一牌"为 QS 的必要条件。

三、服务型茶产业与茶文化发展

服务型茶产业是指为茶叶生产和消费提供各种服务的市场行为活动。
首先，品牌建设。武夷山是中国茶文化艺术之乡，2006 年武夷岩茶传统的
制作工艺技法被列入国家首批非物质文化遗产名单，同年武夷星大红袍荣
获北京钓鱼台国宾馆的指定用茶，并成为在福建地区获得"中国名牌农产
品"中唯一的茶产品；2007 年大红袍绝品成为入藏国家博物馆中第一份现
代茶样品；"武夷山大红袍"这一地理标志证明商标 2010 年时成为中国驰
名商标。正是因为武夷山政府要加强对武夷岩茶这一系列品牌的保护与培
育，才使得"武夷山大红袍"跃入中国驰名商标行列，顺利进入了 2010 年
上海世博会中的联合国馆展出，并荣获上海世博会的十大名茶称号。这些
荣誉及具有地方标志性品牌的取得，让武夷岩茶走出国门，面向世界。其
次，做好市场营销。一是活动营销。借"印象大红袍""武夷水秀"这类山
水实景表演项目及蜡烛会、柴头会，海峡两岸茶业博览会这类节事活动之
力，并配以创新、多样且有力的宣传，打造推广武夷茶文化。之后，武夷
山在 2014 年成功举办了第三届中蒙俄"万里茶道"市长峰会，进一步加强
了沿线城市的茶叶、旅游、经贸和文化往来。二是媒体营销。武夷山充分
利用近年来国家各级媒体及百度、新浪等知名互联网站对武夷岩茶（大红
袍）品牌的大力宣传，例如央视拍摄以武夷山为起点的《寻访大红袍》《茶
叶之路》纪录片，省委宣传部拍摄的《武夷山茶文化》宣传片，还有福建
省电视台《茶视界》栏目举办的"福建水仙、寻茶之旅"等大型活动，这
些都对武夷岩茶品牌影响力得提升有着巨大的帮助。三是设立营销组织。
依"政府搭台、企业唱戏"思路，市财政每年拨款 300 万专项经费，用于

"浪漫武夷、风雅茶韵"茶旅营销活动，构建全国营销网络。已在中国一二线城市及主销区陆续建立了二十多个武夷山大红袍的推广营销中心，五千多家销售网点。这些市场的开拓都进一步地提升了武夷岩茶的竞争力和影响力。再次，持续完善服务机制。2010年启动现代茶业科技服务中心项目的落地、开始建设凯捷岩茶城，2013年全国茶叶拍卖中心、"513"茶城网等项目进驻武夷山。加大科技兴茶步伐，全市先后成立了10多家茶科研机构，实行购机补贴政策，将茶业机械纳入补贴范围。同时，茶业管理委员会、茶叶总公司、茶叶学会等机构为茶叶商品的研究、生产、交易这一系列服务提供了保障。最后，弘扬武夷山茶文化，提升其内涵。以依据武夷茶历史文化素材，编创能够显现代表武夷山特色的茶歌茶舞或其他形式，来保护、传承和传播发意蕴深厚的武夷茶文化。

四、旅游推动下的茶产业与茶文化发展

早在武夷山旅游发展的起始阶段，在天游峰景区，满山茶园已开发为观光游景观。20世纪90年代，国内旅游大发展，加快了茶旅结合的步伐。武夷山先后开发御茶园、风云聚会等茶歌舞、茶艺表演等茶旅项目。茶旅结合，茶文化的演化进一步加快。首先，茶文化旅游景区的开发。为了申报世界自然和文化双遗产，武夷山政府遵照"抓大放小，突出特色"的原则，对当地的原态文化进行筛选，茶文化作为重要的遗产文化进行申报，并获得联合国教科文组织的批准。世界遗产的申报，加快了茶旅的融合。首先，大红袍旅游景区的开发。为了申遗，1997年，武夷山政府开发大红袍景区。2008年政府开始规划中华武夷茶博园"4A级"景区，把茶文化旅游景区走向游客日常生活。其次，茶旅结合，共创旅游品牌。2002年，武夷山政府茶旅捆绑式营销。提出"政府搭台，企业唱戏"的联合营销模式，创新茶旅品牌。2007年5月13日，第三届中国武夷山旅游节提出"相约武夷山，情醉大红袍"的口号，以茶文化为主题，突出"以茶为媒、茶旅结合"。再次，挖掘茶文化中的体验与创意元素。茶文化中的体验文化是旅游文化的升级和演变。随着大众旅游时代的到来，茶文化演变的速度越来越快，文化形态的边界越来越模糊。2010年3月，张艺谋导演的"印

象大红袍"大型山水实景演艺项目公演，标志着武夷山茶文化进入了体验和创意共生的时代。"印象大红袍"号称是世界上最大的"演出茶馆"，在短短的 70 分钟内，用诗、歌、舞的形式为游客诠释茶与幸福生活的百姓话题，突出体验文化。同时，融入山水实景、360 度旋转观众席，声光电实景电影技术、精彩的茶歌舞表演等创意元素，把游客的文化审美推向高峰体验，实现创意和体验的结合。据表 3-3 数据看，截至 2015 年，《印象大红袍》共演出 2318 场，接待观众达到 303.4 万人次，销售金额 38658.29 万元，表明了体验文化和创意文化日渐成为武夷山的主流文化。2012 年，武夷山又推出云河漂流"水上茶馆"体验项目，迎合体验时代游客的个性化需求和定制化市场。最后，帮扶重点企业，批准建设一批集观光、休闲、体验为一体的生态茶园。武夷星、香江名苑、天驿古茗、周氏家庭农场等一批有一定基础的茶企业已发展成为休闲观光、体验互动、认领定制的旅游生态茶庄园。

表3-3　印象大红袍演出数据

年份（年）	演出场次（次）	接待人数（万人）	销售金额（万元）
2010	322	36.92	4767.83
2011	376	48.4	6211.76
2012	390	54.26	6980.09
2013	390	49.79	6341.19
2014	409	52.79	6688.86
2015	431	61.24	7668.56
共计	2318	303.4	38658.29

数据来源：印象大红袍有限公司年度数据

第三节　武夷山的茶文化空间

　　旅游地茶文化空间的发展和演化是基于旅游产业化背景，蕴涵着产品世界及其市场结构。本研究选取茶文化空间作为研究对象，理由如下：

①武夷山的茶文化空间历经了农业、工业、服务业三个发展阶段，为游客提供了游览、购物、观赏、体验等多元化的旅游产品，既体现了该空间在旅游发展过程中的个性化特征，又充分考虑了和其他文化空间演化过程中的共性关系。

②茶文化是武夷山颇具特色的地域文化，蕴育了多元的茶文化空间。在诸多文化形态变迁过程中，使茶文化的演变最具代表性。武夷山"无山不茶""无家不茶""无店不茶"，营造了浓郁的茶文化氛围。"客来莫嫌茶当酒"，茶成为招待游客的必备饮品，同时也是游客馈赠亲朋好友的特色商品。茶景区、茶店、茶厂、茶企等茶空间遍布各地，吸引众多游客在此驻足，成为文化生产、展示、交流与传播的载体，为本研究提供了丰富的样本。

③茶文化空间历史悠久，分布广泛，空间性特征明显。武夷岩茶是乌龙茶和红茶发源地，使茶文化底蕴深厚，历史悠久。在旅游推动下，茶文化空间在 10 乡镇呈现网络状分布，便于研究茶文化空间的格局演变，分析演化机理。

④茶文化空间受旅游业的影响较为显著，茶旅结合较为成功。旅游活动的介入，使茶文化空间成为制茶、售茶、茶文化生产、茶文化交流的物理载体，成为重要的旅游吸引物，比较成功地实现了茶旅产业的融合。

⑤茶文化空间的产业化提升了地方经济水平，提高了当地居民的收入。当地居民、投资商、地方政府等旅游地相关利益主体共同参与茶文化的市场化活动，获得相应的经济报偿。对此研究，有利于揭示空间演化过程中的主导因素。

综合以上分析，空间属性、文化属性、经济属性是旅游地茶文化空间内涵结构的具体体现，是具有典型性和代表性的观测样本。基于以上原因，选取茶文化空间作为研究对象，以期通过实证研究，归纳出旅游地茶文化空间形成的驱动机制和演化机理。

一、茶文化空间发展阶段划分

（一）划分依据

基于武夷山茶文化空间的发展概况，旅游发展对茶文化空间演化的推动作用，确定 1979 年—2015 年作为本研究的时间段，并根据相关的理论依据对旅游地茶文化空间的演化过程进行阶段划分。

茶文化空间在演化过程中往往表现出一些表征性指标，这些指标能够反映出旅游地经济、社会、文化及相关利益主体的阶段性特征，是阶段划分的主要依据。本文阶段划分的依据主要有三：其一，巴特勒的旅游地生命周期理论。该理论表明游客量的多寡影响旅游地演变，同时，也推动着旅游地茶文化空间发生阶段性变化和时代性特征；其二，重大事件。它是武夷山茶文化空间演变的标志性指标，是旅游业发展过程中主观或客观发生的，促使茶文化空间发生转折的事件；其三，政策和制度效应。主要涉及政府、投资商、旅游者、当地居民等相关利益者做出的激励性、促进性政策、制度或措施。

（二）划分阶段

基于以上划分依据，根据武夷山 1979 年自发展旅游业以来游客接待量、旅游收入、茶文化空间数量、茶叶产量的变化（图 3-1），以及武夷山茶旅重大事件等基础数据与资料分析，将武夷山茶文化空间发展历程划分为萌芽、形成和发展巩固三个演化阶段（图 3-2）。

如同国内其他名茶一样，武夷茶也经历了一个漫长的历史过程，积淀了深厚的茶文化。武夷岩茶最早的文字记载见于唐朝。孙樵在与焦刑部的书信中提到武夷岩茶生长在"建阳丹山碧水之乡"，属于"月涧云龛之品"，并以拟人化的手法将其尊称为"晚甘候"。宋代是武夷茶文化的鼎盛期，其标志是茶文化演变为休闲文化，斗茶之风盛行。同时，催生了茶具、茶艺、茶道文化的发展，兔毫盏、遇林亭窑址、茶诗、茶书、茶画记忆着宋代的茶文化盛况。元代在武夷山设"御茶园"，监制"龙团凤饼"，贡茶大发展。

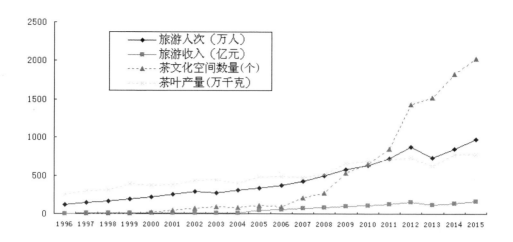

图 3-1　旅游人次、旅游收入、茶文化空间数量、茶叶产量变化图

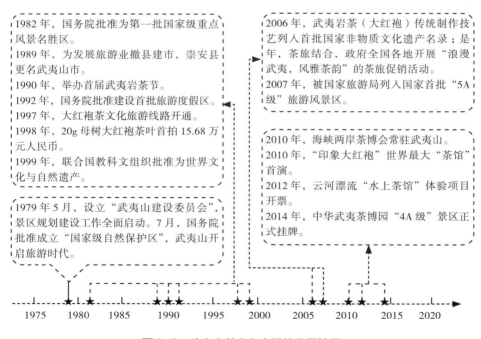

图 3-2　武夷山茶文化空间的发展阶段

明代朱元璋罢龙团，改制散茶。元明时期，武夷岩茶主要作为贡茶征用。蒙元是食肉民族，通过饮茶帮助消化，贡茶也用以戍边和茶马互市。清代茶叶是武夷山对外贸易的主要商品。南茶北购，武夷岩茶已走向贸易化，尤其是万里茶路的开辟，中俄茶叶贸易如火如荼，据《武夷山市志》记载：光绪六年（1880 年），武夷山出口清茶 20 万公斤，价值 35 万元。武夷山出现了"邻邑尽多种植，运至星村、赤石销售，皆充乌龙"。当时茶园面积达近万亩，岩茶厂 150 多家，茶庄、茶行 80 多家，岩茶产量达五六十万斤，涌现了大红袍、铁罗汉、白鸡冠、水金龟等四大名丛 [1]。民国时期，武夷山仅赤石一地就有茶庄、茶行 30 余家，茶叶产量达到 5000 多担。

天心村茶农，男，60 多岁，"中华人民共和国成立前武夷岩茶甚是珍贵，武夷山有茶场 90 多家，分布在九曲溪两岸和青狮岩、雷公岩、玉华洞等茶山区，较大的有奇苑茶场、方庙茶场和石泉茶场等"。

中华人民共和国成立后，武夷岩茶的发展进入低谷期。1949 年后茶叶产量仅 3000 担左右。20 世纪 60 年代，农业学大寨，"以粮为纲，全面发展"，水能流到的地方皆砍茶种稻，武夷岩茶的空间分布被压缩在天心村、星村、桐木等高山地区和峡谷之中，1962 年，武夷山茶叶总产仅有 2800 担。武夷岩茶的种植、生产和加工始终停留在农耕文化阶段。

1. 萌芽阶段（1979 年—1998 年）

1979 年，武夷山发展旅游业以来，随着游客接待量的增长，天游峰、水帘洞、大红袍、虎啸岩等景区开始出现为游客提供品饮、解渴、购茶服务的简陋茶空间。在旅游的推动下，这一时期，武夷山茶产业发展速度明显加快。本阶段的标志性事件包括：

① 1985 年，武夷山市茶叶研究所尝试推出 15 克小包装大红袍茶叶并上市，标志着武夷山茶叶开始走向市场化和商品化。

② 1990 年，武夷山举办首届武夷岩茶节。人大副委员长雷洁琼，政协副主席钱伟长及来自日本，英国，美国，澳大利亚等国和港台地区的 200

---

[1]　叶启桐. 名山灵芽——武夷岩茶. 北京：中国农业出版社，2008：14.

多名中外宾客参加了开幕式。

③第二届国际无我茶会在武夷山召开，来自日本、韩国和中国台湾及大量沿海部分省市的知名茶人参加，提出人人泡茶、人人奉茶、人人品茶，不分长幼，大家参与的茶会精神。

④1997 年，大红袍茶文化旅游线路向游客开放，至此，武夷山增添了首个具有地方特色的茶文化旅游景区。可见，这一时期，武夷山的茶商品、茶文化、茶旅游已经初露端倪，茶文化空间逐步向多元模式发展。

2. 形成阶段（1999 年—2005 年）

这一时期，是武夷山茶文化空间发展的关键阶段，茶旅品牌建设进入新阶段，茶文化空间的形态和规模已初步形成。本阶段的标志性事件包括：

①1999 年，有一重大事件，至今对武夷山茶产业发展起到巨大推动作用。12 月 1 日，武夷山被批准成为"世界文化与自然遗产地"，一夜之间，茶文化成为世界品牌，蜚声海内外，提高了武夷茶的国际知名度和影响力，加快了茶旅融合的步伐。

②1999 年，首届武夷岩茶茶王赛在武夷山九曲溪仙凡界码头举行。省政协副主席王良传，南平市副市长廖荣元参加开幕式。全国名茶评委会主任张天福、国家茶叶质量监督检验中心主任骆少君等六位专家担任评委，评出肉桂、水仙、茗丛、品种四大茶王。其中 100 克公开拍卖价分别达 18.8 万元、14.8 万元、6.8 万元和 7.8 万元。自此，茶王赛成为武夷山重要的茶事活动，既提升了茶叶的生产品质，又促进了茶文化交流，加大了武夷岩茶品牌的宣传和推广。

③2003 年，武夷山首获"中国茶文化艺术之乡"殊荣。武夷山源远流长的茶文化及丰富多彩的茶事活动为人类留下了丰富的文化遗产。综上，这一时期，茶文化品牌的知名度提升，国内外的销售量也快速增加，有力促进了茶文化空间的建构和发展，其空间形态和规模已初步形成。

3. 发展巩固阶段（2006 年—2015 年）

这一时期，武夷山创新茶产业发展模式，扩大产业规模，加大品牌宣传，提升文化内涵，营造空间氛围，茶文化空间进入发展巩固阶段。本阶段的标志性事件包括：

① 2006 年，武夷山有两件茶事活动，对武夷山茶产业发展影响深远。其一，武夷岩茶（大红袍）传统制作技艺列入首批国家非物质文化遗产代表作名录，武夷岩茶大红袍的品牌效应持续扩大。其二，自这年始，武夷山在全国各地广泛开展"浪漫武夷、风雅茶韵"茶旅营销活动，以茶文化为媒介，突出"以茶为媒、茶旅结合"。

② 2008 年，武夷山举办了一场中国茶业界的盛会。11 月 16—18 日，第二届海峡两岸茶业博览会在武夷山举行，武夷山政府推出"武夷山、水、茶"主题，两会合一，茶旅互动。而且，从第四届开始，海峡两岸茶博会正式落户武夷山，标志着武夷山的茶产业开始迈入快速发展的昌盛阶段。

③ 2010 年 3 月 29 日，张艺谋、王潮歌、樊跃创作的第五个印象系列作品，"印象大红袍"大型山水实景演艺项目公演，旅游产品开始转型升级。印象大红袍文创旅游空间的建构，既提升了茶文化内涵、丰富了茶文化产品类型，又扩大了茶文化对外推广和传播的途径，对于茶旅产业的联合发展具有重大意义。

二、茶文化空间类型

武夷山的茶文化空间是在茶产业和旅游产业（以下简称茶旅产业）相互融合的背景下不断地发展与演化，历经了农业、工业、服务业等三个产业发展阶段，既为游客提供了游览、购物、观赏、体验等多元化的旅游产品，又孕育了类型多样的空间文化。按照其产业属性，可以分为垦殖型、生产型和服务型三大空间类型。茶产业的快速发展，促进了茶文化空间的形成与演化。首先，垦殖空间与第一产业密切相关，是茶农通过茶叶种植从茶园采摘茶青，获得原材料，并制成毛茶，获得初级产品。这一过程所需要的物理空间，通常称之为垦殖型茶文化空间。其次，生产空间是指对茶叶原材料或初级产品生产、加工、制作过程中所需要的空间载体。需要进一步说明的是，中华人民共和国成立后，在计划经济体制下，武夷山茶叶集体生产、统购统销。茶叶主要由崇安茶场、综合农场、华侨农场、良种场根据国家指令性计划进行订单式生产加工，然后出口到日本、东南亚等国家。这一时期的国营茶空间具有种植、生产、商贸等综合性特点，空间边界较为模糊。20 世纪 90 年代，市场经济兴起，个体茶企、茶厂日渐增多。茶厂生产茶叶商品推行市场，商贸空间越来越多，茶文化空间的边界较为清晰。最后，服务空间是与第三产业密切相关的空间，主要为茶叶生产、消费、贸易等活动提供的各种服务载体。随着第三产业在国民经济中的地位越来越重要，据工商部门数据显示，2015 年，武夷山涉茶服务空间达到 7754 家，服务空间的数量越来越多，服务品质越来越反映出空间的文化内涵。

　　数据显示，在 1979 年—2015 年的茶文化空间类型中，垦殖空间频次为 219，占比 2.2%；生产空间频次为 1863，占比 18.9%；服务空间频次为 7754，占比 78.9%（图 3-3）。可见，旅游业作为武夷山的支柱产业，对于茶文化空间而言，服务空间已成为游客服务为主体的主要文化空间类型，为旅游者提供茶产品生产的工业空间地位较为显著，而农耕空间比重较低，影响力越来越弱。

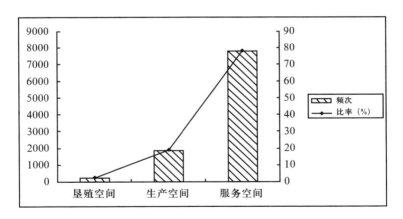

图 3-3　茶文化空间三大类型

1. 茶文化空间形态类型

　　空间形态是茶文化空间类型的亚类。游客进入旅游地后，茶文化空间与旅游产业结合，成为游客活动和服务的载体。垦殖空间延伸成为向游客提供服务的农耕空间，生产空间拓展为加工、购物、旅游观光型的生产空间，服务空间演化为购物、住宿、文化娱乐等旅游空间形态。为便于表达，文中所涉及的茶文化空间形态主要是指旅游空间形态，在此予以强调和说明。根据《国民经济行业分类》（GB/T4754-2002）标准，以茶文化空间"产业经济活动"为依据，以农业空间、工业空间和服务空间为依托，可以将茶文化空间的旅游空间形态划分为农耕空间、生产空间、商品服务空间、居民服务空间、食宿空间、文娱空间和科技空间等7种形态。农耕空间主要从事农林牧副渔等农业活动的种植、耕作。生产空间形态较为单一，表现为加工车间、制造空间，主要从事茶器械、茶具的生产制造，精制茶的生产加工等。商品服务空间可以为游客提供茶叶批零和茶工艺品等商品经营活动。居民服务空间主要为涉茶居民、投资商提供信息咨询服务、加盟服务、电子商务运营及咨询服务、茶器械维修、企业管理服务等。食宿空间以茶文化为主体，以住宿和餐饮服务为主，科技空间以茶叶技术研究、网络技术服务、电脑技术服务等科学研究和技术服务等活动。文娱空间是近年来新兴起的空间形态，包括观光游览、茶文化交流、茶文化传播、茶艺表演、各种文化活动策划、文创策划、艺术设计、文旅项目开发等活动，形式多样，内容丰富。如表3-4所示。

表3-4   茶文化空间的基本空间形态

空间类型	（旅游）空间形态		旅游服务活动	空间形态的阶段性分布
垦殖空间	农耕空间	种植空间	生产、生活等农事活动之外，衍生出饮茶、售茶等购物服务。	萌芽阶段主要空间形态。
		农产空间		
生产空间	生产空间	加工空间	茶叶生产、加工等活动之外，衍生出饮茶、售茶、茶文化、茶旅游等购物服务。	萌芽阶段、形成阶段的主要空间形态。
		制造空间		

续表

空间类型	（旅游）空间形态	旅游服务活动	空间形态的阶段性分布
服务空间	商品服务空间	向游客出售茶叶、茶具、茶艺术品等。	形成阶段、发展巩固阶段的主要空间形态。
	居民服务空间	向涉茶居民、游客提供商务及其他服务等。	发展巩固阶段的主要空间形态。
	食宿空间	向游客提供住宿和餐饮服务等。	发展巩固阶段的主要空间形态。
	文娱空间	向游客观光游览、文化、体育和娱乐服务等。	发展巩固阶段的主要空间形态。
	科技空间	向茶旅企业提供科学研究与技术服务等。	形成阶段、发展巩固阶段的主要空间形态。

数据来源：根据《国民经济行业分类》标准整理

据表 3-5 得知，农业空间的旅游空间形态表现为农耕空间，出现频次较高，达到 219 家，占比 2.2%，为居民提供生产、生活等农事活动的同时，为游客提供饮茶、购茶服务。

工业空间的旅游空间形态是生产空间，数量达到 1854 家，占比 18.9%，除为当地居民提供茶叶生产、加工等茶事活动之外，也可以为游客提供饮茶、售茶、茶文化、茶旅游等购物服务。

服务空间是旅游地主要的茶文化空间，主要形态有商品服务空间、居民服务空间、食宿空间、文娱空间、科技空间等。首先，为游客提供食、住、行、游、购、娱的旅游文化空间，武夷岩茶是特色购物商品，提供购物服务的商品服务空间分布类型最为集中，出现频次最高，达到 7347 家，占比 74.7%。其次，文化空间为游客提供游览、文化、娱乐、休闲等服务，空间数量达到 192 次，占比 2.0%；最后，部分商业性服务空间。如居民服务空间 92 家，占比 0.9%；食宿空间 83 家，占比 0.8%；科技空间 40 家，占比 0.4%。这些茶文化空间对游客的直接服务性较弱，其空间数量和比例较低。

表3-5　武夷山茶文化空间形态分布、频次与比率

空间类型	（旅游）空间形态	频次	比率（%）	有效比率（%）	累积比率（%）
垦殖空间	农耕空间	219	2.2	2.2	2.0
生产空间	生产空间	1854	18.9	18.9	21.1
服务空间	商品服务空间	7347	74.7	74.7	95.8
	居民服务空间	92	0.9	0.9	96.7
	食宿空间	83	0.8	0.8	97.5
	文娱空间	192	2.0	2.0	99.5
	科技空间	40	0.4	0.4	100
总计		9836	100	100	

数据来源：武夷山市工商局、统计局等官方数据

本研究采用 SPSS 的快速聚类法（K-Means）对各类茶文化空间的静态分布情况进行聚类分析，初始探索将聚类分为高度聚集、中度聚集和低度聚集三个类别。经过 2 次迭代，ANONA 检验结果表明，聚类分析的 Sig. 值为 0.000，小于 0.05，拒绝原假设，具有统计意义（表 3-6）。

表3-6　1994—2015年茶文化空间的ANONA分析表

	聚类		误差			
	均方	df	均方	df	F	Sig.
行业类别	13148.241	2	1.090	9833	12059.880	0.000

2. 茶文化空间市场管理类型

茶文化空间是指在旅游的推动下，武夷山的茶产业与旅游产业最早实现了产业融合，以旅促茶、以茶兴旅，形成了诸多种植、生产、商品服务的茶文化空间。概而言之，这里所讲的茶文化空间是指茶旅产业融合背景下发展起来的茶旅产业文化空间，具有市场经营属性，需要对该类型空间的市场管理类型进行分析。

（1）市场管理类型

目前，我国的企业登记管理体制实行内资登记与外资登记并行的双轨制，根据《公司登记管理条例》《企业法人登记管理条例》，以市场主体为标准，划分为内资市场主体和外资市场主体两大类。内资市场主体主要包

括个体工商户、有限责任公司、农民专业合作社、非公司企业法人、合伙企业和个人独资企业（表 3-7）。个体工商户通常以个人或家庭为单位从事经商活动。武夷山的茶庄、茶叶店、茶行、茶坊、茶楼等茶文化空间多为个体工商户市场主体经营方式。有限责任公司是我国目前实行公司制的最重要的一种企业组织形式。其经营方式通常包括自然人控股经营或非自然人控股经营。自然人控股经营主要是指由自然人独资或自然人作为股东，出资控股的形式从事经济活动。非自然人控股经营通常是指社会团体、企业法人、事业法人等非自然人所从事的经济组织形式。我国的国有控股、集体控股的有限责任公司即为非自然人控股经营。农民专业合作社是以农民为主体的家庭承包、联产经营的一种市场经济形式，是农民经营社员产品的互助性经济组织，其目的是谋求共同利益，为合作社成员服务。非公司企业法人是我国传统的一种企业经营模式，经营者具有法人资格，但并非公司法人。依据经营者的身份，这类企业通常以国有、集体、联营等组织形式进行市场经营。合伙企业有两种类型：普通合伙与有限合伙，经营方式包括部分合伙人与所有合伙人两种经营方式。个人独资企业是一种以个人独资，企业模式经营的私营企业，是我国最古老、最简单的一种企业组织形式，盛行于手工业、农业、林业、牧业、服务业和家庭作坊等。

外资市场主体包括中外合资经营企业、中外合作经营企业、外商投资公司等在华从事生产经营活动的外国企业。武夷山外商投资的茶企较少，截至 2015 年，仅 7 家，主要为香港和台湾的外商投资公司。这些公司不再细分，以外商投资企业概而论之。

根据茶文化空间市场管理主体类型，可以将茶文化空间的经营方式分为非自然人控股经营、农民经营、自然人控股经营、个体经营、家庭经营、外商经营、合伙经营、个人独资经营、国家或集体经营。其中，个体工商户在旅游及茶业市场主要表现为个体经营和家庭经营；有限责任公司表现为自然人控股经营和非自然人控股经营；非公司企业法人作为计划经济遗留下来的市场管理主体，是一种国家或集体经营方式；农民专业合作社属于农民经营；合伙企业为合伙经营、个人独资企业为个人独资经营、外商投资企业为外商经营。不同的经营方式在茶叶的种植、生产、加工、销售、服务等产业活动方面扮演着不同的角色，为茶业市场提供了丰富的茶产品。

表3-7　茶文化空间市场管理主体类型

茶文化空间市场管理主体类型	概念	茶文化空间的经营方式
1.个体工商户	有经营能力的公民，依照《个体工商户条例》规定经工商行政管理部门登记，从事工商业经营的，为个体工商户。	4.个体经营 5.家庭经营
2.有限责任公司	依照《中华人民共和国公司登记管理条例》规定登记注册，由五十个以下的股东出资设立，每个股东以其所认缴的出资额对公司承担有限责任，公司以其全部资产对其债务承担责任的经济组织。	3.自然人控股经营（私营） 1.非自然人控股经营（内资）
3.农民专业合作社	是在农村家庭承包经营基础上，同类农产品的生产经营者或者同类农业生产经营服务的提供者、利用者，自愿联合、民主管理的互助性经济组织。合作社以其成员为主要服务对象，提供农业生产资料的购买，农产品的销售、加工、运输、贮藏及与农业生产经营有关的技术、信息等服务。	2.农民经营（农专）
4.合伙企业	是指自然人、法人和其他组织依照《中华人民共和国合伙企业法》在中国境内设立的，由两个或两个以上的自然人通过订立合伙协议，共同出资经营、共负盈亏、共担风险的企业组织形式。	7.合伙经营
5.个人独资企业	是指个人出资经营、归个人所有和控制、由个人承担经营风险和享有全部经营收益的企业。	8.个人独资经营
6.非公司企业法人	是指经过登记取得法人资格但不称公司也不按公司法组建的经济组织。具有企业名称、注册资金、组织机构、住所等法定的法人条件，能够独立承担民事责任。	9.国家或集体经营（内资）
7.外商投资企业	是指依照中华人民共和国法律的规定，在中国境内设立的，由中国投资者和外国投资者共同投资或者仅由外国投资者投资的企业。	6.外商经营

数据来源：根据《公司登记管理条例》《企业法人登记管理条例》整理

据表3-8得知，茶文化空间作为企业空间，其市场管理主体类型以个人为主体的个体工商户数量最大，达到 7000 家，占比 71.17%。以企业为主体的有限责任公司数量 2701 家，占比 27.46%。二者囊括了 98.63% 的市场主体空间数量，表明了个体工商户基本主导着武夷山茶产业市场，主要为旅游市场提供批发和零售服务。而有限责任公司作为企业组织，为市场提供产品研发、生产、运营管理、文创策划等融知识型及创新型为一体的茶产品。除此之外，其余市场主体数量较少，均不足 1%。如农民专业合作社 88 家，占比 0.89%；合伙企业仅 2 家，占比 0.02%；个人独资企业 34 家，占比 0.35%；非公司企业法人 4 家，占比 0.04%。非公司企业法人是国有经济、集体经济的产物。福建省武夷山市茶叶总厂是最早注册的全民所有制的非公司法人企业，武夷山旅游文化开发公司作为全民所有制非公司法人企业，提供茶文化交流、传播、文创策划、文艺演出等产品。外商投资企业 7 家，占比 0.07%。这些市场主体作为传统和现代企业制度的代表，在茶文化空间市场机制运行过程中兼容并蓄，相互补充，构成了"个体主导"与"企业多元"的茶企业市场主体特征。

表3-8　茶文化空间市场管理主体的出现频次与比率

市场管理类型	频次	比率（%）	有效比率（%）	累积比率（%）
1.个体工商户	7000	71.17	71.17	71.17
2.有限责任公司	2701	27.46	27.46	98.63
3.农民专业合作社	88	0.89	0.89	99.52
4.合伙企业	2	0.02	0.02	99.54
5.个人独资企业	34	0.35	0.35	99.89
6.非公司企业法人	4	0.04	0.04	99.93
7.外商投资企业	7	0.07	0.07	100
合计	9836	100	100	

数据来源：武夷山市工商局官方数据

（2）市场运营模式

据表 3-9 数据看，在武夷山 1990—2015 年茶产业市场注册的 9836 家茶文化空间中，个体经营茶企空间数量 6986 家，占比 71.02%；自然人控股经营茶企空间 2678 家，占比 27.23%，这两种模式是市场运营的主体。农民经营、非自然人控股经营、家庭经营、外商经营、合伙经营、个人独

资企业化经营及国有、集体经营分别占比为 0.89%、0.23%、0.14%、0.07%、
0.02%、0.35%、0.04%。这些运营模式比例较低，是茶产业市场的重要补充。
与市场管理主体类型相呼应，市场运营模式是一种个体经营、自然人控股
经营为主导，家庭经营、非自然人控股经营、外商经营等为补充的多元市
场架构。根据茶产业发展与市场运营规律，游客购买茶叶自己饮用或馈赠
亲朋好友，市场载体是商品服务空间，市场主体是个体工商户和有限责任
公司，个体工商户主要提供散装茶的批发和零售，有限责任公司提供具有
QS 认证的商品茶的批发和零售，形成武夷山茶叶市场供求关系的市场逻
辑。显而易见，在这些经营要素中，个体经营和自然人控股经营的比重最
大。

表3-9　茶文化空间市场主体经营方式分布

经营方式	频次	百分比（%）	有效百分比（%）	累积百分比（%）
1.非自然人控股经营	23	0.23	0.23	0.23
2.农民经营	88	0.89	0.89	1.13
3.自然人控股经营	2678	27.23	27.23	28.36
4.个体经营	6986	71.02	71.02	99.38
5.家庭经营	14	0.14	0.14	99.52
6.外商经营	7	0.07	0.07	99.59
7.合伙经营	2	0.02	0.02	99.61
8.个人独资企业化经营	34	0.35	0.35	99.96
9.国有、集体经营	4	0.04	0.04	100
合计	9836	100	100	

数据来源：武夷山市工商局官方数据

3. 各形态茶文化空间与旅游业的相关性

表 3-10 显示，首先，对于各个空间形态而言，多数空间之间的相关
性较为显著。在相关性分析中，居民服务空间与科技空间不相关。农业科
学技术的研究主要为茶商品的开发和创新提供支撑，而对于为涉茶居民提
供修理、咨询、管理等社区服务，科技空间的业务范围较少涉及，因此，
二者之间的相关性不大。同时，居民服务空间与农耕空间、商品服务空间、

生产空间、食宿空间、文娱空间等空间形态双变量双侧检验在 0.05 水平上呈现显著相关关系。除此之外，其余空间的双侧检验在 0.01 水平上均呈现显著相关关系。

其次，各类空间与旅游人次的相关性较为显著。居民服务空间与旅游人次双侧检验在 0.05 水平上显著相关。科技空间、农耕空间、商品服务空间、生产空间、食宿空间及文娱空间等与旅游人次双侧检验在 0.01 水平上呈现显著相关关系。如旅游人次与商品服务空间之间的关系系数达到 0.942，表明商品服务空间随着旅游人次的增减而起伏变化。2011 年—2015 年武夷山旅游接待人次分别比增 14%、21%、-16%、16% 和 15%，商品服务空间随之比增 31%、58%、-8%、7% 和 18%。

最后，除了居民服务空间外，其余空间与旅游收入的相关性较为显著。居民服务空间为当地涉茶居民提供服务，与旅游收入的增减非同步变化。如 2012 年之前，武夷山的旅游收入呈现稳步增长的发展态势，而居民服务空间 2001 年、2002 年的发展已到达顶峰，之后，逐渐跌入低谷，二者之间的关联性不大。与之相反，科技空间、农耕空间、商品服务空间、生产空间、食宿空间、文娱空间等与旅游收入双侧检验在 0.01 水平上显著相关。其中，商品服务空间与旅游收入的关系系数达到 0.92。茶叶作为游客的主要购物商品，游客消费支出的重要组成部分，商品服务空间越多，销售的茶叶就越多，旅游收入就越多。科技空间数量的增多，提供商品的研发能力和技术附加值，提高了旅游收入。同时，旅游收入的增加，使得当地有能力投入更多资金进行农业科技研发和创新，提升市场竞争力。

表3-10　武夷山茶文化空间发展与旅游的相关性分析

相关性分析		科技空间	农耕空间	商品服务空间	生产空间	居民服务空间	食宿空间	文娱空间	旅游人次（万人）	旅游收入（亿元）
科技空间	Pearson 相关性	1	0.725**	0.838**	0.624**	0.327	0.637**	0.651**	0.872**	0.884**
	显著性（双侧）		0.000	0.000	0.002	0.148	0.002	0.001	0.000	0.000

相关性分析		科技空间	农耕空间	商品服务空间	生产空间	居民服务空间	食宿空间	文娱空间	旅游人次（万人）	旅游收入（亿元）
农耕空间	Pearson相关性	0.725**	1	0.913**	0.823**	0.469*	0.760**	0.711**	0.850**	0.836**
	显著性（双侧）	0.000		0.000	0.000	0.032	0.000	0.000	0.000	0.000
商品服务空间	Pearson相关性	0.838**	0.913**	1	0.850**	0.512*	0.852**	0.862**	0.942**	0.920**
	显著性（双侧）	0.000	0.000		0.000	0.018	0.000	0.000	0.000	0.000
生产空间	Pearson相关性	0.624**	0.823**	0.850**	1	0.457*	0.950**	0.940**	0.772**	0.727**
	显著性（双侧）	0.002	0.000	0.000		0.037	0.000	0.000	0.000	0.000
居民服务空间	Pearson相关性	0.327	0.469*	0.512*	0.457*	1	0.521*	0.492*	0.482*	0.374
	显著性（双侧）	0.148	0.032	0.018	0.037		0.015	0.024	0.027	0.095
食宿空间	Pearson相关性	0.637**	0.760**	0.852**	0.950**	0.521*	1	0.950**	0.792**	0.739**
	显著性（双侧）	0.002	0.000	0.000	0.000	0.015		0.000	0.000	0.000
文娱空间	Pearson相关性	0.651**	0.711**	0.862**	0.940**	0.492*	0.950**	1	0.799**	0.759**
	显著性（双侧）	0.001	0.000	0.000	0.000	0.024	0.000		0.000	0.000
旅游人次（万人）	Pearson相关性	0.872**	0.850**	0.942**	0.772**	0.482*	0.792**	0.799**	1	0.981**
	显著性（双侧）	0.000	0.000	0.000	0.000	0.027	0.000	0.000		0.000
旅游收入（亿元）	Pearson相关性	0.884**	0.836**	0.920**	0.727**	0.374	0.739**	0.759**	0.981**	1
	显著性（双侧）	0.000	0.000	0.000	0.000	0.095	0.000	0.000	0.000	

**表示在0.01水平（双侧）上显著相关；*表示在0.05水平（双侧）上显著相关。

三、数据来源

武夷山自 1979 年发展旅游业以来，茶文化空间形态、功能、数量和格局等均发生了显著变化。武夷山市管辖 10 个乡镇，总面积 2813.91 平方千米，茶文化空间广泛分布在武夷街道、星村镇、新丰街道、崇安街道、五夫镇、兴田镇、洋庄乡等区域。基础数据来源基于以下几种途径：

（1）由武夷山市统计局数据处理中心和武夷山市工商管理局提供的茶企业名录，包括名称、经营场所、经营范围、组成形式、企业类别、企业类型、注册资金、行业门类、所属片区、开业日期等特征或属性数据。本研究对 1990 年以前工商行政管理部门尚未注册登记的茶空间进行田野调查，已注销且主要信息缺少的样本予以剔除，最终获得有效样本 9836 项。本研究对空间形态、企业成立时间、空间位置和所属乡镇进行甄别和归类，并进一步进行信息编码，建立武夷山茶文化空间数据库。

（2）深度访谈和田野调查。到武夷山进行深入访谈和田野调查，共收集未在工商部门登记、注册的早期茶厂、景区茶室、农家茶舍及茶摊等 65 家。为保证信息的真实性及分析的科学性，该研究把景区中分布的茶摊视为一个坐标点，对调查茶空间数据进行逐一核对，并对信息不全的茶企业进行实地走访，为进一步提高研究的信度和效度，通过文献研究对数据进行二次核实[1]，确保信息的真实性和可靠性。

（3）武夷山市国土资源局提供的武夷山市地理信息数据及 shp 格式地图。每个茶企业都拥有自己的经营场所，这些场所拥有具体的地理位置和空间坐标，本研究将每个茶文化空间看作地理空间上的一个点，利用地址信息或企业名称信息，借助百度地图及地图拾取工具采集点坐标，对各个茶企进行空间化处理，并与武夷山市电子地图、shp 地图的空间信息进行逐一匹配，剔除经营场所和开业日期记录缺少的茶企，最终得到 9216 家有效企业信息的空间单元，空间化比率 93.7%。再根据开业日期和所属片区，

---

[1]　迈尔斯，休伯曼. 质性资料的分析：方法与实践（张芬芬，译者）. 重庆：重庆大学出版社，2008：371-372.

对茶文化空间各个阶段的空间格局演变进行统计分析。

（4）选取 1979 年—2015 年为观测周期，收集、获取 30 多年来的相关原始数据，包括：

①各类统计年鉴及国民经济和社会发展统计公报数据。主要有：《中国文化及相关产业统计年鉴》《中国统计年鉴》《武夷山市统计年鉴》《武夷山市志》及武夷山市的国民经济和社会发展统计公报。

②政府官方数据。数字武夷政府官方网站、武夷山市统计局数据处理中心、福建武夷山旅游发展股份有限公司、旅游局、茶业局、发改局、文体局、档案局等政府行政部门搜集相关数据资料。

③企业数据。深入茶企业、速递公司、物流公司等进行数据搜集，并利用田野调查和访谈的方法对行业知名人士进行深入访谈，并通过文献法对数据进行进一步核实。其中，还有极少量统计数据存在缺失问题，笔者运用 SPSS 软件中关于缺失值处理的常用方法对此进行补充。

在整个数据收集的过程中始终保持严谨、科学的态度，力求最大化的保证统计推断结果的准确性。

第四章　武夷山茶文化空间的形成研究

第一节　不同阶段茶文化空间形态的形成

如同国内其他名茶一样，武夷茶经历了从药品到神品这样一个漫长的历史过程。茶叶的多功能化使其不仅可以成为贡品，博得朝廷的欢心，而且可以收取茶租、茶价、茶税，充实府库。因此，自唐代以来，历代社会均设茶叶管理机构来主持茶政，引导着茶空间的形成。唐代，武夷山岁贡茶叶较少，官茶、茶租、茶价等均由州官或府官直接负责。北宋初年，武夷山设立崇安县，崇安县令开始掌管茶政，州官也经常参与督办。南宋时期，茶叶与盐业上升为关系国计民生的行业，设提举常平茶盐公事一职监管两业，政府对茶叶的管理首次出现了专门机构。元政府对武夷茶的贡献是在九曲溪的四曲溪畔设立皇家焙茶局"御茶园"，为朝廷定制御用贡茶，从而奠定了武夷岩茶的尊贵地位。御茶园的建筑规制按照皇家标准建造，据史书记载有仁凤门、拜发殿、清神堂、思敬亭、焙芳亭、宴嘉亭、宜静亭、碧云桥等，御茶园并设有场官主管岁贡之事，是一个完备的茶叶种植、生产及管理的茶叶机构。至明嘉靖年间，御茶园疏于管理，逐渐荒废。清政府设福建布政司事按察使管理茶政，督造茶叶种植和生产。民国时期，武夷山作为重要的产茶区，政府在福建省设立茶叶管理局，派专员督察茶政执行情况。这一时期，在政府的指导下，有茶叶生产、销售和科研机构，已经形成了茶厂、茶行、茶庄、茶叶研究机构等多元的茶叶空间。

中华人民共和国成立后，各级政府重视茶叶的生产、加工和制作。但这一时期茶叶销售的目的是出口换汇。1951年，国有企业中茶公司在福建省设分公司，厂址设在建瓯市，并在崇安县赤石街设收购站收购武夷岩茶，在建瓯加工成精制茶后出口。后受"大跃进"的影响，1957年，该茶叶采购站并入至南平地区供销社茶叶管理科。1959 年 10 月，崇安县专门成立茶叶局，帮助各茶区生产队发展茶叶生产，在天游设茶叶研究所，选育、栽培和管理良种茶，并对茶叶初制、精制等方面进行技术培训，为茶区提供肥料和农药，并在武夷、星村、五夫、城关、吴屯等产茶区设置收购站，负责收购当地的毛茶。"文化大革命"期间，茶叶局被迫停止行政职权，1969 年，撤并至县供销社综合站。1982 年武夷山的茶叶种植与生产快速发展。

桂林村村民，男，50 多岁，家有茶厂，其述："1981 年，分管旅游的国务院副总理谷牧同志到武夷山了解发展旅游业的可行性，并提出加快土地改革，鼓励农民开荒种茶的致富之路，1982 年上半年武夷山开始进行土地承包，下半年茶园已经分产到户。"

突破集体生产、统购统销的藩篱后，武夷山的茶叶生产明显提速，对茶叶管理的重要性已获得共识，1987 年 3 月，茶叶局再次恢复。恢复后的茶叶局机构更加全面，下设"五站、一所、一个门市部、一个精制厂"[1]。五个茶叶收购站仍然以收购茶叶为主，兼顾技术指导；茶科所的功能是收集、筛选、培育武夷名丛；门市部设在城区，以销售茶叶为主；精制厂对茶叶进行深加工，生产出可供销售的成品茶。1997 年，各级政府进行机构改革，茶叶局并入农业局。2006 年，为做强做大茶产业，设立"武夷山市茶叶局"，负责全市的茶业工作至今。

为提升武夷山茶叶生产加工方面的科技含量，提升品牌知名度，振兴茶叶经济，1980 年 6 月成立茶叶学会，该学会是一个以茶叶生产、加工和科研为主体的学术性群众团体。2002 年 12 月，市工商联成立的茶业同业公会进一步加强了武夷岩茶生产、加工、流通和科研工作的融合，该组织的成立旨在更好地团结和引导武夷山市茶业界遵守行业章程，树诚信、创品牌，推动茶叶的产业化发展。

除了对茶叶生产的管理外，武夷山市政府也重视茶叶市场的管理。2000 年 5 月，成立"茶业管理委员会"，属于茶产业综合协调服务机构，

---

[1]　萧天喜. 武夷茶经. 北京：科学出版社，2008：67–106.

其职能主要是加强对茶叶企业市场、质量的管理和监督，协调茶企与政府部门的关系，组织开拓市场等工作。该机构成立以来，为武夷山茶产业的发展壮大、茶文化的宣传、品牌的提升等做出了较大贡献。为保障武夷山茶叶产品质量，提高武夷岩茶的品质，2003 年，武夷山市政府成立茶叶产品质量检验所，专门从事茶叶卫生指标的检测工作，为市场提供公正的检测数据，为岩茶生产企业把好产品质量关。

　　政府的茶政管理和行政指导，推动着茶文化空间的形成与发展。明清至民国期间的茶空间形态基本上表现为生产空间（茶厂）、商品服务空间（茶行、茶庄等）及科技空间（茶叶科学研究所）。生产空间多集中于武夷、星村两地。茶厂基本上采用"厂园合一"的生产模式，厂房设有烘青、做青、炒青、揉捻、焙房等茶生产车间。茶厂的类型主要包括商家置厂与茶农家庭茶坊等形式，商家设置的茶厂多位于今风景区之内。

　　星村镇村民，男，70 多岁，家有茶厂，据其述："中华人民共和国成立前茶厂主要分布在九曲溪两岸和青狮岩、雷公岩、玉华洞等茶山区，较大的有奇苑茶厂、方庙茶厂和瑞泉茶厂等，当时茶厂的老板称为'岩主'，较大茶厂每春可制茶千余斤，小厂二百斤左右。"

　　然而，第二次世界大战太平洋战争爆发后，贸易通道被封锁，武夷茶业遂进入萎靡状态。《武夷茶经》载："民国 30 年（1941 年），在山尚能闻其名者之茶厂，计有百厂，其中尚成厂制茶者为五十五厂，茶山局部荒芜而并入其他岩厂采制者二十二厂，听任荒芜者十九厂。"值得一提的是这一时期已出现了生产加工与流通销售产业链现象，实现"厂店同构"。《武夷山市志》载：双凤茶厂设有福美茶庄，广宁茶厂设有协盛茶庄，天井茶厂设有合记茶庄，慧苑西茶厂设有集泉茶庄，香林茶厂设有泉苑茶庄等等。"岩主"（资本家）在茶山设茶厂，茶厂的生产、加工、管理等工作实行包工制，通常由制茶技术好，管理经验丰富的包工头负责。茶庄通常设在山下茶叶集散地，在原籍所在地设茶号，分头经营和销售茶厂生产出来的茶叶。民国时期，武夷山的茶庄达到 80 多家，仅赤石一带就有茶庄、茶行30 余家。而当地茶农家庭茶坊规模较小，生产出来的茶叶通常出售给那些较大的茶商。

民国时期，已开始重视茶叶科技空间的建设，武夷山建立了一个全国性的茶叶研究所。民国27年（1938年），福建省茶业改良场从福安迁址崇安县赤石村。民国29年，中国茶叶公司与省政府合资创办福建示范茶厂，并购茶业改良场，崇安县成为民国时期重要的茶叶科学研究基地。民国31年，示范茶厂改为财政部贸易委员会茶叶研究所，抗战胜利后（1946年），茶叶研究所改制为"崇安茶叶试验场"，其职能主要为茶叶研究、茶叶生产制作等工作。1949年后，福建省人民政府接管"崇安茶叶试验场"，并更名为"崇安茶场"。1999年撤县建市后，更名为武夷山茶场，并沿袭至今（图4-1）。

佛国寺古茶厂　　　　　　　　　　生产车间

马头岩古茶厂　　　　　　　　　　茶科所

图4-1　武夷山市早期的茶文化空间

图片资料来源：百度百科

一、空间形态的萌芽阶段（1979—1998）

中华人民共和国成立后，崇安县作为农业县，政府重视茶叶的种植和生产，并给茶农发放农业贷款复垦茶园，重建茶厂。受"大跃进"影响，个人的茶山被人民公社收归公有，茶叶的种植主要以国营农茶场和生产大队集体种植为主，所制毛茶均由茶叶收购站收购，茶叶公司精加工后出口换取外汇。十一届三中全会后，农村实行家庭联产承包责任制改革，开始推动茶产业的发展。尤其是1979年武夷山发展旅游业以来，随着游客的进入，在游客市场主体的推动下，武夷山的茶文化空间形态、功能等方面开始演化，形成多元化的空间格局。

1. 空间形态的萌生

中华人民共和国成立到20世纪70年代末，武夷茶大部分集中在武夷乡、星村镇和崇安茶场三个地区生产，三处的产量约占全县（市）总产量的77%—81%。1981年，崇安县政府发布《关于加速发展茶叶生产的意见》，对全县的茶叶生产进行布控，重点抓好"2个区""3个公社""4个场"和20个重点单位，并对这些单位的茶叶生产数量、速度和品种拟定了计划。与此同时，崇安县对行政村108个茶叶专业队实行集体承包和茶叶专业户承包两级生产责任承包制，提高农民生产的积极性。

马头岩村民，男，58岁，"84年，（茶叶）收购站被景区收走，撤掉了。茶叶自产自销。1996年之前都是卖给3个大老板的，1996年之后自己跑市场，广州、深圳、汕头。岩茶村20户左右自己到外地跑市场。"

市场经济的出现，武夷山的茶叶生产经营呈现出国有企业、集体企业、村茶叶专业队和个体茶叶承包户同时并存的局面。这一时期，武夷山茶企、茶农的生产积极性空前高涨，茶园面积不断扩大，用于生产、销售功能的茶空间数量也日益增多。这一时期，武夷山茶文化空间形态主要表现为生产空间、商品服务空间和科技空间三种形态，各空间形态在形成和发展过程中，表现出不同的时代特征。

（1）生产空间是主要的空间形态

武夷山市茶科所原所长，男，60多岁，"中华人民共和国成立后，武夷山的茶叶生产加工主要经历了三个主要的发展时期，（20世纪）70年代之前，茶叶主要由市茶叶总厂生产，它是省属茶厂，生产出来的茶叶主要出口东南亚。东南亚华人爱喝武夷岩茶，从来不愁卖的，不像那时候的铁观音，茶商都在忙着跑市场。到了70、80年代，尤其是80年代，地方政府的县办、乡办、村办茶厂逐渐多起来。到了90年代，个体茶企、茶厂开始出现，今天大家都能看到，到处都是茶厂"。

某茶业有限公司经理，女，50多岁，"茶叶总厂是省属的，是种植、生产、加工一条龙的，跟崇安县政府没多大关系。但是呢，（20世纪）80年代茶农家里已经开始生产毛茶，茶叶局就做了两件事情，一是在产茶乡镇设置茶叶收购站；二是建立茶叶精制厂。茶叶站收购茶叶生产大队、生产小组及茶农手里的毛茶，然后到精制厂精制加工，当时正岩的茶叶是非常便宜的。"

通过相关资料的查证，这一时期，武夷山的茶叶生产基本都是国有或集体所有制茶厂，以公有制企业为主，政府订单式生产，统购包销，出口创汇。这些茶厂分为三个层次：（详见附录C）

其一，省属茶厂，即武夷山市茶叶总厂。该茶厂隶属福建省崇安茶场，1973年，福建省供销社、农业厅发布了实行初、精制茶叶联合加工通知，1974年，由崇安茶场投资创建茶叶精制厂，即茶叶总厂。《武夷山市志》载：该厂"统购包销、独家经营"，建厂之初，年产精制茶50万公斤，全部用于出口，年产值157.10万元人民币。2000年后，该厂部分茶园租赁给凯捷集团公司加工，2002年茶叶总厂停止新茶加工，2006年，国宏生态科技有限公司与武夷山市茶场达成协议，将所属茶叶总厂部分厂房、仓库租赁给国宏公司，该公司按照每斤茶1.2元的加工费上交茶叶总厂。名噪一时的茶叶总厂的历史使命宣告结束。

其二，县属茶厂。武夷山市茶叶精制厂（茶叶局）、华侨农场精制茶厂、武夷山市岩茶厂（综合农场），这三家是当时主要的县属茶厂。这一时期的茶厂处于转型期，较为重要的茶厂是市茶叶总厂及市岩茶厂。武夷山市岩茶厂隶属于综合农场，1990年成立，主要生产、加工与经营综合农场种植的茶叶，并负责九龙窠大红袍母树的护理和制作工作。1993年企业改制，岩茶厂实行承包，1995年母树大红袍的管护及制作工作转交武夷山市茶叶科学研究所。岩茶厂对于武夷山生产空间的发展来说，仅仅昙花一现。

其三，乡属、村属茶厂。1981年，崇安县委、县政府发布《关于加强发展茶叶生产的意见》后，茶叶资源丰富的乡镇及村庄设置建厂的积极性高涨起来。茶叶种植主要乡镇均设有茶厂，如武夷乡有九龙山茶厂、星村镇有九曲茶叶精制厂、兴田镇有兴田茶厂等。主要的茶叶专业生产队如曹墩、星村、黄村、天心村、南岸村、仙店村等设有村办茶厂，这些茶厂构成当时武夷岩茶的生产加工系统，由政府"统购包销，订单式生产"。

武夷山市茶业同业公会人员，男，40多岁，"这些公有制茶厂，（20世纪）80年代之前，武夷山的销售渠道主要有两个，一是做外贸，销往东南亚，二是做内销。主要销往国内的闽南的云霄地区及广东的潮汕、广州等地区。"

可见，这一时期的生产空间及由该空间生产出的茶产品销售与旅游的结合还不够密切（图4-2）。

茶叶茶厂　　　　　　　　　　　　　　桐木茶厂

天心村岩茶厂　　　　　　　　　　　　手工制茶作坊

图4-2　1979年–1998年的茶文化空间

图片资料来源：百度百科

（2）商品服务空间自发出现

上文已经提到，武夷山各茶厂生产的茶产品不是为游客服务，主要用于出口换汇。1979年，武夷山开始尝试发展旅游业，但是，一直到90年代，地方政府没有摆脱计划经济的束缚，旅游对茶产业的发展影响较小。

武夷山的商品服务空间是在旅游的推动下逐渐建构起来的。特征有二：其一，当时游客的购茶地点较为简陋，主要是景区原居民家中或路边茶摊，所购茶叶是茶农自家种植、生产的毛茶，是一种农产品；其二，服务单一。茶叶价格低廉，游客需要，直接买走，仅提供买卖服务。没有今天的茶文化讲解、茶艺表演等形式的服务。商品服务空间的出现是武夷山游客直接推动的结果，其时代背景是观光游在风景名胜地的兴起。

中旅资深导游，男，60多岁，"早期来武夷山的游客不多，主要是境外团。1979年，武夷山中旅开始接待港澳、新加坡、菲律宾、马来西亚等地区的华人华侨，80年代接待的主要是日本客人。大概是1992、1993年台湾客人多起来，港中旅为台湾游客办理大陆旅游通行证，他们通过香港到大陆旅游、探亲访友等。"

国旅导游，男，50岁，"当时，武夷山交通非常不方便，这些境外游客需要在上饶或南平由武夷山的旅游大巴接送过来，一路上尘土飞扬。"

原导游协会秘书长，男，40多岁，"武夷山90年代和2005年之前基本上都是上海团。因为上海工会旅游比较流行，是属于计划经济的。一火车一火车运到上饶，然后大巴车再把他们运过来。（1997年）横峰铁路通车后，才开始陆陆续续引进北京团，那时候满山上都是上海人，百分之八九十都是上海人，没有别人了。"

游客的增多为武夷山旅游业的勃兴带来了马太效应，售茶空间越来越增多。这一时期旅游景区出现了三种购物空间形态。

其一，景区茶室。20世纪80年代到90年代，主要景区景点基本都有茶室（图4-3）。

武夷山风景名胜区管委会物业公司经理，男，50多岁，"这一时期，天游峰的茶室最多，在天游峰顶有天游阁茶室，天游峰脚下有司马泉茶室、叔圭精舍茶室、桃源洞茶室、云窝茶室等，而且在天游峰停车场路口还设有曲香居茶室，该茶室在 1999 年申遗时被拆除。在虎啸岩景区当时有集云茶室，大红袍景区有大红袍茶室等。而且，1980 年 8 月建阳地区行署成立福建省旅游服务公司，对这些茶室、饮食、照相等进行服务和管理。"

这些空间的建构在与后期对导游及天心村村民访谈时得到了佐证（表4-1）。茶室是后期商品服务空间的前身。部分从事茶室的老板，在旅游资本积累之后，开始在景区外的度假区、市区等游客集聚的地区开设针对游客购物的茶叶店。皇龙袍、皇御茗、瑞泉、南方嘉木、太阳城等茶叶店均在这一时期诞生。这些茶叶店通常与旅行社签订协议，成为团队游客的定点购物店，为游客提供购茶服务。2004 年，景区封闭之后，三姑度假区成为茶叶店主要分布区域。

表4-1　1979年—1998年武夷山景区茶室分布

序号	名称	所有者	所有制形式	经营场所	空间功能	所在区域	资料来源
1	司马泉茶室	个体	私有	景区茶室	购物功能	天游景区	田野调查
2	叔圭精舍茶室	个体	私有	景区茶室	购物功能	天游景区	田野调查
3	桃源洞茶室	个体	私有	景区茶室	购物功能	天游景区	田野调查
4	曲香居茶室	个体	私有	景区茶室	购物功能	天游景区	田野调查
5	天游阁茶室	个体	私有	景区茶室	购物功能	天游景区	田野调查
6	云窝茶室	个体	私有	景区茶室	购物功能	天游景区	田野调查
7	集云茶室	个体	私有	景区茶室	购物功能	云窝景区	田野调查
8	大红袍茶室	个体	私有	景区茶室	购物功能	大红袍景区	田野调查

其二，农家茶舍。这里是指旅游景区内的农家茶舍。20 世纪 90 年代，武夷山的茶叶比较便宜，而且游客在武夷山的购物商品主要是红菇、笋干、蛇药、蛇酒等土特产，茶叶还没有被视为地方特产，因此，当时经营茶叶不怎么赚钱，经营茶叶的主要是茶农。

水帘洞村民，女，50 多岁，"当时没有什么茶叶店，水帘洞景区内的几家茶农把自家房子的几个房间打通作为喝茶的接待室，或者是导游带旅行社的旅游团去买散茶。"

建发旅行社导游，男，40 多岁，"1984、1985 年，日本茶商来武夷山

云窝茶室   御茶园茶室

集云茶室   大红袍景区茶室

图 4-3   武夷山景区茶室

图片资料来源：百度百科

考察的比较多，他们会在水帘洞、慧苑村的一些农家喝茶、买茶。"

经过多方田野调查和查证，搜集到武夷山最早为游客提供商品服务的农家茶舍有近 30 家。

其三，景区茶摊。20 世纪 90 年代中后期，随着景区游客人数的增多，桂林村、水帘洞村、慧苑村的村民开始在水帘洞景区检票口、三贤祠景点附近及天车架、鹰嘴岩游步道两侧摆设茶摊点。

中旅导游，男，60 多岁，"1983、1984 年，我差不多每个月带三四批香港、马来西亚、菲律宾的团队，当时天车架附近零星有一些茶摊，多数是村民挑着篮子在路边摆摊，主要是卖茶水、茶叶，茶水 0.15 元 1 瓶，茶叶 8 元钱 1 斤，非常便宜呀，90 年代这些茶摊才逐渐固定下来。"

这种空间形态容易复制，在武夷山景区发展很快，当地村民在天游峰、虎啸岩、一线天、竹筏码头等景区出现设摊摆点现象（表4-2）。

武夷山风景名胜区管委会物业公司经理，男，50多岁，"2004、2005年旅游发展股份有限公司开始统一整治摊位，规范到160个标准茶摊点，2008年，该公司与星村村民委员会、天心村民委员会达成协议，以货币补偿的形式，每摊位每年补偿1万元撤销景区内这160个摊点。"

可见，这一时期，景区内当地村民的部分生活、生产空间开始接待游客，演化为商品服务空间，空间的性质和功能都发生了改变。实际上，售茶农舍及茶摊也是茶叶店的前身及雏形，当游客数量少、茶叶利润低、村民售茶经验贫乏、资本积累不足时，这些空间形态的出现是当地村民的自发商业行为。

表4-2　1979年—1998年武夷山市景区茶摊分布

序号	农家购茶空间	所有者	所有制形式	经营场所	空间功能	个数	所在区域	资料来源
1	水帘洞茶摊	个体	私有	购物点	购物功能	43	水帘洞景区	景区管委会资料
2	大红袍茶摊	个体	私有	购物点	销售功能	8	大红袍景区	景区管委会资料
3	云窝停车场茶摊	个体	私有	购物点	销售功能	30	天游景区	景区管委会资料
4	茶洞茶摊	个体	私有	购物点	销售功能	4	天游景区	景区管委会资料
5	半山亭摊点	个体	私有	购物点	销售功能	2	天游景区	景区管委会资料
6	虎啸岩茶摊	个体	私有	购物点	销售功能	8	天游景区	景区管委会资料
7	星村竹筏码头茶摊	个体	私有	购物点	销售功能	27	星村竹筏码头	景区管委会资料
8	一线天茶摊	个体	私有	购物点	销售功能	18	一线天景区	景区管委会资料
9	一线天停车场茶摊	个体	私有	购物点	销售功能	20	一线天停车场	景区管委会资料

资料来源：武夷山市旅游发展股份有限公司

（3）科技空间传承性发展

在茶叶经济与茶叶科技从发展过程中，科学研究举足轻重。当地政府十分重视茶科技空间的建设。20世纪80年代，武夷山有两家茶叶科学研究所，一个是1981年由"茶叶试验场"改制的"崇安县茶叶研究所"，另一个是1986年在崇安县茶场设立南平市茶叶科学研究所。主要任务是承担茶叶新品种的培育、茶叶科研项目的开发、研究任务等，并对茶叶新技术进行推广。

2. 市场管理主体的萌生

20世纪80年代我国仍处于计划经济时期，市场管理体制的形成较晚。1987年8月5日，国务院发布《城乡个体工商户管理暂行条例》，以及1988年6月3日国务院发布《企业法人登记管理条例》，正式确立个体工商户与企业法人登记管理制度，条例规定，必须经企业法人登记主管机关审核后，领取营业执照，取得法人资格，各种社团及个人才能从事市场经营活动。根据条例规定，由于计划经济的主导性，这一时期武夷山茶空间形态绝大部分属于非市场管理主体，没有进行企业法人资格认证。截至1998年，武夷山工商行政管理部门登记注册的茶企业仅5家，而个体工商户还没有出现。市场管理主体包括如下几种类型：一是非公司企业法人。1990年，福建省武夷山市茶叶总厂最早登记注册，1994年，武夷山旅游文化开发公司开始营业，这两家企业属于全民所有制企业，由武夷山市政府经营管理；二是有限责任公司。1994年，武夷山市慧苑茶业有限公司成立，1998年，皇龙袍茶叶有限公司注册成立。这两家企业由自然人投资或控股，主要从事茶叶种植、精制茶加工、茶叶批零、茶叶包装、茶文化交流等业务；三是外商投资企业。1997年，香港兆祥集团在武夷山御茶园旧址上重建茶楼，建立了一个品茗赏艺的茶文化空间。

二、空间形态的形成阶段（1999—2005）

1. 空间形态的发展

据图4-4可知，武夷山茶文化空间在1999年—2005年的形态表现中，各类空间形态的数量变化此消彼长，不同年份呈现不同的分布特征。1999
年 12 月，武夷山被联合国教科文组织批准为世界文化和自然双遗产地，知
名度和影响力有了一定提升，也成为武夷山旅游业和茶文化空间发展的转
折点。这一时期，茶文化空间数量变化和旅游人次增减趋势基本一致，呈
缓慢增长的平行态势，而各空间形态变化不尽相同。

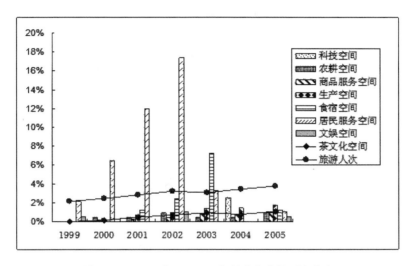

图 4-4   1999 年—2005 年茶文化空间形态分布

　　整体上看，居民服务空间在这一时期的发展最为典型，1999 年—2002
年，连续 4 年快速增长，占比分别为 2.17%、6.52%、11.96% 和 17.39%。
居民服务空间主要为当地居民提供咨询、修理、商务等服务，该空间数量
的持续增长表明旅游地越来越多的相关利益主体从事茶文化空间的服务和
经营，为服务商提供服务的文化空间也越来越多。
　　其他空间这一时期发展较为缓慢。根据工商部门的数据统计，2004 年，
第一家科技空间在工商局注册营业，占比 2.5%。科技空间主要为当地涉茶
居民提供茶叶等农作物种植、栽培及技术推广，而这一时期武夷山茶旅结
合不够紧密，武夷岩茶的销售量不大，旅游市场对茶叶新品种的要求不高，
农耕空间发展态势为持续缓慢增长。2000 年注册成立第 1 家农耕空间，商
品服务空间是游客购物服务的主要载体，其发展趋势与旅游人次基本保持

一致。生产空间的增长速度大于商品服务空间和农业空间。游客增多，茶叶需求量增大，茶叶加工、生产、制造的空间数量和类型增多，空间演化速度加快。2001 年，武夷山注册第 1 家为游客提供食宿的茶文化空间，占比 1.20%；2003 年比重上升到 7.23%，有了较快发展。文娱空间这段时期呈现间歇性缓慢增长态势，1999 年，空间数量比为 0.52%，2002 年，数量比为 1.04%，2005 年，数量比为 0.52%。从供给侧分析，这一时期，游客的需求比较单一，以观光游为主，文化游、休闲度假游时代尚未到来，因此，文娱空间的增速较为缓慢（图 4-5）。

　　茶业公司　　　　　　　　　　　　御茶园

　　大红袍景区　　　　　　　　　　　茶叶店

图 4-5　1999 年—2005 年的茶文化空间

图片资料来源：百度百科

2. 市场管理主体及经营方式的形成

（1）市场管理主体

如图4-6所示，这一时期，茶文化空间的市场管理主体主要包括两种类型：企业型主体和非企业型主体。企业型主体主要有有限责任公司、个人独资企业、合伙企业及外商投资企业等。

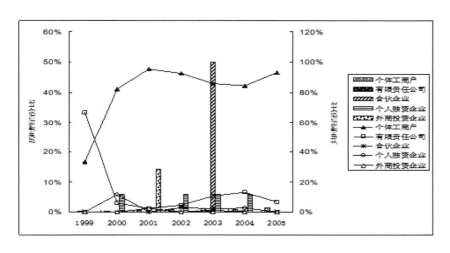

图4-6　1999年—2005年茶文化空间市场管理主体类型分布

企业型主体增长缓慢，且发展不平衡。有限责任公司、个人独资企业持续性缓慢增长，而合伙企业和外商投资企业间歇性缓慢增长。从历时性角度看，个人独资企业2000年、2002年、2003年和2004年所占比重均为5.88%，与之相比，有限责任公司这一时期每年所增比重均未达到0.5%，表明这两类市场主体尽管能够持续性发展，但增长十分缓慢。外商投资企业2001年比重为14.29%，合伙企业2003年空间数量比为50%，其他年份均未发展，这些企业属于间歇性增长。从共时性角度看，企业空间发展不平衡。1999年，企业型主体主要为有限责任公司，比重达到66.67%，个人独资企业、外商独资企业和合伙企业还没有出现。2003年，有限责任公司的比重下降到10.75%，合伙企业上升到1.08%，个人独资企业上升到2.15%。有限公司比重明显下降，但仍然是市场主体，个人独资企业和合伙企业比重逐步上升。

非企业型主体形成特征表现为：1999 年—2005 年，个体工商户每年持续增长，但所占比重较低，增长较为缓慢。1999 年—2005 年，与其他市场主体相比，个体工商户每年所占比重较高，分别达到：33.33%、82.35%、95.45%、92.65%、86.02%、84.42% 和 93.27%。除 1999 年比重低于有限责任公司 66.67% 的比重外，其他年份的空间数量比均达到 80% 以上，表明个体工商户处于茶文化空间市场管理的主导地位。

（2）经营模式

茶文化空间经营方式是市场管理主体的商业运营模式及市场行为活动表现。据图 4-7 来看，1999 年—2005 年，除合伙经营外，各类经营方式的历时性特征表现比重低，形成和演化的速度缓慢。合伙经营占比为 50%，比重为最高。其原因在于武夷山茶文化空间合伙企业共 2 家，因此，呈现出高比例态势，但形成和演化的特征不明显。而非自然人控股经营比重最大值为 8.70%（2003 年），自然人控股经营 0.37%（2004 年），个体经营为 1.39%（2005 年），家庭经营为 7.14%（2001 年），外商经营为 14.29%，个人独资经营为 5.88%，从整个形成过程来看，茶文化空间在这一阶段的形

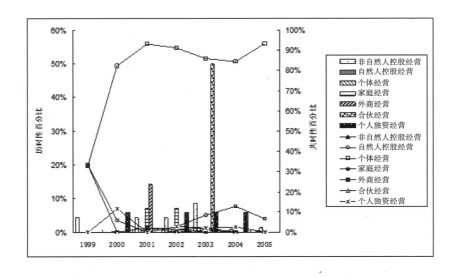

图 4-7　1999 年—2005 年茶文化空间经营方式

成和发展的速度较为缓慢。共时性特征表现为：1999 年，非自然人控股经营、自然人控股经营、个体经营是经营主体，均占比 33.33%。但总体数量少，经营方式单一。2003 年，非自然人控股经营占比为 2.15%、自然人控股经营占比为 8.60%、个体经营占比 86.02%，合伙经营占比 1.08%，个人独资经营占比 2.15%。茶文化空间形成了以个体经营主导，其他经营方式辅助的多元经营格局，推动着茶业市场的可持续发展，这与市场管理主体的形成与发展相一致。

三、空间形态的发展巩固阶段（2006—2015）

1. 空间形态的形成特征

由图 4-8 可知，2006 年后，武夷山茶文化空间进入快速发展期，各形态茶文化空间数量明显提速。2006 年，武夷岩茶（大红袍）传统制作工艺列入首批非物质文化遗产名录；同年，武夷山市政府以旅带茶，以茶促旅，提出"风雅茶韵，浪漫武夷"的茶旅联销活动。政府、旅游企业、茶企业等相关利益主体的合力驱动，茶文化空间的形成和演化明显提速。2006 年—2010 年间，茶文化空间与旅游接待人次的发展态势基本一致，呈逐年提升状态。2006 年以来，武夷山的旅游人次呈现较为稳定的增长趋势，尽管 2013 年所占比率有所下滑，但之后两年有逐渐回升，说明武夷山的旅游业已进入较为成熟的发展阶段。旅游人次的增加，推动了茶文化空间的快速形成及扩张式发展。2006 年，武夷山茶文化空间数达到 504 家，2007 年 712 家，2008 年 979 家，2009 年 1510 家，2010 年达到 2162 家，增速明显提升。就增长率来看，2006 年—2010 年，茶文化空间增长率分别为 0.95%、2.11%、2.71%、5.40%、6.63%。2010 年之后，茶文化空间和旅游接待人次的发展开始趋势开始分异。旅游人次增长缓慢，2013 年甚至下降到 731.59 万人次，降幅达到 16.3%。而茶文化空间则继续快速扩张，发展势头迅猛。2011 年，新增茶文化空间 849 家，占比 8.83%；2012 年新增 1436 家，占比 14.6%；2013 年新增 1526 家，占比 15.51；2014 年新增 1829 家，占比 18.59%；2015 年，新增 2034 家，占比 20.68%。究其原因：

其一，海峡两岸茶博会正式落户武夷山，为武夷山的茶产业发展、茶文化交流产生重大影响；二是"一园两馆"无疑对茶文化的大发展推波助澜。2010年—2012年，"中华武夷茶博园""演出茶馆"（印象大红袍）、"水上茶馆"（云河漂流）向游客开放，"一园两馆"重大茶文化项目引发了茶文化旅游热潮，拉动了茶楼、茶店、茶吧等其他空间形态的快速发展。

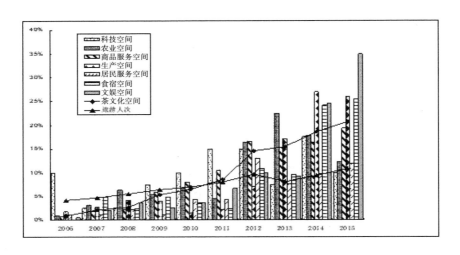

图4-8　2006年—2015年茶文化空间形态分布

就各形态茶文化空间的形成与发展而言，2006年后，如春雨润物，遍地滋生。2006年，科技空间比重10%，远高于其他空间。其次是生产空间，占比1.72%；再次是居民服务空间，比重1.09%；农业空间、商品服务空间、文娱空间等均不足1%。2007年，食宿空间发展最快，其比重达到4.82%。农业空间次之，占比3.20%。生产空间、科技空间和文娱空间等比重分别为：2.79%、2.50%和2.08%。增长较为缓慢的是商品服务和居民服务空间，分别占比1.89%和1.09%。表明游客对住宿和餐饮需求比例大，对于商品购物和居民修理、商务服务的比例小，游客对武夷岩茶的购买力还不是很强。2008年，与其他空间相比，农业空间比重最大，为6.39%，最小的是居民服务空间，占比2.17%。表明随着茶叶种植面积的增加，越来越多的农业空间开始为涉茶居民提供种植、育苗、农产品初加工服务，而为居民服务的项目和内容仍较少，空间增速较慢。2009 年，科技空间较上一年相比，增速提升，达到 7.5%，商品服务和农业空间的比重也达到 5.88% 和 5.48%。2010 年，空间增速最快的是科技空间、商品服务空间和农业空间，比重分别为 10%、8.03% 和 6.85%。这些空间主要是在游客茶叶购物的拉动下协同发展的。2011 年，科技空间、商品服务空间的增速继续提升，比重达到 15%、10.53%，而农业空间的比重则下降到 4.57%。在《印象大红袍》山水实景演艺的带动下，文娱空间出现快速发展，比重从前一年的 3.65% 上升到 6.77%。2012 年，科技空间、农业空间、商品服务空间、居民服务空间、食宿空间的比重均超过 10%，其中，商品服务空间比重最大，达到 16.61%，生产服务空间比重最小，达到 7.19%。2013 年，比重较大的茶文化空间是农业空间、生产空间和商品服务空间，比重分别为 22.37%、17.07% 和 15.29%，其他空间比重均低于 10%。2014 年，各种茶文化空间进入百花齐放的协调发展期，除了居民服务空间占比低于 10% 外，其他文化空间的比重均大于 15% 以上。其中，生产空间、文娱空间和食宿空间分布占比为 26.89%，24.48% 和 24.1%。2015 年，各空间数量继续增加，比例持续攀升，占比均超过 10%，生产空间、文娱空间和食宿空间比重持续维持在最高水平，分别为 34.9%、25.93% 和 25.3%。以上数据表明，这一时期，武夷山各种形态的茶文化空间持续快速增长，表现出如下特征：

①各个空间在形态上呈现差异化发展状态。2012 年前，科技空间、商品服务空间、农业空间形成和发展的速度快；2012 年后，文娱空间、食宿空间和生产空间的发展速度明显高于其他文化空间。

②各个空间历时性形成过程中的非均衡发展。2006 年—2012 年，整体发展较为缓慢，多数空间形态所占比重较低；2012 年后，各形态的空间数量和比例明显提升，与前期的发展形成反差。整体上看，武夷山茶文化空间前期缓慢发展，后期提速，阶段发展不均衡。

这一阶段，各空间形态的形成与发展轨迹也不尽相同。

① 科技空间和居民服务空间呈波浪式起伏发展。科技空间 2006 年比重为 10%，2007 年、2008 年则下降至 2.5%，2010 年、2011 年、2012 年

又持续上升至10%、15%、15%，2013年则下降到7.5%，2014年上升至17.5%，2015年跌至10%。居民服务空间2006年—2011年增长和波动的幅度较小，2012年后，增长和波动的幅度明显增大（图4-9）。

茶会所　　　　　　　　　　　　　　茶室

茶楼　　　　　　　　　　　　　茶工艺品店

图4-9　2006-2015年的茶文化空间

图片资料来源：作者拍摄

②商品服务空间、生产空间、文娱空间等呈迸发式发展。2006年—2011年，商品服务空间持续缓慢增长，2012年后，比重急剧增加。2007年，商品服务空间139家，比增162%，2012年1220家，比增仍达到57.6%。2012年演化提速，增幅达234.4%，至2015年，近4年的空间数比重达77.08%，表明该空间后期发展是井喷式的。农业空间、生产空间、文娱空间、食宿空间的形成与商品服务空间较为相似。2012年，农业空间比增259.7%，后4年的空间数比重达68.95%。而文娱空间、食宿空间后期演化

更快，2014 年—2015 两年的规模比达到 59.38%、49.40%（图 4-10）。

"印象大红袍"山水实景演出　　　　　　　　茶隐山房

香江名苑观光园　　　　　　　　中华武夷茶博园

图 4-10　2006 年 -2015 年间的茶文化空间

图片资料来源：作者拍摄

　　总之，科技空间和居民服务空间的形成与演化较为缓慢、起伏波动不大。其原因是这些空间主要为当地涉茶居民服务，业务少、演化慢，服务水平仍处于较低水准。反之，为旅游者提高购物服务的商品服务空间和工业生产空间演化快，文化水平高，这与消费者的需求有关。武夷岩茶作为武夷山的特色购物商品，极易与旅游结合；茶文化作为物质文化，极易实现文化商品化。2010 年之前，茶空间主要为游客的购物场所；之后，在武夷岩茶大红袍与红茶金骏眉文化品牌的推动下，由单一旅游购物商品演变为全国消费产品，产品服务对象和市场逻辑发生了改变。文娱、食宿服务空间的快速形成源于现代游客文化消费的增强，尤其是创意产品在武夷山的风生水起，一定程度上迎合了现代游客的文化需求。

2. 市场管理及经营方式的形成特征

（1）市场管理主体的形成

据图 4-11 数据分析，与形成期茶文化空间市场管理主体的发展状况相比，这一阶段的整体特征表现如下：从历时性角度看，其一，多数市场管理主体比重明显上升。个体工商户共占比 94.83%、有限责任公司为98.67%，个人独资企业为 76.47%，外商投资企业达到 71.43%，表明这些企业在这一阶段出现扩张式发展，成为茶业市场结构主体的重要要素。其二，市场管理主体呈现新业态。农民专业合作社作为一种采购、供应成员所需农产资料的市场管理机制，2007 年武夷山首次登记注册 3 家农民专业合作社，占比为 3.41%，这些"三农"服务空间为茶业市场注入新活力。从共时性角度看，个体工商户比重大幅下降，百分比均值从 81% 下降到68%，有限责任公司快速上升，百分比均值从 16% 上升至 30%。其他市场管理主体的比重波动幅度较小，演化较为缓慢。

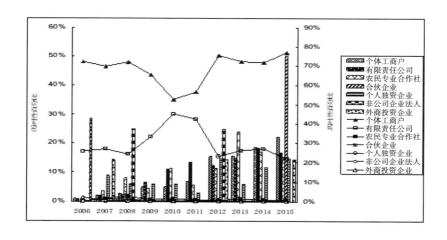

图 4-11   2006—2015 年茶文化空间市场管理主体类型分布

这一时期的时代特征表现如下：如图 4-14 所示，从历时性角度看，2006 年—2015 年间，茶文化空间各市场管理主体时间发展不平衡，呈现如下特征：其一，发展速度不均衡，阶段性特征明显。个体工商户、有限责任公司、农民专业合作社、个人独资企业等市场管理主体前期缓慢增长，后期快速提升。个体工商户2006年以来以1%—5%的比例增速发展，而2012年—2015年分别达到14.49%、15.73%、18.74%、22.34%，比重明显增大。有限责任公司2010年比重提升至10%以上，2014年达到18.44%，与个体工商户的增速几乎持平。农民合作社比重仅3.41%，2010年比重上升到11.36%，2010年—2015年共占比84.09%，表明2010年以来是农民专业合作社快速形成和发展的关键时期。个人独资企业继续缓慢发展，2007年比重8.82%，2012年比重快速提升至14.71%，发展速度明显提升。其二，非公司企业法人、外商投资企业等市场管理主体数量少，呈现间歇式增长态势，成为市场管理主体的一种补充。非公司企业法人、外商投资企业作为传统企业，产品的生产和销售主要面向全国及境外市场，市场多元化，游客消费对其影响不大。

从共时性角度看，2010年，个体工商户占比52.76%，有限责任公司占比45.40%，占据着茶文化空间市场管理主体的主导地位。农民专业合作社作为新兴的市场管理主体，占比1.53%；个人独资企业占比较小，仅0.31%；合伙企业、非公司企业法人、外商投资企业等市场管理主体表现乏力。2015年，个体工商户占比76.89%，有限责任公司占比22.12%。可以看出，个体工商户的市场占有率明显上升，有限责任公司快速下降。其他市场管理主体的比重较低，如农民合作社占比0.64%，合伙企业占比0.05%，个人独资企业占比0.25%，外商投资企业占比0.05%。

（2）经营方式的形成与发展

据图4-12数据分析，与形成期茶文化空间经营方式的发展状况相比，表现出如下特征：从历时性角度看，其一，各类经营方式的形成与演化明显提速，多数空间经营方式发展态势呈现先缓慢后急速的阶段性特征。非自然人控股经营从2006年的4.35%上升到2012年的34.78%，而且2012年—2015年空间经营方式之和达到70%，可见，这一时段是非自然人控股经营方式的快速发展和演化期。农民经营、自然人控股经营的快速发展期集中在2010年—2015年。其中，农民经营共占比84%，2013年发展水平最高，比重达到 23.86%；自然人控股经营共占比 87%，发展最快的年份是 2014 年，比重为 18.77%。个体经营、个人独资经营的快速发展期集中在 2012 年—2015 年。其中，个体经营共占比 72%，2015 年发展水平最高，比重为 22.39%；个人独资经营共占比 47%。家庭经营的快速发展期集中在 2012 年—2014 年，共占比 57%，其发展水平最高达到 42.86%。以上空间经营方式与市场管理主体的历时性发展相吻合，这些空间的市场管理主体数量较多，其经营方式的形成和发展具有可持续性。反之，外商经营、合伙经营及国有或集体经营方式所对应的市场管理主体数量少，其空间经营方式呈现间歇性或偶发性增长，因此，通常所占比重较大。从共时性角度看，2010 年，个体经营占比 52.61%，自然人控股经营占比 45.25%，二者处于经营方式的主体地位。农民经营占比 1.53%，其他经营方式，如非自然人经营、家庭经营、个人独资经营等，均低于 1%。2015 年，个体经营占比达到 76.89%，自然人控股占比 22.07%，个体经营比重大幅上升，与之相反，自然人空间经营有所下降。其他空间经营方式所占比重低，波动幅度小，难以引领市场经营活动的新态势、新格局，对经营方式形成与演化作用力不大。通过以上分析可以看出，茶文化空间经营方式的发展趋势与市场管理主体的演化规律基本趋于一致。

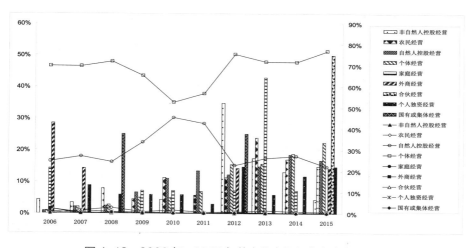

图 4-12   2006 年 -2015 年茶文化空间经营方式类型分布

第二节　不同阶段茶文化空间功能的形成

一、萌芽阶段空间功能的传承与转向

功能即用途、功效之意，空间功能就是空间的用途、功效。空间的设置与建构具有一定的目的性或实用性，即建构空间的目的与用途。茶文化空间功能是指茶文化空间作为经营性、营利性企业空间所发挥出来的作用和功效，茶文化空间是一个包含制茶设备、饮茶器具，并容文化元素、服务功能为一体的建筑或场所，它的功能、文化元素和服务设施随着游客的需求而不断发生变化。茶文化空间的功能与属性相辅相成，共同构成主客共享文化空间的基础，随着旅游业的日益发展，它逐渐从生产性向文化性、服务性、精神性方向发展。

根据以上研究，这一时期的茶文化空间多处于商业化的萌芽阶段，空间功能较为传统。传统功能是指茶空间建构之初所具备的基本功能，茶空间的最初形态是生产空间、商品空间和科技空间，这些空间多数是从民国时期继承下来的空间形式，其主要功能应包括商品生产、购物服务和科学研究，是传统功能的继承和发扬。

1. 生产功能仍然主导茶产业的发展方向

该功能的形成需要两个前提：一是空间是生产、加工的场所和载体；二是茶作为经济作物，具有较高的商业价值，售茶创汇是建构茶文化空间的重要动力要素。生产功能是指茶厂提供茶叶的种植、加工活动，生产出供食用、饮用及药用价值的茶产品。

生产是产业存在之本，茶产品是物质产品，"开门七件事，柴米油盐酱醋茶"，茶是一种生活必需品。因此，生产功能是茶空间的传统功能。这一时期，传统制作工艺在继承前人的生产技能之外，又与时俱进，逐步实现手工制茶向机械制茶的转变，如张天福设计的手推双动揉捻机、滚筒摇青机、四锅联轴杀青机等均投入制茶生产。1990 年，武夷山市岩茶厂引进台湾"长筒篦制半自动摇青机""包揉机""自卸式滚筒液化气杀青机"等绩效设备用于精品茶制作，极大提高了生产效率①。

2. 购物功能初露端倪

从游客需求的角度来看，茶文化空间最初的功能不是生产功能，而是购物功能。这一空间的形成具备两个前提：一是与游客直接接触；二是游客有购茶需求。空间是茶叶的展示、品饮及销售场所。茶店可以根据游客需求，销售一些茶食品、茶饮品、茶用品、茶艺术品等系列茶产品，甚至可以销售一些茶器械、农产资料。这一时期茶购物空间主要的功能就是销售茶叶。武夷山国旅的一位导游讲道："游客买茶叶都是在景区，天游峰买茶的不多，主要在茶科所买的。大部分在水帘洞买，他们买的都是农民自己家加工的精制茶，也是散装茶。当时游客买这些散装茶装罐子或塑料袋，拿回家送亲朋好友。"但是，游客购茶过程缺少审美和体验，茶叶店、景区茶室能够为游客提供购茶服务的同时，可以提供品茶服务，但数量较少。在旅游推动下，农家茶舍及摊点的购物功能是新时期的一个空间创新，该空间能够在景区景点卖茶叶给游客，方便实用，但较为简陋，文化审美价值较低。因此，探索期茶文化空间的购物功能既遵循传统，又推陈出新，不过，购物产品单一，缺乏空间的文化性和审美性。

3. 科学研究功能持续发力，推动茶产业快速发展

科学研究功能是指通过科技因素提升茶叶产量、品质及文化价值的效能。茶叶的发展、茶产业水平的提升，离不开茶叶科学的进步。新品种、新技术、新工艺、新器械等对茶叶的种植、加工、茶叶品质的提升具有巨大的促进作用。茶科所为武夷山茶产业的发展做出了突出贡献，主要表现在如下几个方面：其一，从事武夷名丛的征集、选育与整理工作，共种植了150多个武夷名丛。其二，完成了大红袍商标的设计及认证，推进了茶叶小泡袋包装和武夷岩茶大红袍品牌的建设。其三，完成了"大红袍无性繁殖及加工技术""武夷五大名丛、十大优良品种无性繁殖推广"等科研项目，取得了可喜的成就。总之，这一时期的茶文化空间基本沿袭了旅游发

---

① 萧天喜. 武夷茶经. 北京：科学出版社，2008：67-106.

展前期的空间功能，不过，在旅游情境下，这些空间功能有前进了一大步。茶厂生产出来的大宗茶叶商品大多由国家统购报销到国外换取外汇，同时，极小部分茶叶通过景区、度假区购物服务空间出售给游客。这也表现了探索期茶文化空间形成与发展的局限性。

二、形成阶段空间功能的社会网络结构

本阶段，通过产品经营活动这一高频关键字段的社会网络分析来研究茶文化空间的产业功能特征。选取武夷山工商局所提供的内外资市场主体茶文化空间的产业活动内容，对产业活动出现的高频词进行统计和分析，进而归纳出茶文化空间产业功能的阶段性特征。首先，利用 Excel 对 2005年武夷山茶文化空间产品经营活动的关键字段进行统计，内容进行筛选、归类和提炼。其次，利用书目共现分析系统 Bicomb2.0 软件建立茶文化空间经营活动项目，提取高频词关键字段，对这些数据进行汇总统计，获取关键字段 19 个，频次 128 次。再次，据表 4-3 可知，在茶文化空间经营活动中，茶叶批零、毛茶制售出现频次最高，均为 30 次。其次为茶、土产销售，频次为 23。再者为茶具及土产销售，频次为 10。频次最低者是茶叶包装、茶文化交流、工艺品零售、广告制作、茶配件销售、毛茶加工、茶具零售、工艺交流、茶叶植售等，在各类茶空间经营活动中，仅出现了 1次。最后，根据产业经营活动的性质对空间功能进行归类，主要归纳为购物功能，包括茶叶批零、茶及土产销售、茶具及土产销售、毛茶及包装零售、烟及茶零售、茶叶销售、茶食品销售、毛茶及工艺品零售、茶叶包装、工艺品零售、茶配件销售、茶具零售等，是这一时期茶文化空间的主要功能；生产功能包括毛茶制售、茶饮品制售、毛茶加工、茶叶种植及销售等；文化传播功能包括茶文化交流、文艺交流等，该功能是茶文化空间新功能，仍处于萌芽状态。

表4-3　1999年—2005年茶文化空间功能频数与比率

序号	茶文化空间功能	频次	比率（%）	累积比率（%）
1	茶叶批零	30	23.4	23.4
2	毛茶制售	30	23.4	46.9

序号	茶文化空间功能	频次	比率（%）	累积比率（%）
3	茶、土产销售	23	18.0	64.8
4	茶具及土产销售	10	7.8	72.7
5	毛茶及包装零售	9	7.0	79.7
6	烟、茶零售	6	4.7	84.4
7	茶饮品制售	5	3.9	88.3
8	茶青销售	2	1.6	89.8
9	茶食品销售	2	1.6	91.4
10	毛茶、工艺品零售	2	1.6	93.0
11	茶叶包装	1	0.8	93.8
12	茶文化交流	1	0.8	94.5
13	工艺品零售	1	0.8	95.3
14	广告制作	1	0.8	96.1
15	茶配件销售	1	0.8	96.9
16	毛茶加工	1	0.8	97.7
17	茶具零售	1	0.8	98.4
18	文艺交流	1	0.8	99.2
19	茶叶植、售	1	0.8	100

1. 茶文化空间功能关键字段提取

为了挖掘出哪些空间功能在经营活动中具有重要地位和作用，以及这些空间功能的关联强度如何，需要对这些关键字段进行社会网络分析。首先，将"频次阈值"设定为"2"，得到 10 个关键字段，每个关键字段代表一种空间功能。将频次阈值设定为"2"的理由有二：一是这一阈值将关键字段进行均分，相当于关键字段数量的均值。也就是说，将对 50% 的关键字段（空间功能）进行了分析；二是这 50% 的关键字段的出现频次达到 93%，表明这 10 项空间活动基本能够对空间的整体功能进行具有说服力的解释。其次，对这些空间功能进行社会网络分析。

针对产业经营活动在每个茶文化空间中的"共现情况"，选用阈值 2 作为切分点，利用 Bicomb2.0 软件生成 10 × 10 的"共现矩阵"，该矩阵式反映出空间功能之间相互联系的频次，是社会网络分析的基础数据。最后，通过网络结构分析、中心度分析及核心—边缘分析，概括和总结出这些空间功能的强度和关联度。

2. 茶文化空间产业功能社会网络分析

社会网络分析是在社会学、心理学及人类学领域兴起的一种研究方法，当下，已在社会学、管理学、经济学等学科中广泛运用[①]。与传统的"属性数据"分析方法不同，社会网络是通过"关系数据"对行动者及其之间的联系进行量化，建立对象间的关系模型，描述行动者之间的网络特征、关联程度及相互影响[②]。借助社会网络理论对茶文化空间的产业运营网络进行结构分析，以期观察旅游地茶文化空间的功能特征及发展演化。

（1）网络结构分析

在整体网络中，各个点可以通过一条线直接相连，也可通过一系列线相连。网络结构反映了空间功能关系节点相连的程度。利用 Ucinet6.0 软件对产业活动高频词的"共现矩阵"进行社会网络密度分析，网络密度的计算公式为：

$$D = \frac{\sum_{i=1}^{n} d_i(c_i)}{n \cdot (n-1)}$$

公式中，n 表示城市个数；$d_i(c_i) = \sum_{i=1}^{n} d_i(c_i, c_j)$ 说明城市 i 与城市 j 之间的关联程度，[0，1] 表示取值范围，di（ci, cj）为 1，表示关联度高，di（ci, cj）为 0，表示没有关联性。

通过 Network/Cohesion/Density 计算出茶文化空间产业经营活动的网络密度为：0.4667，空间功能的网络密度值较低，表明这一时期茶文化空间经营活动的联系度还不够紧密。并通过 Nedraw 工具绘制出 2005 年茶文化空间产业运营的网络关系结构图（图 4-13）。该网络是由 10 个关系节点及相互间的有向连线构成的网络关系结构图谱，每一个节点代表茶文化空间的一种产业活动。

① 刘军.社会网络分析导论.北京：社会科学文献出版社，2004.

② 于洪雁，李秋雨等.社会网络视角下黑龙江省城市旅游经济联系的空间结构和空间发展模式研究.地理科学，2015，35（11）：1429-1436.

如图 4-13 所示，茶文化空间产业运营的关系网络结构较为简单，空间功能的关联度较弱。总体上讲，网络结构呈现如下几个特征：

其一，茶文化空间形成了以茶叶批零为主体的购物服务功能空间网络结构。茶叶批零、毛茶制售、毛茶及包装零售、茶、土产销售、毛茶及工艺品零售、烟及茶零售、茶具及土产销售是购物服务功能的主要关系节点。

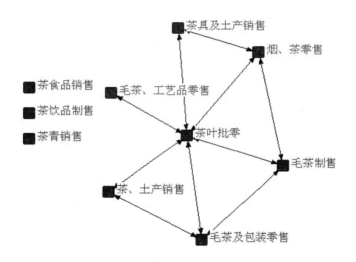

图 4-13   1999 年—2005 年茶文化空间经营活动网格结构图

其二，空间经营活动频次低，关系节点的网络联系强调较弱。茶叶批零的出现频次为 30 次，从网络结构上看，与其他空间的关系节点均建立了空间联系，而其他经营活动表现为多边或双边联系，不过，茶饮品制售、茶青销售和茶食品销售还没有进入网络，没有与其他空间建立联系。显然，这一时期，茶饮料、奶茶、茶点、茶糕等饮品、食品的销量十分有限，与其他经营活动的联系度不高。

其三，通过空间功能的网络结构可以看出空间经营活动的购物服务与旅游之间的相关性较强。这一时期，游客的购物商品主要是茶叶、土特产、旅游工艺品、茶具等，顺便出售香烟等生活用品。茶叶店、茶庄、茶室等商品空间主要销售这些旅游商品。因此，这些空间功能的形成与发展与旅游息息相关，空间经营紧紧围绕着游客购物需求展开。

（2）中心度分析。

中心度是对"个体权力指标"的量化，表示"个人或者组织在其社会网络中具有怎样的权力，或者说居于怎样的中心地位"[①]。观测指标主要包括点度中心度、中间中心度和接近中心度。表现在旅游地茶文化空间产业活动关系网络结构上，主要反映空间产业活动之间的联系强度及关系节点的中心地位。

第一，点度中心度。点度中心度表示空间网络关系节点相互连接的中心指数。指数大，权力大，对其他城市的控制力强。在茶文化空间经营活动网络中，如果一种业务功能与较多其他业务功能之间产生直接联系，关系节点的数目大，表明该业务功能在网络中居于中心地位，拥有较大"权力"[②]。计算公式为：

$$C_{RD}(i) = \frac{C_{AD}(i)}{n-1}$$

公式中，$C_{AD}(i)$ 是指节点 i 的绝对点度中心度，表示点 i 与网络中其他节点关联的个数；$C_{RD}(i)$ 是指节点 i 的相对点度中心度，表示点 i 的绝对中心度与网络节点的最大可能度数之比。

点度中心度反映了茶文化空间经营活动之间的"共现性"关系，从整体上看，2005 年，茶文化空间经营活动点度中心度数值较低，共现性联系较弱。据表 4-12 可知：A. 关系节点值最高的产业活动是茶叶批零，指数为 14。与其他空间经营活动都建立了联系，表明"茶叶批零"作为空间功能的主要产业活动，获得了一定的权力地位，不过，指数值不高，"控制力"有限。B. 部分空间经营活动点度中心度指数小，表明与其他空间发生着双边或多边的局部联系，但联系度较弱。如毛茶及包装零售指数为 7，

① 刘军. 社会网络分析导论. 北京：社会科学文献出版社，2004.

② 刘军. 社会网络分析导论. 北京：社会科学文献出版社，2004.

毛茶制售为 5 等，这些经营空间在网络中影响力是局部的。C. 茶饮品制售、茶青销售、茶食品销售的点度中心度值为 0，表明目前还没有与其他空间活动建立"共现性"，还没有与其他经营活动产生直接联系，表明了这是购物服务功能一些新兴的经营活动。

总之，从 2005 年茶文化空间经营活动点度中心度指数来看，这一时期商品空间的购物服务功能还十分薄弱，各个空间之间经营活动的关联性还不够，表明茶文化空间的产业水平整体较低。

第二，中间中心度。中间中心度是指网络中一个空间的产业活动通过与其他空间产业活动之间关联的最短路径上占据中间人位置，充当"中介角色"。关系节点之间的联系形式通常有两种：一为直接联系，二为间接联系。间接联系往往通过中间节点（中间中心度）来实现。也就是说，如果一种产业活动的关系节点处于许多其他产业活动两个关系节点中间的路径上，则被认为该产业活动处于中心地位，反映出该产业活动对其他产业活动的控制程度[①]。计算公式为：

$$C_{RBi} = \frac{2C_{ABi}}{n^2 - 3n + 2} = \frac{2\sum_{j}^{n}\sum_{k}^{n}b_{jk}(i)}{n^2 - 3n + 2} = \frac{2\sum_{j}^{n}\sum_{k}^{n}g_{jk}(i)/g_{jk}}{n2 - 3n + 2}$$

其中，C_{Rbi} 表示网络中节点 i 的相对中间中心度；而 C_{Abi} 表示节点 i 的绝对中间中心度；$b_{jk}(i)$ 表示一种控制能力，即节点 j、k 通过节点 i 来实现联系；g_{jk} 表示 i、k 两节点间的联系次数；$g_{ik}(i)$ 表示 j、k 两节点经过节点 i 的捷径数目，其中 $b_{jk}(i) = g_{jk}(i)/g_{jk}$。

通过 Network/Centrality/Freeman Betweeness 对 2005 年茶文化空间的经营活动进行中间中心度分析。根据表 4-12 所示：网络结构中，中间中心度值最高的是茶叶批零，指标值为 9.500，表明茶叶批零处于空间经营网络的中心位置，是空间经营活动的中介和桥梁，对其他经营活动产生影响或具

---

① 刘军. 社会网络分析导论. 北京：社会科学文献出版社，2004.

有一定的控制力，同时，也表现出毛茶制售、毛茶及包装零售、烟及茶零售等空间活动可能需要通过茶叶批零这个关系节点彼此之间建立联系，表现出中间中心度的中介价值和关联作用。不过，这一时期中间中心度均值为1.100，标准差为3.056，表明茶叶批零在网络中的影响力和控制力还比较有限。此外，茶及土产销售、毛茶及工艺品零售、茶具及土产销售、茶饮品制售、茶青销售、茶食品销售等空间经营活动中间中心度值为0，尚未与其他关系节点建立联系。

第三，接近中心度。如果说"中间中心度"测度的是一个行动者对其他行动者控制能力的话，那么接近中心度则表示一种对不受他人控制的能力测度。社会网络中，假如一个节点与许多其他节点的联系度均能够保持较短路径，那么，可以说该节点的接近中心度比较高[1]。计算公式为：

$$C_{RPi}^{-1} = \frac{C_{APi}^{-1}}{n-1} = \frac{\sum_{j=1}^{n} d_{ij}}{n-1}$$

其中，为相对接近中心度，为绝对接近中心度；d_{ij}表示两节点（i和j）之间的捷径距离。

在空间经营活动网络结构中，某种产业活动不受其他产业活动"控制"的能力，取决于一种产业活动与关系网络中其他产业活动连接起来的直接路径长短的程度。如果一个关系节点通过较短路径与许多点相连，表明该点容易摆脱束缚到达其他节点。因此，接近中心度的值越小，接近中心度越大，其节点在网络中的地位越重要。通过Network/Centrality/Closeness对2005年茶文化空间的经营活动进行接近中心度分析。从表4-4的数据显示看，接近中心度的均值是23.026，标准差为0.895，均值较高，表明毛茶制售、毛茶及包装零售、烟及茶零售、茶及土产销售、茶具及土产销售等

①　刘军.社会网络分析导论.北京：社会科学文献出版社，2004.

被茶叶批零中心网络所控制。标准差较低，表明各个空间关系节点之间的
"测地线距离"大体相同。接近中心度较高的是毛茶、工艺品零售这一空间
经营活动，其值为21.951，在空间网络中数值最小，表明不受其他产业活
动控制的能力最强。总之，从接近中心度数值来看，这一时期的空间网络
仍然是一个较为均衡和松散的结构，网络中任何一个关系节点的控制力尚
未处于垄断和绝对的控制力，各个关系节点比较容易摆脱别人的控制。这
也表明了网络结构还不够完善，仍处于初步形成的阶段。

表4-4　茶文化空间功能中心度分析表

序号	关键字段	频次	点度中心度	中间中心度	接近中心度
1	茶叶批零	30	14	9.5	25.000
2	毛茶制售	30	5	0.5	23.077
3	茶、土产销售	23	5	0.0	22.500
4	茶具及土产销售	10	6	0.0	22.500
5	毛茶及包装零售	9	7	0.5	23.077
6	烟、茶零售	6	4	0.5	23.077
7	茶饮品制售	5	0	0.0	0.000
8	茶青销售	2	0	0.0	0.000
9	茶食品销售	2	0	0.0	0.000
10	毛茶、工艺品零售	2	1	0.0	21.951

（3）核心—边缘结构分析

核心—边缘结构是对空间网络中位置的量化，空间网络结构有核心地
带和边缘地带之分，核心、边缘的界定用关系矩阵来表示，核心与边缘之
间的关系用密度矩阵进行测度[①]。通过 Network/Core/Periphery 对 2005 年茶
文化空间的经营活动进行位置结构分析。该结构模型数据值越大，经营活
动之间的关系就越强，表明该结构模型是正向的（Positive）。根据表 4-13
数据所示：首先，核心—边缘结构最后拟合指数为 0.795，表明核心与边缘
之间关系的数据分组是较为紧密的，而且相关性比较高。其次，核心节点
之间的关系密度是 1.833，边缘节点之间的关系密度为 0.067，而且核心节

---

① 刘军. 社会网络分析导论. 北京：社会科学文献出版社，2004.

点与边缘节点二者之间存在着关联性，其关系密度为0.735。可以说，这些分析结果一定程度上反映了茶文化空间功能在经营活动上的核心—边缘关系。最后，茶叶、茶包装及土产销售处于空间结构的核心位置。空间功能的核心节点是茶叶批零、毛茶制售、茶及土产销售、毛茶及包装零售等经营活动，概括起来这一时期茶文化空间的经营活动主要是茶叶销售与土产销售，同时，在茶叶销售通常会伴随着茶叶包装商业活动。不过，从边缘节点看，茶具、茶饮品、茶食品、工艺品等经营活动开始在茶文化空间的购物服务功能中出现，也就是说，游客的购物产品越来越多元化。

表4-5 茶文化空间功能核心—边缘结构

年份		核心节点	边缘节点
2005年	空间经营活动关系网络。	茶叶批零、毛茶制售、茶及土产销售、毛茶及包装零售。	茶具及土产销售、烟及茶零售、茶饮品制售、茶叶销售、茶食品销售、毛茶及工艺品零售。
	关系密度。	1.833	0.067
	核心—边缘关系密度。		0.375
	拟合指数。	0.795	

通过以上对茶文化空间功能的分析可以看出：

首先，参与期的茶文化空间主要的空间功能是购物服务功能转变，在游客购物需求的驱动下，商品生产功能尽管是购物服务的主要支撑功能，但是就空间活动而言，已经沦为茶文化空间主要为游客提供购物服务的附属地位。

其次，从空间功能的社会网络结构分析得知，茶叶批零是整个茶文化空间经营活动网络的中心位置，是各个空间进行经营活动的中介和桥梁，并且对其他经营活动具有一定的操控力和影响力。

最后，从整个空间功能的网络整体关联性来看，这一时期空间经营活动的网络结构仅初步形成，远远不够完善。而且，空间销售的产品较为单一，多为茶叶、土产，而茶具、茶食品、茶饮品、工艺品的销售量还十分有限，而且往往搭配茶叶一起出售。

三、发展巩固阶段空间功能的社会网络结构

本研究通过空间经营活动这一关键字段的统计分析来研究茶文化空间的产业功能特征。选取武夷山工商局所提供的内外资市场主体茶文化空间的经营活动内容，对产业活动出现的高频词进行统计和分析，进而归纳出茶文化空间功能的阶段性特征。首先，利用 Excel 对 2015 年武夷山茶文化空间产品经营活动的关键字段进行统计，内容进行筛选、归类和提炼。其次，利用书目共现分析系统 Bicomb2.0 软件建立茶文化空间经营活动项目，提取高频词关键字段，对这些数据进行汇总统计，获取关键字段 182 个，频次 4785 次。接着对转换并提取的数据进行数据清洗，去重后的关键字段为 122 个，频次 4715 次。最后，根据研究需要及数据分布情况，将"频次阈值"设定为 5，并将高于阈值的条目数据导出进行统计分析，其中，从事经营活动的关键字段近 61 个。将频次阈值设定为"5"的理由有二：一是这一阈值将关键字段进行均分，相当于关键字段数量的均值。也就是说，将对 50% 的关键字段（空间功能）进行分析；二是这 50% 的关键字段的出现频次达到 96.6%，表明这 61 项空间活动基本能够对空间的整体功能进行具有说服力的解释（表 4-6）。

表4-6　茶文化空间功能频数与比率

序号	茶文化空间功能	频次	比率（%）	累积比率（%）
1	茶叶批零	1134	23.7	23.7
2	毛茶制售	501	10.5	34.2
3	茶叶种植	425	8.9	43.1
4	茶具销售	321	6.7	49.8
5	茶具、土产销售	283	5.9	55.7
6	茶叶包装	240	5.0	60.7
7	茶文化交流	199	4.2	64.8
8	茶文化传播	169	3.5	68.4
9	茶几根雕销售	121	2.5	70.9
10	茶叶包装设计	114	2.4	73.3
11	茶工艺品销售	114	2.4	75.7
12	旅游工艺品销售	96	2.0	77.7
13	茶园观光	92	1.9	79.6

续表

序号	茶文化空间功能	频次	比率（%）	累积比率（%）
14	营销策划	68	1.4	81.0
15	茶艺表演	52	1.1	82.1
16	茶叶网上批零	49	1.0	83.1
17	茶叶生产加工	37	0.8	83.9
18	广告制作	34	0.7	84.6
19	茶用品销售	31	0.6	85.3
20	会议会展服务	30	0.6	85.9
21	烟、茶零售	24	0.5	86.4
22	茶叶销售	22	0.5	86.9
23	茶具等藏品销售	22	0.5	87.3
24	文化活动策划	21	0.4	87.8
25	网络技术服务	20	0.4	88.2
26	企业形象策划	19	0.4	88.6
27	毛茶加工	19	0.4	89.0
28	茶叶技术服务	18	0.4	89.3
29	包装盒销售	18	0.4	89.7
30	企业管理	17	0.4	90.1
31	商务咨询	14	0.3	90.4
32	园林绿化、设计	13	0.3	90.6
33	文艺活动策划	13	0.3	90.9
34	生态农业开发	13	0.3	91.2
35	购、售社员产品	12	0.3	91.4
36	茶服饰销售	12	0.3	91.7
37	旅游观光	12	0.3	91.9
38	购、供农产资料	12	0.3	92.2
39	住宿服务	12	0.3	92.4
40	茶文化研究	10	0.2	92.6
41	初级农产品加工	10	0.2	92.9
42	图文、动画设计	10	0.2	93.1
43	影视制作	9	0.2	93.2
44	农产品加工服务	9	0.2	93.4
45	文创策划	9	0.2	93.6
46	房地产服务	8	0.2	93.8
47	茶空间设计	8	0.2	94.0
48	品牌策划	8	0.2	94.2
49	电脑技术服务	8	0.2	94.4
50	文艺交流	7	0.1	94.5

序号	茶文化空间功能	频次	比率（%）	累积比率（%）
51	文旅项目开发	6	0.1	94.6
52	工艺美术品设计	6	0.1	94.7
53	茶新品研究	6	0.1	95.8
54	旅游项目开发	6	0.1	95.9
55	茶食品销售	6	0.1	96.0
56	茶饰品销售	5	0.1	96.1
57	电商服务	5	0.1	96.2
58	茶叶技术研究	5	0.1	96.3
59	茶叶外贸服务	5	0.1	96.4
60	礼仪服务	5	0.1	96.5
61	茶保健服务	5	0.1	96.6

　　针对产业经营活动在每个茶文化空间中的"共现情况"，选用阈值5作为切分点，利用Bicomb2.0软件生成61×61的"共现矩阵"，该矩阵反映出空间功能之间相互联系的频次，是社会网络分析的基础数据。据表4-14数据来看，茶叶批零频次最高，为1134次。其次为毛茶制售（501次）、茶叶种植（425次）、茶具销售（321次），这是多数茶文化空间所具有的生产和销售功能，而茶文化交流（199次）和茶文化传播（169次）也由于游客的文化消费而成为空间的一种功能表达。值得注意的是，随着新技术、新产品、新业态等时代元素不断融入茶文化空间，电商服务、茶叶技术服务、茶保健服务等产业活动尽管不是十分活跃，但是，已经成为部分文化空间的服务产品，并且，在大众旅游和互联网技术的推动下，这些空间将快速崛起。

　　根据产业经营活动的性质对空间功能进行归类，主要归纳为购物服务功能、生产功能等持续表现为空间的主要功能。文化传播功能除了茶文化交流、文艺交流外，开始向商务咨询、营销策划、会议会展、礼仪服务、保健服务拓展。旅游观光功能主要包括茶园观光、旅游观光、剧场演艺等功能。文创策划已成为茶文化空间的主要功能，茶叶包装设计、文艺活动策划、企业形象策划、园林绿化设计、生态农业开发、茶空间设计、品牌策划、文旅项目开发、工艺美术品设计等。这些功能通过茶文化空间经营活动表现出来。

1. 网络结构分析

利用 Ucinet6.0 软件对产业活动高频词的"共现矩阵"进行社会网络密度分析，并通过 Nedraw 工具绘制出 2015 年茶文化空间产业运营的网络关系并绘制出网络结构图（图 4-14）。该网络是由 61 个关系节点及相互间的有向连线构成的网络关系结构图谱，每一个节点代表茶文化空间的一种产业活动。

据图 4-14 可知，茶文化空间产业运营的关系网络结构已基本形成，空间功能日趋完善。总体上讲，网络结构呈现如下几个特征：其一，茶文化空间形成了以服务业产业活动为主体，以农业和工业产业活动为两翼的网络发展格局。茶叶批零、茶具销售、茶具及土产销售、茶叶包装、茶文化交流、茶文化传播、茶几根雕销售、茶工艺品销售、茶园观光、茶艺表演等空间服务产品的经营活动占比达到 80% 以上，而茶叶种植、毛茶制售、茶叶生产加工等空间的农业耕作、工业制作生产等企业活动占比不足20%。表明该网络主要由服务业空间产品结构组成，而农耕空间、生产空间的农事活动、毛茶加工、精茶制作等空间活动主要为商品服务，是关系网络结构构成的基础及重要的支撑节点。

其二，产业活动的"共现性"差异化明显，空间功能呈现向服务功能集中的态势。网络结构中产业活动的关系节点主要集中在茶叶批零、毛茶制售、茶叶种植、茶具销售、茶具及土产销售、茶叶包装、茶文化交流、茶文化传播等八大产业活动，节点高频词的频次分别为 1134 次、501 次、425 次、321 次、283 次、240 次、199 次及 169 次，基本集中了茶文化空间 68.4% 的产业活动。这些关系节点出现频次高，也意味着它们的共现性比较明显。而那些低频出现的产业活动，如茶保健服务、礼仪服务、茶叶外贸服务等，共现性较弱，只与茶叶种植、茶具销售、茶叶包装等几个别产业活动空间再现，表明了关系节点"共现性"的差异化十分明显。然而，从关系节点整个网络结构的联系强度来看，服务功能已成为茶文化空间的主要产业功能，关系节点集中体现为服务节点。

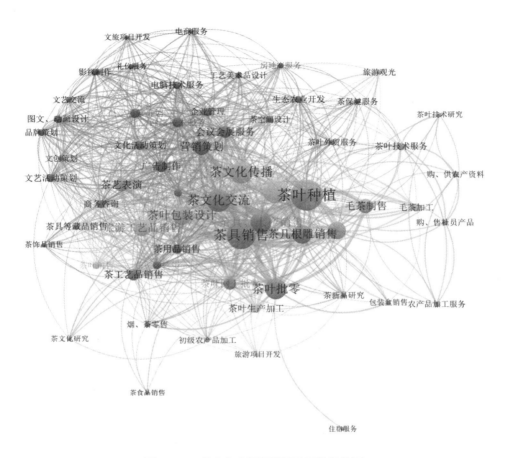

图 4-14   茶文化空间经营活动网格结构图

其三，茶文化空间产业活动由单一走向多元，空间功能边界日渐模糊。从网络结构上看，茶叶批零、茶具销售、茶叶包装等高频产业活动不仅出现在商品服务空间外，而且还出现在农耕空间、生产空间、科技空间、文娱空间等茶产业载体之中，通常与茶叶种植、茶工艺品销售、茶文化交流、茶园观光、文创策划、营销策划等多种产业活动关联与共现，对于这些高频出现的产业活动来说，突破了空间业务范围的单一性和封闭性，导致了各形态空间功能边界的模糊性。

最后，产业运营的关系网络结构越来越复杂，而服务业空间功能越来越全面。茶文化空间当前的形态及产业经营活动已经超越了传统的茶叶种植和茶叶产品的生产和销售，呈现出文化消费、文化研究、文化创作、艺术设计、技术服务、商务咨询、营销策划、品牌策划、项目开发、保健服务等空间服务新业态。这些关系节点尽管出现的频次低，呈现在网络结构的边缘，但是它们不但与传统空间产业活动关联，而且与新业态空间活动共现，使得空间网络结构越来越复杂，空间的功能越来越全面。

2．中心度分析

（1）点度中心度

点度中心度表示空间网络关系节点相互连接的中心指数。指数大，权力大，对其他城市的控制力强。在茶文化空间产业运营网络中，如果一种业务功能与较多其他业务功能之间产生直接联系，关系节点的数目大，表明该业务功能在网络中居于中心地位，拥有较大"权力"。点度中心度反映了茶文化空间产业活动之间的"共现性"关系，共现频率与点度中心度之间益则益之、损则损之。共现频率高，表明该类型产业活动是茶文化空间的主要业务功能，处于网络结构的核心位置。从点度中心度数据获知（附录D）：首先，关系节点值最高的产业活动是茶叶种植和茶具销售，达到1619和1309。种植和销售是茶产业市场活动的前提和基础，茶叶种植作为农业生产活动，为茶商品提供原材料；而武夷岩茶作为一种生活饮品，茶具是饮茶载体，茶具销售与各空间的产业活动建立了之间的关系，发挥着重要的影响作用。其次，茶叶包装、茶文化交流、茶文化传播、茶叶批零、茶具及土产销售、茶几根雕销售、茶叶包装设计、茶园观光，关系节点数值达到956、898、838、730、710、591、548、524等。这些关系节点保持着绝对高的数值，表明与其他产业活动共现性及关联性强，影响力大，对其他关系节点具有支配权和话语权。最后，点度中心度值较低的是住宿服务和茶食品销售，这些茶文化空间的产业活动、业务范围较为单一，与其他空间功能的关联性弱。如住宿服务以茶楼、民宿、酒店等主题式饭店的食宿业务为主，茶艺表演、茶文化交流、茶叶批零、茶文化研究等其他空间功能较少涉及和兼营。

（2）中间中心度

中间中心度指出，如果一种茶产业活动的关系节点处于许多其他产业活动两个关系节点中间的路径上，就被视为该产业活动处于中心地位，反映出该产业活动对其他产业活动的控制程度。从中间中心度数据获知（附录 D）：网络结构中，中间中心度值位于前 10 位的产业活动分别为茶叶批零、茶叶种植、茶园观光、茶具销售、茶文化传播、茶具及土产销售、毛茶制售、茶叶技术服务、茶文化交流、茶几根雕销售等。其中，茶叶批零中间中心度值最高，达到 147.49，表明商品服务处于各种产业活动关系节点之间的中心位置，诸多的产业活动往往通过茶叶批零这个核心节点来实现。与之相反，茶叶技术研究、住宿服务、收购与供应农产资料、收购与销售社员产品、农产品加工服务等 5 个产业活动关系节点中间中心度值为 0，尚未对其他关系节点产生影响。

此外，数据显示，茶园观光中间中心度值为 64.533，已成为茶文化空间的重要产业活动形式和业务范围，并对其他产业活动发挥支配作用。文化和创意活动已成为茶文化空间的重要业务及空间功能。茶文化传播、茶文化交流、茶叶包装设计、广告制作、文化活动策划等产业活动在空间业务中的"中介地位"越来越重要，对其他关系节点的联系度越来越强。而文创策划、工艺美术品设计等文化产业空间活动的中间中心度值较低，但是作为产业新业态和空间新功能，其辐射作用将逐渐增大，对其他空间的产业活动产生影响。

（3）接近中心度

从接近中心度数据获知（附录 D）：住宿服务、收购与供给农产资料、农产品加工服务、茶叶技术研究、收购与销售社员产品、茶食品销售、茶文化研究、旅游观光、包装盒销售、旅游项目开发、文旅项目开发、毛茶、茶新品研究、烟茶零售、初级农产品加工、茶饰品服务、茶保健服务、电商服务、品牌服务、茶叶技术服务等 20 个关系节点的接近中心度的数值较高，表明它们不容易与其他产业活动共现于茶文化空间中。反之，接近中心度值较低的 10 个关系节点是茶文化传播、茶叶种植、茶具销售、茶文化交流、茶具及土产销售、营销策划、会议会展服务、广告制作、茶叶包装、茶几根雕销售等，这些产业活动长期以来一直是旅游地市场主客体之间的商业活动，是茶文化空间的主要业务范畴。

3. 核心—边缘结构分析

根据表 4-7 所示，2015 年，茶文化空间产业（供给）活动网络结构变化显著，核心节点数量明显增多，空间功能越来越丰富、全面。密度矩阵显示，产业活动之间关系密度明显增强，达到 79.929，边缘区仅为 1.440，相差近 12 倍，反映出空间网络结构中核心节点关联程度远高于边缘节点。核心—边缘间关系节点的拟合指数达到 0.767，验证了空间产业活动二元结构的联系度已紧密融合。但是，从核心节点和边缘节点二者之间的数量来看，产业活动的聚集性强，空间功能仍聚集于物质产品种植、生产、制造、销售和文化产品的生产和销售，并不断向边缘节点区域扩散。

游客对旅游地茶产品的需求推动了城市空间网络结构的演化，而类型的不平衡性，造成了茶文化空间产业活动的差异性，关联度强的产业活动聚集为核心节点，反之，沦落为边缘节点。据表 4-7 来看，2015 年，茶文化空间产业活动的核心节点包括茶叶批零、毛茶制售、茶叶种植、茶具销售、茶具及土产销售、茶叶包装、茶文化交流和茶文化传播等 8 种业务活动项目；边缘节点涉及茶几根雕销售、茶叶包装设计、茶工艺品销售、旅游工艺品销售、茶园观光、营销策划、茶艺表演、茶叶网上批零、茶叶生产加工、广告制作、茶用品销售、会议会展服务、烟及茶零售、茶叶销售、茶具等藏品销售、文化活动策划、网络技术服务等 43 种业务活动项目，核心与边缘的结构化差异仍十分明显。

表4-7　茶文化空间功能核心—边缘结构

年份	核心节点		边缘节点
2015年	空间经营活动关系网络	茶叶批零、毛茶制售、茶叶种植、茶具销售、茶具及土产销售、茶叶包装、茶文化交流、茶文化传播。	茶几根雕销售、茶叶包装设计、茶工艺品销售、旅游工艺品销售、茶园观光、营销策划、茶艺表演、茶叶网上批零、茶叶生产加工、广告制作、茶用品销售、会议会展服务、烟及茶零售、茶叶销售、茶具等藏品销售、文化活动策划、网络技术服务、企业形象策划 毛茶加工、茶叶技术服务、包装盒销售、企业管理、商务咨询、园林绿化及设计、文艺活动策划、生态农业开发、购与售社员产品、茶服饰销售、旅游观光、购与供农产资料、住宿服务、茶文化研究、初级农产品加工、图文及动画设计、影视制作、农产品加工服务、文创策划、房地产服务、茶空间设计、品牌策划、电脑技术服务、文艺交流、文旅项目开发、工艺美术品设计、茶新品研究、旅游项目开发、茶食品销售、茶饰品销售、电商服务、茶叶技术研究、茶叶外贸服务、礼仪服务、茶保健服务。
	关系密度	1.833	1.440
	核心—边缘关系密度		6.915
	拟合指数		0.767

第三节　不同阶段茶文化空间文化形态的形成

从上文可知，武夷山的茶文化空间包括农耕空间、生产空间和服务空间三种空间类型，这些空间类型在长期的形成和发展过程中，逐渐衍生出茶功能文化、茶产业文化、茶服务文化等不同的文化内涵。茶功能是指茶饮品、茶食品、茶药品的养生保健功能；茶产业是指茶加工、茶包装、茶销售及茶食品等衍生的相关产业；茶服务指茶器具、茶装饰、涉茶工艺品等商品出售，以及茶席、舞台、媒体上的创意产品体验等。空间文化内涵的形成基本分三个步骤：

首先，各类空间从事不同的产业活动。农耕空间主要从事种植、生产活动；生产空间从事加工、制造活动；服务空间承载着商品服务、文化娱乐服务、食宿服务等各种商业服务活动。

其次，不同类型的空间衍生出属性各异的空间文化。农耕空间种植出具有药品、饮品、食品等养生保健功能的茶叶，孕育出茶功能文化。生产空间加工、制作茶产品的过程中，通过加工、生产、包装等产业活动建构出茶产业文化。服务空间通过出售茶器具、茶装饰、茶工艺品等附属或配套产品，或者通过文化娱乐服务、科技服务、文创服务等形式逐步形成了茶服务文化。最后，随着游客进入目的地，文化的可赏性提升了空间的吸引价值，拉动着游客的文化消费，为茶空间带来经济收入，并不断推动着文化生产、产品供给与空间建构，能够被游客欣赏的空间文化逐步演化为可赏的旅游文化，如部分服务空间衍生出可赏的茶服务文化，部分工业空间被建构成可赏的茶产业文化等（图4-15）。

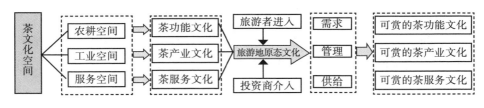

图4-15　空间文化形态演化的逻辑关系图

一、不同阶段茶功能文化

茶最初是作为药草被发现及饮用的。《神农本草经》记载："神农尝百草，日遇七十二毒，得荼而解之。""荼"即茶，可见，药理功能是茶叶的基本功能。每一种茶都有自己的功效和属性，古代人会根据茶叶属性来选择季节饮茶。"冬喝红，夏喝绿，一年四季喝乌龙"。红茶为全发酵茶，人们通常把红茶视为养胃茶，以冬天喝为宜。其原因在于，在发酵过程中，茶多酚在氧化过程中，受氧化酶作用，含量锐减，对胃部的刺激作用明显减弱。同时，饮用红茶时，添加一定的牛奶、糖等，具有消炎、治疗溃疡的功效。绿茶基本保留了鲜叶内的天然物质元素，茶多酚、咖啡碱保留85%以上，有机化合物 400 余种，具有保健、抗衰老、抗癌、消炎、杀菌之功效。白茶的自由基含量低，黄酮含量较高，消炎、降火、润喉之功效，适于四季饮用。乌龙茶属于半发酵茶，四季饮用皆宜。乌龙茶中含有肌醇、叶酸、泛酸、维生素 C 和芳香类物质等多种化合物，可见，茶叶的药理作用，满足了生理之需，成为人们饮食文化中重要组成部分。

1. 萌芽阶段：茶功能文化表现为出口型饮品文化

武夷岩茶属于乌龙茶的一种，素有"中国茶王"之称。武夷岩茶大多生长岩壁、烂石或砾壤之中，矿物质丰富，给岩茶带来了丰富的养分。因此，武夷岩茶具有降血压、降血脂、抗衰老、明目提神、健胃消食、止渴消暑等功效。武夷茶这种独特的属性与功效使其成为高端饮品。

1979 年—1998 年，茶功能文化依托的空间载体是茶园。1979 年前后，武夷茶山面积仅 24600 余亩，总产量 6400 担。这主要受计划经济和所有制经济的影响，订单式种植，种植面积和空间分布变化不大。

茶叶科学研究所员工，男，40 多岁，"武夷岩茶的种植颇为讲究，茶农大多利用幽谷、深坑、崖壑、山凹和缓坡山地，以石砌梯填土造园种茶。其耕作采用深耕法、吊土法和代替施肥的客土法等，有利于灭草除虫，土壤熟化。"

茶功能文化的宣传和感知，影响着人们对茶叶的需求。不过，这一时期，武夷茶产量低，武夷茶属于小众消费。国内主要销售到广东潮汕和闽南地区，其他地方很少有人知道武夷茶。武夷茶独特的功能和属性，东南亚的华人华侨爱喝武夷茶。

余某，女，50 多岁，原武夷山市茶叶总厂员工，"外贸这一方面我们一直做得很好，那个时候外贸的主要销区是东南亚和欧美地区。欧美地区还是买红茶为主像正山小种这种，东南地区主要是武夷茶为主。但是近七八年国外的销售量也是有很大的提高，不单是欧洲地区包括澳洲地区和欧洲的东西部，亚洲的其他几个国家都开始有人经营武夷岩茶，海外市场慢慢扩大。"

物流公司经理，男，40 多岁，"（20 世纪 80 年代）那时候很少人喝茶，外地人没多少人知道大红袍茶叶，也不怎么知道什么叫武夷岩茶。当时全国市场上主要流行铁观音、龙井这些茶叶品牌。武夷岩茶 70% 以上是出口销往国外的。当时收购的茶叶被送到建瓯精制茶厂加工后出口东南亚。只有 30% 左右是在国内市场销售的，而且主要是潮汕市场，那时武夷山物流运送的茶叶主要销往潮汕。游客在武夷山买的茶叶非常少，主要在景区购茶。"

可见，这一时期，武夷山茶文化主要表现为功能文化，东南亚的华侨华人已经养成喝武夷岩茶的习惯，已经形成了喝茶养生保健的饮品文化。

2. 形成阶段：茶功能文化表现为大众型饮品文化

这一时期，茶叶成为旅游地重要的购物商品，推动了茶叶的加工、生产，武夷岩茶在游客购物需求的推动下，逐渐成为大众饮品。

茶叶店老板，女，50 多岁，"（20 世纪）90 年代之前，老百姓几乎喝的都是大碗茶，而且大多是用茶片泡着喝，就是今天说的毛茶、初制茶，不需要精加工、深加工。老百姓喝茶是为了解渴，大多是干农活时带上一杯茶水，谈不上是什么高雅的功夫茶道。但是，国内游客到武夷山旅游的人数越来越多了，茶农卖给游客的茶也多起来了。"

旅行社计调，女，40 多岁，"（20 世纪）90 年代末，国内游客来武夷山旅游的人数越来越多，武夷茶的销售量大起来了，而且价格非常便宜，20 元钱我就能买到顶级的岩茶送亲朋好友。因此，全国各地喝武夷茶的人群也多起来了。那个时候导游和游客的第一站就是去农家购茶，那个时候有房子啦，在农民家里购物的，就是像现在的双利一样的，或者桂林的农家一样的，他楼上自己有几个不睡觉的房间打通作为接待室，是这样子的。包括水帘洞现在的房子都是接待的，都是带旅游团去购物的，这样子方便。那么后面买完茶叶以后下个景点就是水帘洞出来，直接拐到保宋堂去买蛇药、买烫伤膏了。然后竹排坐完就在武夷宫买蛇酒。2004 年景区实行封闭管理后，茶叶店逐渐搬到了三姑旅游度假区，这个时候，游客买茶大多在度假区，旅行社的定点购物店也集中在这里。"

同时，茶功能文化在导游对武夷茶的讲解过程贯穿于茶店、茶楼、茶舍等购茶空间，游客在购茶同时，茶艺小姐不断介绍、宣传茶保健功能，使得茶文化不断向其他地区进行传播和扩散。

3. 发展巩固阶段：茶功能文化表现为可赏性文化

2006 年，茶旅结合后，茶功能文化逐步演化为可赏的茶功能文化。喝茶不再是仅仅满足于物质文化的解渴、补水、提神，武夷山的导游及茶业界精英开始开发 18 道茶艺，在茶文化空间为游客提供品茶、茶艺表演的文化项目，茶功能文化中已经融入了参观、欣赏的文化元素。

某茶文化培训公司员工，女，30 多岁，"武夷山的 18 道茶艺由一批老导游和做茶师傅通过翻阅文献个个查找出来，并由茶艺小姐反复演练才最终确定下来。2008 年，武夷山举办海峡两岸茶博会后，台湾的茶道、茶席设计等也传到了武夷山。"

品茶与茶艺、茶道结合起来，通过茶艺表演过程中的解说介绍茶叶的功效和保健作用，茶功能文化的边界逐渐模糊，可赏性增强，与服务文化等融合在一起，茶文化的展示空间也从开放式的茶园空间演化为封闭式的文化空间。

二、不同阶段茶产业文化

1. 萌芽阶段：茶空间中的手工技艺文化

就武夷茶的制作工艺而言，宋代以前均属于蒸青绿茶，元代除蒸青团饼外，出现了晒青绿茶，明代罢造龙团绿茶，改造散茶，明末又出现了炒青绿茶。明末清初引入了发酵因素外，催生出武夷岩茶制法，该制法与传承至今的乌龙茶加工工艺相符合[①]。武夷茶传统的制作工艺是手工制作，其工艺流程颇为独特，包括：晒青、凉青、做青、炒青、揉捻、烘焙、拣茶等工序。这套乌龙茶的手工制作技艺自清代传承下来，2006 年，被确认为

---

① 萧天喜. 武夷茶经. 北京：科学出版社，2008：67-106.

首批"国家级非物质文化遗产"。制作工艺的传承和创新对于武夷山茶文化内涵的丰富和茶文化的传播具有重要的文化价值。目前,武夷山已评出两届武夷岩茶(大红袍)传统制作技艺传承人。如表4-8所示:

表4-8　武夷岩茶(大红袍)制作技艺代表性传承人

时间	人数	武夷岩茶(大红袍)制作技艺代表性传承人
2006年	12	王国兴、叶启桐、刘宝顺、游玉琼、陈德华、陈孝文、黄圣亮、刘国英、王顺明、苏炳溪、吴宗燕、刘锋
2014年	6	张回春、苏德发、占仕权、刘安兴、周启福、刘德喜

2.形成阶段:茶空间中的产业文化

1999年,市场经济逐渐发挥效力,武夷山茶文化进入产业化、商品化阶段。

武夷山茶业局员工,男,50多岁,"从90年代末期到2000年初,国营茶厂改制就基本上改完了,所以整个茶叶的产业化生产基本上都是改制完之后开始发展,其实民营茶叶市场兴起也是在2006年开始,2006年之前我们岩茶发展都不是很好,是一个低谷,萧条,茶叶价格也不是很高,那时候茶叶平均价格也就几十块钱一斤,以前的茶企、茶厂也没有那么多,茶叶的总量也没有那么多。"

可见,这一时期的茶产业文化发展较为缓慢。

天心村村民,男,50多岁,家有茶厂,"(20世纪)90年代末,武夷山茶叶基本走向市场化,茶农自产自销,我当时跟村里几个人到广州、深圳、汕头卖茶。茶叶卖得好了,后来就自己建厂房,当时导游会把游客带动我家里买茶。"

外资企业的引进加快了产业化的发展步伐。90年代年末,国企改革,武夷山市政府引进武夷星、国宏、凯捷等私有制茶企,注册商标,推出广告,树立品牌。尤其是武夷星、凯捷、国宏等茶企采用工业化、机械化的生产流程,商品生产走向标准化和规模化,销售市场也随着游客对武夷茶的认同而走向全国市场。茶旅结合推进了茶产业结构的不断完善。武夷绿茶、红茶等饮料业、武夷茶宴、茶糕点等饮食业,茶具、茶器等制造业先后出现，产业体系逐渐建立起来。

3. 发展巩固阶段：茶产业中的观光文化

首先，茶旅结合是武夷山产业融合的成功典范。2006 年，武夷山政府在诸多原态文化中选取茶文化进行旅游推广，实现捆绑式营销，来武夷山茶文化旅游的游客增多。

武夷山市茶业局员工，男，60 多岁，"2006 年以后，政府开始投入比较大的人力、物力、财力，在各大城市进行茶旅结合的宣传推广，就武夷山最大、最有特色的两个产业就是旅游和茶叶。以前的话也是有进行茶旅结合来宣传，但它更多的是对旅游的宣传，对茶叶宣传并不是很多。2006 年开始把茶叶界的人真正地发挥起来，真正的做到了茶旅结合进行宣传。"

武夷山市旅游局原局长，男，50 多岁，"旅游业界的顺便带上茶企业界的，开上大巴，顺便包装了一个叫作'风雅茶艺，浪漫武夷'的茶旅联销模式到我们的客源地进行销售。"

2007 年 5 月 13 日，第三届中国武夷山旅游节提出"相约武夷山，情醉大红袍"的口号，以茶文化为主题，突出"以茶为媒、茶旅结合"。2008 年 11 月 16—18 日，第二届海峡两岸茶业博览会在武夷山举行，武夷山政府乘机茶旅结合，举办旅游文化节，推出"武夷山、水、茶"主题，两会合一，茶旅互动。把茶旅产业品牌化，把生产与旅游结合起来。

其次，茶叶生产空间发展成为旅游景区，茶旅游丰富了武夷山的旅游产业文化。例如，香江茗苑茶业有限公司开发为 4A 级景区，包含品茗区、展示区、制茶区等旅游功能分区，为游客提供观光、游览、体验等休闲文化服务，实现多产业融合的文化内涵。

最后，茶具、茶器的美学价值高，可赏性强，成为吸引游客的文化空间。

茶具店老板，男，30 多岁，"三霖、华英、神农等这些茶具店属于中低端，他们的产品从几元钱到几百元都有，而古越部落、左茗右器、有茗堂、茗趣、本今、茗醉、素尚堂、老茶堂等茶具店综合性较强。他们的产品往往涵盖低、中、高端，而我的店主要出售景德镇的手绘瓷器，质地和工艺都比较高，价格相对比较高。以前，游客进中低端茶具店的人数较多，这些游客买到了岩茶，会顺便买几套茶具。近几年游客的审美品位起来了，进入高端茶具店的人数越来越多，我们的店面是创意空间，美学价值高，而且，我们的茶器大多具有收藏价值。"

产业文化的发展态势就是与旅游结合，逐渐演化为旅游文化，这样，在需求的刺激下，文化内涵会不断提升。

三、不同阶段茶服务文化

1. 萌芽阶段：茶空间中的商品文化

萌芽阶段，武夷山为游客提供服务的茶空间比较简约，主要是位于景区的茶室、茶摊、农家茶舍等，为游客提供一下茶叶、茶饮，游客对茶农的服务要求比较低，仅仅停留在买卖的商品服务，游客购茶过程缺少茶文化讲解、茶艺表演等文化体验和审美的元素融入其中，服务的文化性明显不足。不过，科技空间为茶叶种植、生产、销售提供的科技服务这一时期倒有了较好发展。武夷山作为全国的茶叶种植、生产研究中心，吸引了吴觉农、庄晚芳、陈椽、张天福、姚月明等一批批茶叶专家聚集武夷山，不断进行茶叶新品种、新技术、新工艺等开发，在新品种研发方面，成功研发了"大红袍无性繁殖及加工技术"，培育了优良的品种和名丛；商品研发方面，对大红袍商标进行设计与认证，提升茶文化的内涵价值。总之，这一时期服务既有传承，又有发展。不过，总体上发展较为缓慢。

2. 形成阶段：茶空间中的旅游文化

1999 年，武夷山申遗成功后，随着国内外游客的不断增多，茶空间的服务文化开始围绕着游客的需求不断地进行演化，文化服务水平进一步提升，形成了以旅游服务为主体的茶文化空间服务体系。①服务文化的类型进一步丰富。除了传统的商品服务、科技服务外，茶文化空间也不断衍生出住宿服务、餐饮服务、行业咨询服务等多形态的服务文化类型。②茶文化景区旅游服务的产生，服务文化具有了可赏性。早在武夷山旅游发展的起始阶段，在天游峰景区，满山茶园已开发为观光游景观。1999 年，为了申报世界自然和文化双遗产，武夷山政府对当地的原态文化进行筛选，最终选取朱子理学文化、茶文化、宗教文化、摩崖文化、遗址遗迹 4 处（架壑船棺、古汉城遗址、古崖居遗构、馀庆桥）进行遗产申报，并获得联合国教科文组织的批准。文化遗产的申报，茶文化景区的开发，加快了茶文化与旅游文化的融合。

3. 发展巩固阶段：茶空间中的体验文化

武夷山茶文化中的体验服务是茶文化的升级和演变。体验服务的载体是文化空间，路径是感知和记忆，结果是心理和情感的撼动。进入 21 世纪，茶文化进入体验文化阶段。首先，斗茶体验服务。斗茶是武夷山传统的茶文化活动，早在宋代，官府通过斗茶赛物色上等好茶。1999 年，首届武夷岩茶茶王赛在武夷山九曲溪码头举行，随之，斗茶赛按惯例每年举行。2000 年，凯捷杯茶王赛在武夷岩茶村举行。来自全国各地，包括香港，台湾的茶叶界知名人士，茶叶厂家，茶叶经销商及日本的代表和慕名而来的1000 多名游客参加了此次活动。发展到今天，除了官方的斗茶赛外，天心村、星村、曹墩、黄村、武夷街道每年都举行自己的民间斗茶赛。其次，演艺体验服务。2010 年 3 月 29 日，"印象大红袍"大型山水实景演艺项目公演，为游客奉上了休闲、娱乐、体验的茶文化大餐。登天游、坐竹筏、看《印象》已成为武夷山主要的旅游体验，实现了山、水、茶的完美融合。再次，制茶体验服务。武夷星、香江名苑、天驿古茗、止止茶道等知名茶企为茶文化旅游提供采茶、制茶、捡茶、鉴茶等参与式体验。最后，山水体验服务。2012 年，武夷山又推出云河漂流"水上茶馆"体验项目，游客在 1 个多小时的漂流过程中，不但可以观览山水美景，还可以静静品茶，享受不一样的审美体验。同时，旅游度假区的茶文化空间等为游客提供品茶、评茶、茶艺欣赏等丰富多彩的茶文化产品，迎合体验时代游客的个性化需求和定制化市场。

四、本章小结

生命周期理论对旅游地的发展及阶段化特征进行了阐释，该理论同样适用于茶文化空间形成的分析。旅游地茶文化空间生命周期的阶段性较为明显，在旅游推动下，空间形态、市场管理主体、空间功能、文化形态等在不同的发展阶段表现出较为鲜明的时代特征（表 4-9）。这些特征的出现，基于以下几个原因：

首先，与游客关系紧密，当地居民在旅游发展早期就能够自发地涉入茶文化空间的建构，为游客提供较为简陋的服务空间。如天游阁茶室、云窝茶室、集云茶室等早期为游客提供解渴、解乏的饮茶空间，水帘洞、一线天、竹筏码头等地茶摊为游客提供购茶空间。

其次，茶文化空间尺度小，投资额度较为灵活。茶文化空间属于服务性空间，容易融资，当地居民多数开茶叶店成为投资商。如武夷山早期的部分导游、天心岩茶厂部分村民经营旅游赚到第一桶金后，就在三姑国家旅游度假区开设茶叶店、茶具店、土特产店等，在旅游地演化的参与期就开始融入茶文化空间的建设和服务中去。

最后，商业性强，受市场供求关系的影响较大，茶文化空间的形态及功能受市场逻辑驱使，发展和演化的速度较快。岩茶是武夷山的特产，是游客的主要购物对象。因此，商品服务空间的发展速度最快，这与购物功能的主导作用相一致。

表4-9　生命周期理论与茶文化空间演化的阶段性特征

发展阶段	探索期	参与期	发展期
旅游地生命周期的阶段性特征	游客少，服务设施简陋，旅游对当地自然和社会环境影响小。	游客人数增多，本地居民为游客提供简陋的服务设施，地方政府改善设施与交通条件，旅游活动有序化。	广告宣传，游客持续增多。外来资本骤增，现代化设施增多，旅游市场初步形成，旅游地面貌发生改变。
武夷山茶文化空间演化阶段	萌芽阶段1979年—1998年。	形成阶段1999年—2005年。	发展巩固阶段2006年—2015年。
理论基础	生命周期、文化生态、文化变迁理论等。	生命周期、文化生态、文化传播理论等。	生命周期、文化传播、文化变迁理论等。

续表

发展阶段	探索期	参与期	发展期
茶文化空间形态特征	（1）游客较少，以入境游客为主。（2）部分农耕空间拓展购茶服务，成为旅游空间，地方产业仍以农业为主，无针对性的文化空间投资，文化空间的演化处于自发状态。（3）除了传统的茶厂生产空间外，茶农在景区内为游客提供简陋的购茶空间：茶室、茶摊等。	（1）国内游客日渐增多，投资商参与到文化空间建构中，商品服务空间快速发展。（2）生产空间为游客提供茶叶产品，其发展与演化明显提速。（3）农耕空间进一步与旅游结合，茶园观光初露端倪。（4）旅游市场出现居民服务空间、文娱空间等茶文化空间新形态。	（1）空间形态发展的差异化进一步提升，商品服务空间发展迅猛发展，处于垄断状态，科技空间、居民服务空间等发展缓慢，表现出长尾状态。差异性增大。（2）旅游与创意文化结合，茶文娱空间开始发展，丰富了旅游产品结构，提升了文化内涵。
茶文化空间市场管理特征	（1）计划经济体制为主，市场管理体制刚刚萌生。（2）旅游市场开始出现了工商注册的茶文化空间。	（1）市场管理结构日渐完善，经营活动有序化。（2）申遗成功后，茶文化成为遗产文化，空间开发和利用加大。（3）投资商资本投入增大。（4）个体工商户市场管理地位比较突出，垄断着茶商品的经营。	（1）市场管理主体多元化，新的管理主体不断涌现。（2）个体工商户继续垄断着茶文化空间商品的经营。（3）有限责任公司开始占据市场管理的主体地位。
茶文化空间功能特征	（1）生产功能仍然为传统主导功能。国有茶厂生产茶叶以出口换汇为主。当地居民生产的茶叶开始向游客销售。（2）购物功能初露端倪。景区茶室、茶摊、农家开始向游客售茶。（3）茶科所继续为茶叶种植、生产、加工提供科学研究功能。	（1）生产功能的主体地位逐渐被购物功能所替代。茶系列产品已开始在旅游市场广泛出现。（3）购物功能已成为茶文化空间的主要功能。（4）文化传播功能已开始在茶文化空间出现。	（1）茶旅结合越来越紧密，茶文化空间功能更加多元化。（2）购物、生产、文化传播等传统功能持续发力，仍处于主导地位。（3）文化空间演化出旅游观光、文创策划等新功能。新的空间功能更注重文化和审美。

续表

发展阶段	探索期	参与期	发展期
茶文化空间文化形态特征	（1）农耕空间中的茶功能文化传承下来，主要表现为饮品文化。（2）生产空间中的手工制茶技艺传承下来。（3）服务空间中的商品文化已初露端倪。	（1）茶已逐渐演变为大众饮品，功能文化传播途径更多。（2）生产空间中的产业文化已出现。（3）茶旅结合，旅游文化已经在景区中出现。	（1）茶功能文化与服务文化融合，具有了可赏性。（2）产业文化与旅游结合，演变为旅游观光文化。（3）服务空间中的旅游文化也开始向体验文化演变。

第五章　武夷山茶文化空间格局研究

第一节　茶文化空间分布的总体格局

利用 Arcgis10.2 软件，通过 Arctoolbox/ 数据管理工具 / 投影和变换等工具创建投影坐标，对 1979 年—2015 年共 9216 个空间坐标数据与武夷山辖区面积进行匹配，并通过投影坐标在各个乡镇的可视化显示，分析茶文化空间在各个乡镇的总体分布状况。同时，利用 google 卫星地图，选取 2004 年、2015 年两个时间断面，截取武夷山市区至三姑国家旅游度假区的卫星地图，分析茶文化空间的分布区域变化。该区域沿着武夷大道—大王峰路从北至南贯穿 20 千米，经过了武夷街道、茶场、机场、天心岩茶村、度假区等，是武夷山茶文化空间分布最为集中的区域。该区域由于涉及面积广，主要由度假区、机场、市区三部分拼接而成。武夷山茶文化空间分布的总体特征为：一是呈现网络关联状分布。如图 5-1 所示，主要聚集区在武夷街道，次要聚集区为新丰街道、崇安街道及星村镇，同时，洋庄乡、吴屯乡、岚谷乡、上梅乡、五夫镇、兴田镇等边缘乡镇也广泛分布。总之，茶文化空间整个分布格局已呈现网络关联状态。

二是茶文化空间主要在交通要道两侧呈"蜂窝状"聚集，并逐渐向周围扩散。如图 5-1 所示，2004 年，茶文化空间沿着武夷大道—大王峰路分布，并集结于三姑国家旅游度假区、机场附近；2015 年，武夷大道两侧的茶文化空间开始向市区、火车站等地区扩散，聚集区域越来越多。这些区域通常超市、酒店、商贸市场较为集中，游客游较大，茶店、茶吧、茶楼等茶文化空间分布于此，主要为游客提供购茶、品饮、观赏等旅游服务。

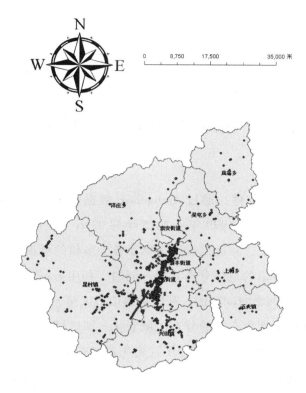

图 5-1　1979 年 -2015 年茶文化空间分布

第二节　不同阶段茶文化空间的布局与趋势

一、萌芽阶段：茶文化空间的空间布局与趋势

　　茶文化空间规模度指数与茶文化空间的数量成正比，与各乡镇区域面积成反比，规模度指数值越大，表明区域内茶产业发展情况越好，茶文化资源越丰富。规模度指数用公式表示为：

$$G_i = \frac{n_i}{A_i}$$

式中，G_i 为区域的茶文化空间规模度指数，n_i 为区域内的茶文化空间的数量，A_i 为各乡镇的面积。借用 Arcgis10.2 软件，统计出茶文化空间在武夷山市各乡镇分布的规模度指数，并借助于地图彩色分级功能中的自然断点分级法将规模度数据分为高值、较高值、中值和低值四个数值区间。据表 5-1 来看，1979 年—1998 年，茶文化空间在各乡镇分布的规模度指数高值区位于武夷街道，其空间数量仅为 29 个，规模度指数分别为 0.204065 个 / 平方千米。规模度指数最高的武夷街道每平方千米茶文化空间的拥有量没有达到 1 家，而且近一半乡镇规模度指数为 0，表明这一时期茶文化空间数量还非常少。从规模度指数值来看，武夷街道空间数量最多，达到 49 个，其他的零星分布在星村街道、新丰街道和兴田街道等，在空间格局上表现出"中心规模度高，边缘规模度低"的地缘状态。

表5-1　1979年—1998年各乡镇茶文化空间规模度指数

规模度等级	规模度指数区间（个/平方千米）	各乡镇空间数	各乡镇规模度指数
高值区	0.045559—0.204065	武夷街道（49个）	武夷街道（0.204065）
较高值区	0.017442—0.045558	新丰街道（2个）	新丰街道（0.045558）
		崇安街道（1个）	崇安街道（0.010963）
中值区	0.004114—0.017441	星村镇（12个）	星村镇（0.017441）
		兴田镇（5个）	兴田镇（0.015134）
低值区	0.000000—0.004113	五夫镇（0个）	五夫镇（0.000）
		上梅乡（0个）	上梅乡（0.000）
		吴屯乡（1个）	吴屯乡（0.004）
		岚谷乡（0个）	岚谷乡（0.000）
		洋庄乡（0个）	洋庄乡（0.000）

这一时期，茶文化空间规模度指数空间格局表现中心—边缘状态。首先，空间数量集中分布的地区是武夷街道。武夷街道是传统的种茶、产茶区，从民国至今，这里是主要的茶厂分布地带。其次，旅游景区集中分布地，是游客商品服务空间发祥地。1979 年，武夷山发展旅游，最早规划开

发天游峰、武夷宫、水帘洞、一线天景区，1997年，大红袍茶文化景区开发出来。除了一线天位于星村外，其余均位于武夷街道。游客购茶主要在景区，景区商品服务空间与日俱增，与其他乡镇相比，武夷街道就成为茶空间数量比较多的乡镇。其次，边缘分布的是星村镇、兴田镇和新丰街道。星村镇和兴田镇是茶叶种植面积比较大的乡镇，茶厂有零星分布。星村镇是竹筏码头所在地，"不坐竹排，武夷白来"，游客在这里聚集和流动诱发了当地居民在这里摆茶摊，零星诞生了一些新形态的商品服务空间。其他乡镇囿于多种条件限制，茶空间尚未发展起来。

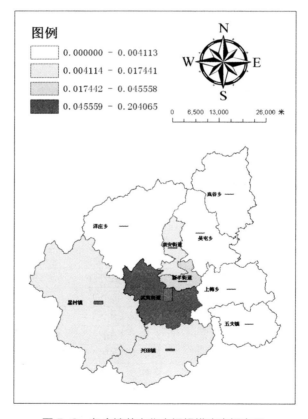

图 5-2　各乡镇茶文化空间规模度空间布局

据规模度数据分析获知，这一时期，茶文化空间规模度较小，而且在各乡镇分布的差异性较大，因此，有必要对其发展趋势做空间分析，揭示其时空分异特征及空间格局演化趋势。采用 Arcgis10.2 软件中的"趋势分析工具"对 1979 年—1998 年这一阶段的空间数量值进行全局趋势分析（图 5-3）。全局趋势分析是指趋势分析图中的点投射至东西、南北向平面上，形成三维透视图，用多项式拟合，形成最佳拟合线，模拟出特定方向上总体存在的趋势①。其中，Z 轴表示高度，X 轴正向为正东，Y 轴为正北，根据图形的显示形式分析空间发展趋势走向。结果显示，这一时期，茶文化空间在各乡镇的空间分异特征较为明显，总体上呈现东西向、南北向两端低、中间高的倒"U"型分异趋势，并且东西向差异幅度略大于南北向差异。全局趋势分析图能够较好显现出武夷山茶文化空间在各乡镇的空间分异特征。结合图 5-2 可以看出，茶文化空间发展规模自西向东表现为西部星村镇低，中部武夷街道较高，东部上梅乡与五夫镇最低的空间分布格局。南北方向表现为兴田镇次低，武夷街道高、新丰街道次高、崇安街道次低，岚谷乡、吴屯乡与洋庄乡等还没有空间出现，是规模度最低的乡镇。

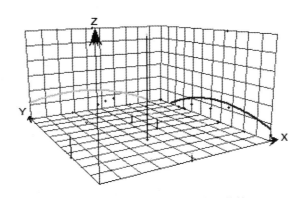

图 5-3　各乡镇茶文化空间发展趋势图

二、形成阶段：茶文化空间的空间布局与趋势

采用 Arcgis10.2 软件，统计出茶文化空间在武夷山市各乡镇分布的规

①　汤国安，杨昕. 地理信息系统空间分析实验教程. 北京：科学出版社，2006：384–385.

模度指数，并借助于地图彩色分级功能中的自然断点分级法将规模度数据分为高值、较高值、中值和低值四个数值区间。

据表5-2来看，1999年—2005年，茶文化空间在各乡镇分布的规模度指数高值区位于武夷街道和新丰街道，其空间数量为270个和33个，规模度指数分别为1.124个/平方千米和0.752个/平方千米；较高值区为崇安街道，空间数量24个，规模度指数为0.263个/平方千米。武夷街道的规模度指数最高，每平方千米茶文化空间的拥有量仅超过1家，表明这一时期茶文化空间的数量仍然较少。一半乡镇的规模度指数集中在低值区，而且与高值区的规模度指数的差距较大。上梅乡、岚谷乡在这一时期还没有注册一家商业化的茶文化空间。而吴屯乡和洋庄乡近有1家茶文化空间，规模度指数分别为0.004个/平方千米和0.002个/平方千米，为指数最低乡镇。可见，这一时期，茶文化空间规模度指数表现为整体指数低，空间分异明显。规模度指数在空间格局上表现出"中间高、四周低、梯度延伸"的分布状态（图5-4）。中间高：武夷山市管辖区域的中间地带是旅游吸引物资源、旅游接待游客、社区居民最为集中的地区，更多的空间为茶产业的发展提供生产、加工、销售等功能，同时提供旅游购物、文化娱乐、文化交流等服务活动，这些乡镇的空间数量大，武夷街道最高，达到270个，新丰街道次之，达到33个。四周低：对于周围边缘乡镇而言，远离游客集中的国家旅游度假区，交通不便利、时间成本高、资源丰裕度和开放度不够等，茶文化空间市场可持续发展的可行性较差，空间数量较低，吴屯乡、洋庄乡各有1个茶文化空间，而上梅乡和岚谷乡的茶文化空间个数为零。梯度延伸：较高值区的崇安街道、中值区的星村镇和兴田镇均与高值区乡镇接壤，空间数量也有了一定程度的提升，如星村镇的空间数量已达到54家，远高于低值区。显而易见，这一时期，茶文化空间规模度指数梯度发展态势较为明显。

表5-2　1999年—2005年各乡镇茶文化空间规模度指数

规模度等级	规模度指数区间（个/平方千米）	各乡镇空间数	各乡镇规模度指数
高值区	0.263101—1.124438	武夷街道（270个）	武夷街道（1.124）
较高值区	0.078486—0.263100	新丰街道（33个）	新丰街道（0.752）
		崇安街道（24个）	崇安街道（0.263）
中值区	0.028216—0.078485	星村镇（54个）	星村镇（0.078）
		兴田镇（18个）	兴田镇（0.054）
低值区	0.000000—0.028215	五夫镇（5个）	五夫镇（0.028）
		上梅乡（0个）	上梅乡（0.000）
		吴屯乡（1个）	吴屯乡（0.004）
		岚谷乡（0个）	岚谷乡（0.000）
		洋庄乡（1个）	洋庄乡（0.002）

据规模度数据分析获知，茶文化空间在各乡镇的空间分异性较大，因此，有必要对其发展趋势做空间分析，揭示其时空分异特征及空间格局演化趋势。采用 Arcgis10.2 软件中的"趋势分析工具"对 1999 年—2005 年这一阶段的空间数量值进行全局趋势分析（图 5-5）。结果显示，这一时期，茶文化空间在各乡镇的空间分异特征较为明显，总体上呈现东西向、南北向两端低、中间高的倒"U"型分异趋势，并且东西向差异幅度略大于南北向差异。全局趋势分析图能够较好显现出武夷山茶文化空间在各乡镇的空间分异特征。结合图 5-4 可以看出，茶文化空间发展规模自西向东表现为西部星村镇较低，中部武夷街道与新丰街道较高，东部上梅乡与五夫镇最低的空间分布格局。自南至北为兴田镇较低，武夷街道、新丰街道与崇安街道较高，岚谷乡、吴屯乡与洋庄乡等北三乡较低的分布特征。

三、发展巩固阶段：茶文化空间的空间布局与趋势

发展巩固阶段是武夷山茶文化空间的快速发展期。武夷山的旅游业经过多年的孕育与发展，已经为茶文化空间的存在与发展提供了完善的市场体系和丰厚的土壤。旅游人数的增多、交通的便捷化、政府的政策支持等因素推动了茶文化空间格局的演化。借助 Arcgis 软件，计算出 2006 年—2015 年茶文化空间在各乡镇分布的规模度指数，并以四分位图形式直观展

示出茶文化空间的规模格局。

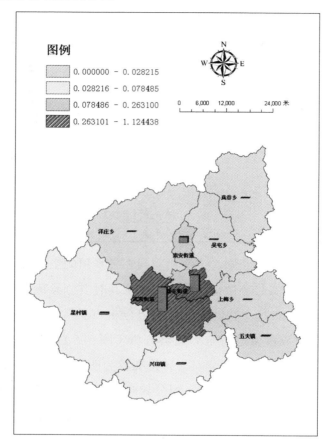

图5-4 各乡镇茶文化空间规模度空间布局

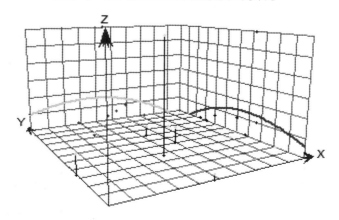

图5-5 各乡镇茶文化空间发展趋势图

表5-3　2006年—2015年各乡镇茶文化空间规模度指数

规模度等级	规模度指数区间（个/平方千米）	各乡镇空间数	各乡镇规模度指数
高值区	20.560554—35.148064	新丰街道（1543个）	新丰街道（35.148）
较高值区	9.109845—20.560553	武夷街道（4937个）	武夷街道（20.561）
中值区	2.071132—9.109844	崇安街道（831个）	崇安街道（9.110）
低值区	0.052323—2.071131	星村镇（1425个）	星村镇（2.071）
		兴田镇（470个）	兴田镇（1.423）
		五夫镇（29个）	五夫镇（0.164）
		上梅乡（30个）	上梅乡（0.125）
		吴屯乡（24个）	吴屯乡（0.099）
		岚谷乡（15个）	岚谷乡（0.052）
		洋庄乡（121个）	洋庄乡（0.256）

表5-3可知，2006年—2015年，茶文化空间规模度等级的空间差异化更加明显。高值区：茶文化空间数量已超过1500多家，规模度指数已超过20个/平方千米。不过，高值区的乡镇数量较少，仅新丰街道一个乡镇，规模度指数达到35个/平方千米。新丰街道位于市区，主要为当地居民提供涉茶服务的文化空间。随着"互联网+茶叶"时代的到来，为全国消费者提供茶商品服务的"网店"也开始向市区转移，空间规模度不断增大。较高值区：茶文化空间分布乡镇仅为武夷街道，空间数量最高，达到4937个。但是，由于武夷街道的面积达到240.12平方千米，是新丰街道面积的近6倍，规模度指数仅达到20个/平方千米。中值区：崇安街道，茶文化空间数量为831个，规模度指数为9个/平方千米。崇安街道位于市区，近些年来，茶文化空间的规模度指数得到了快速提升。低值区：大部分乡镇的规模度指数集中在低值区，最低的岚谷乡仅为0.052个/平方千米，与高值区相比较，相差近700倍。可见，这一时期，茶文化空间规模度指数尽管整体上得到快速提升，但是空间差异化仍十分明显。总之，在空间格局上，茶文化空间在各乡镇的规模度指数呈现为"中心极化、边缘弱化、聚集分布"的发展状态（图5-6）。

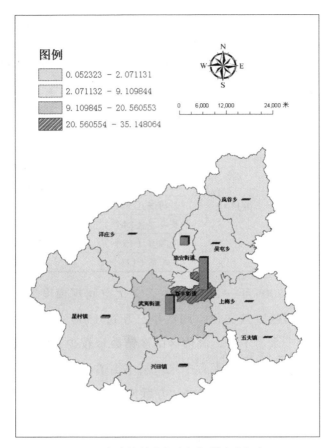

图 5-6   各乡镇茶文化空间规模度空间布局

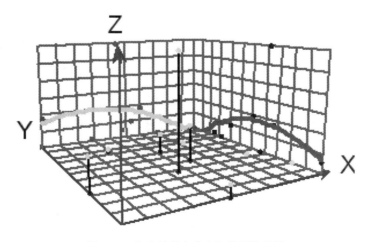

图 5-7   各乡镇茶文化空间发展趋势图

如图 5-6 所示，这一时期，茶文化空间规模度指数空间格局表现出如下特征：

中心极化：茶文化空间数量继续向旅游产业发达、要素齐全、市场结构完善的中心区域靠拢，"中心极化格局"越来越明显。"中心"是指新丰街道、武夷街道和崇安街道 3 个乡镇位于武夷山辖区的中心位置；"极化"是指这 3 个乡镇占据着空间数量的绝对优势，武夷街道数量最高，达到 4937 个，占比 52.38%；新丰街道 1543 个，占比 16.37%；崇安街道 831 个，占比 8.81%。这 3 个乡镇主导着茶文化空间的发展方向，构成地域分布的空间 3 极。边缘弱化：五夫镇、上梅乡、吴屯乡、岚谷乡、洋庄乡等边缘乡镇茶文化空间数量少，所占比重低，6 乡镇空间数量比重之和不足 3%。因此，边缘乡镇茶文化空间的发展呈弱化态势。聚集分布：茶文化空间主要聚集在武夷街道、新丰街道、星村镇、崇安街道和兴田镇 5 个区域，其比重达到 97.68%。总之，"中心极化、边缘弱化、聚集分布"是这一时期茶文化空间在各乡镇分布的主要特征。

为揭示茶文化空间发展规模在各乡镇的整体分布趋势，借助统计分析中的"趋势分析工具"对茶文化空间规模进行全局趋势分析（图 5-7）。结果显示，较前期的空间布局及发展趋势相比，总体上仍然呈现东西向、南北向两端低、中间高的倒"U"型分异趋势，但是，茶文化空间在各乡镇空间分布的差异性更加突出，东西向差异幅度略与南北向差异幅度进一步缩小，直观地描绘了武夷山茶文化空间在各乡镇的空间分异特征。结合图 4-25 可以看出，茶文化空间发展规模自西向东仍然显示为西部星村镇较低，中部武夷街道与新丰街道较高，东部上梅乡与五夫镇最低的空间分布格局。自南至北为兴田镇较低，武夷街道、新丰街道与崇安街道较高，岚谷乡、吴屯乡与洋庄乡等北三乡较低的分布特征。不过，中部的峰度进一步提升，规模度更为集中。

第三节　不同阶段茶文化空间格局分析

一、萌芽阶段的茶文化空间格局

（一）茶文化空间在各乡镇的空间结构形态

本研究采用由 Silverman 提出的 KDF（kernel density function）密度分析法，测度茶文化空间在武夷山各乡镇分布的紧密程度。核密度值越高，茶文化空间分布密度越大。表达式如下：

$$f(x,y)=\frac{1}{nh^2}\sum_{i=1}^{n}k\left(\frac{d_i}{n}\right)$$

式中：$f(x,y)$ 为位于（x,y）位置的密度估计；n 为观测数量；h 为带宽；k 为核函数；d_i 为位置距第 i 个观测位置的距离。借助于 Arcgis10.2 软件中的 Spatial analyst 工具 /Kernel 方法创建 1979 年—1998 年武夷山市茶文化空间核密度图直观化空间点的聚集状况。在核密度估计参数设定中，搜索半径决定着空间分布密度的大小和聚集程度，是一个较为重要的参数[1]。武夷山市的辖区总面积 2813.91 km²，最大辖区星村镇 688.03km²，最小辖区新丰街道 43.90 km²。研究区域相对较小，再加上茶文化空间的分布较为集中，本研究的搜索半径范围经过多次探索性实验，最终选取半径为 6.5 km 的缓冲区，能使武夷山市茶文化空间核密度分布图达到较为理想的效果（图 5-8）。

如图 5-8 所示，1979 年—1998 年武夷山的茶文化空间分布具有如下特点：

①核密度值较低。6.5 平方千米缓冲区内的数量最高仅有 1.107 个，表明这一时期茶文化空间数量还不高。这一时期的涉茶空间主要是茶厂、景区茶室、农家茶室及景区茶摊，因处于旅游起步阶段，为游客提供服务的

文化空间少，只有景区附近的少数居民觉察到游客的购茶需求，利用他们的区位优势自发进行空间建构，但空间服务设置十分简陋。

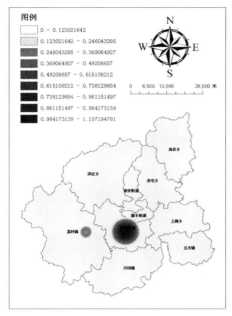
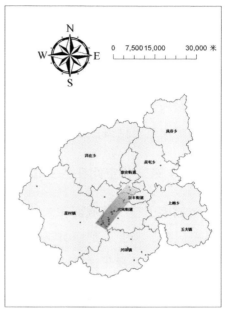

图 5-8　1979 年 -1998 年　　　　　图 5-9　1979 年 -1998 年

茶文化空间核密度分布图　　　　　茶文化空间位置分布图

②空间结构演化模式为"主次双核"，但主核、次核的空间密度差异性明显。主核心：武夷街道。茶旅结合的文化空间最早在这里建构。武夷山吸引度高的旅游资源较为集中分布在武夷街道，这里的资源最早进行旅游规划与开发，至 1998 年，这里的空间数量最多，达到 49 个，零星地分布在水帘洞景区、天游峰景区、大红袍景区等。茶厂生产空间的选址以茶园为主导，游客购茶空间选址以游客流动的游步道及聚集的景点附近为参考。次核心：星村镇。在旅游推动下，星村镇的涉茶空间也逐渐发展起来，空间数量达到 12 个。该镇作为传统产茶大镇，有近 50% 的空间形态属于茶厂生产空间，同时，作为竹筏码头的起点，游客在这里的集散与流动也孕育出了少量的购茶商品空间数量在这里成长。如虎啸岩有为游客提供饮茶、购茶服务的集云茶室，一线天风洞附近有 12 个、星村码头有 27 个为游客

提供购茶服务的茶摊。

从图 5-9 来看，这一时期，茶文化空间在各乡镇的分布状态上呈现出东北—西南走向的"单轴一字型"结构。从东北的新丰街道、武夷街道向西南的星村镇扩散和延伸。茶旅共融是武夷山的一种奇特现象。从 1998 年武夷山市统计年鉴数据来看，茶叶种植面积集中在星村、武夷，两个乡镇茶叶面积达 34752 亩，占全市总面积 42.76%，而这两个镇恰恰又是景区景点的分布地，茶文化空间从市区的新丰街道沿着武夷大道、大王峰路、玉女峰路延伸至星村镇，形成线轴状空间分布格局。

（二）茶文化空间在各乡镇的空间分布形态

就武夷山整个区域面积来看，每一个茶文化空间所占的地理面积都是极其有限的，因此，把所有茶文化空间转化为点状坐标的地理要素，通过核密度估计法可视化这些空间点模式的变化来观察点的聚集状况及分布特征。不过，坐标要素差异化的分布类型可能会在地图上同时呈现，如何确定这种差异化的点状分布类型，需要一种恰当的研究方法，平均最近邻指数是一种点状要素在特定区域空间分布的分析方法。通常借用最近邻指数、z 得分、p 值、平均观测距离及预期平均距离来判定点状地理要素的聚集程度。最近邻指数通过平均观测距离与预期平均距离的比值来表示，比值大小是判断聚类与分散的重要标志。数据显著性通过 P 值和 z 得分来测度。计算公式如下：

$$ANN = \frac{\overline{D_0}}{D_e} = \frac{\sum_{i=1}^{n} d_i / n}{\sqrt{n/A}/2} = \frac{2\sqrt{\lambda}}{n} \sum_{i=1}^{n} d_i$$

式中：D_0 表示茶文化空间地理要素质心与最邻近要素质心的观测平均距离；De 是假设随机模式下空间点要素质心的预期平均距离；n 为空间总数；d 为距离；A 为研究区域面积；如果 ANN 小于 1，则茶文化空间的表现模式为聚集分布；如果 ANN 大于 1，则趋向于离散或竞争。

最邻近指数用于判断地理要素的分布状态是集聚还是离散，可以用来评估一定时期内，地理点坐标在区域空间上的变化。这些点状地理要素在某一区域空间的聚集程度分为聚集、随机与分散三种分布形态，可以通过 p 值来显示。当 p 值小于 0.01 时，置信度为 99%，拒绝零假设，零假设指明要素是随机分布的。z 得分是标准差的倍数，当 z 得分的临界值为 −2.58 和 +2.58 倍标准差时，置信度为 99%。因此，p 值和 z 得分是统计显著性的量度，用来判断是否拒绝零假设，均与标准正态分布相关联。

利用 ArcGIS 10.2 软件中的 Arctoolbox/ 空间统计工具中 / 平均最邻的相邻要素计算出这一时期武夷山茶文化空间在各乡镇聚散程度的最邻近指数，结果如表 5-4 所示：

表5-4　1979年—1998年茶文化空间最邻近指数

最邻近指数观测项	最邻近指数观测值
平均观测距离	1385.62米
预期平均距离	3134.98米
最邻近指数	0.44
z得分	−8.93
p值	0.000000

地理坐标中，通常存在最近的两个点状要素，二者之间实际最短距离即为平均观测距离。而随机状态下邻域之间的平均距离为预期平均距离。就聚集模式而言，通常情况下，固定的区域内坐标点在空间上多，点之间的距离就小，且小于预期平均距离，表明大量文化空间坐标点在特定区域相互接近，物以类聚；反之，分散模式实际平均距离大，且大于预期平均距离，表明这些空间坐标点相互竞争与排斥，使其分散，趋向于均匀分布。据表 5-4 数据来看，p < 0.01，拒绝零假设，具有较高的显著性，具有统计意义。最近邻指数近似值为 0.44，该值小于 1，表明这一时期茶文化空间在武夷山市固定区域面积上的表现模式为聚集分布。不过，两坐标点之间的最短平均距离达到 1385.625 米，预期平均距离为 3134.983 米，表明这一时期固定区域面积内茶文化空间数量较少，点坐标之间的距离比较远，尽管表现出了一定的聚集状态，但是聚集程度"低"，因此，茶文化空间在

这一时期的分布形态称之为"零星型聚集"。由于空间数量少，所分布乡镇的区域面积广，茶文化空间大多表现为零星状态，主要散落在游客流动性大、聚集性高的景区景点附近。从空间研究角度看，尽管空间分布形态为"零星型聚集"，但是从空间坐标的"聚类"现象中，可以看出这一时期茶文化空间已经开始演变。

二、形成阶段的茶文化空间格局

（一）茶文化空间在各乡镇的空间结构形态

借助于 Arcgis10.2 软件中的 Spatial analyst 工具 /Kernel 方法创建 1999年—2005 年武夷山市茶文化空间核密度图直观化空间点的聚集状况。在核密度估计参数设定中，便于与探索期进行比较，进行一致性分析，仍然选取半径为 6.5 km 的缓冲区，产生直观化的空间核密度分布图（图 5-10）。

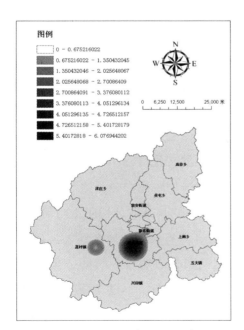

图 5-10   1999 年 -2005 年

茶文化空间核密度分布图

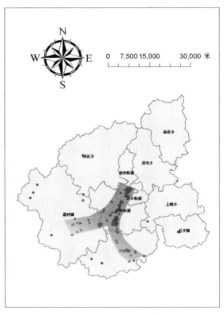

图 5-11   1999 年 -2005 年

茶文化空间位置分布图

如图 5-10 所示，与前期相比，1999 年—2005 年武夷山的茶文化空间的聚集状态发生了明显变化：①从核密度值来看，核密度最高的是武夷街道，缓冲区范围内核密度数量达到 6.08 个，比探索期明显提升，但星村镇、新丰街道缓冲区内的空间数量仅 1—2 个，部分乡镇甚至还没有出现茶文化空间，表明这一时期的空间密度还不高。武夷街道空间数量最高，达到 270 个，占比 66.5%。武夷街道是武夷山重要的旅游乡镇。1999 年，世界双遗产地获批，武夷山成为及泰山、黄山和峨眉山—乐山大佛之后的第四个双遗产地，旅游知名度明显上升。武夷街道拥有武夷宫、大王峰、玉女峰、止止庵、大红袍、水帘洞等武夷山知名景点，同时又是国家旅游度假区所在地，承担着旅游住宿、餐饮、购物、娱乐等旅游服务接待功能，茶文化空间迅速在这里聚集和扩张。尤其是 2004 年，武夷山景区推行封闭式智能化管理制度，水帘洞、天心村、桂林新村等景区内的茶叶店被迫搬至三姑国家旅游度假区经营，这里的茶文化空间骤然增多，类型日渐多样。②空间结构形态从"主次两核"演化为"主次三核"，但主核、次核的空间密度差异性仍十分明显。主核心：武夷街道，核密度值最高；次核心：武夷城区（崇安街道和新丰街道）和星村镇，核密度值低于武夷街道，但远高于其他乡镇，属于两次核心，整体呈现出"中密周疏、线性扩散"的空间分布特征，即中心乡镇武夷街道密度大，周边乡镇密度小，密度大的区域沿着交通大道逐渐向城区、星村镇等乡镇扩散。武夷城区包括两个街道办：崇安街道和新丰街道，武夷山市旧城区，是政府的行政中心、教育中心和当地居民的商业中心，这里有较为完善的市场结构体系，为当地居民提供生活服务和商品服务，茶文化空间也是主要的市场元素。这一时期的茶文化空间数量达到 57 个，与探索期相比，有了快速的发展。新丰街道是为游客提供交通服务的火车站的所在地，游客在这里的聚散为该区域内的茶文化空间提供了旅游消费的商机。星村镇是武夷山另一旅游集散地，这里是九曲竹筏漂流码头。武夷山旅游俚语讲道："不坐竹排，武夷白来。"竹筏漂流是武夷山的核心吸引物，每天有数万人的游客流在这里穿梭。星村镇也为游客提供了宾馆、酒店、茶馆、餐馆、购物商场等旅游接待服务设施，成为重要的旅游聚散地。同时，星村镇作为"正山小种"红茶的发源地，茶叶是这里的主要经济作物和特色商品，涉茶居民多，是茶文化空间的主要聚集区。因此，这三个乡镇充分利用其资源优势和区位优势，大力发展茶文化空间，形成了三个相对较为集中的空间格局。

如图 5-11 所示，这一时期的茶文化空间坐标点在各乡镇的分布呈现出"双轴人字形"结构。从乡镇空间分布看，崇安街道、新丰街道、武夷街道沿武夷大道呈现线性聚集，分布较为集中。从三姑开始朝西北星村方向、西南兴田方向分叉，整体上看，是"人字形"空间格局，不过，这两个乡镇的空间分布相对分散一下。星村镇面积最大，是传统植茶、制茶重镇，星村、曹墩、桐木等村庄是主要的产茶区，茶厂分布比较分散。兴田镇是种茶大乡，2005 年种茶面积达到 18644 亩，占比 20%，仅次于星村镇。但茶文化空间不多，仅 18 个，而且主要是茶厂生产空间，分布比较零散。

（二）茶文化空间在各乡镇的空间分布形态

利用 ArcGIS 10.2 软件中的 Arctoolbox/ 空间统计工具中 / 平均最邻的相邻要素计算出这一时期武夷山茶文化空间在各乡镇聚集程度的最邻近指数，结果如表 5-5 所示。

表5-5　1999年—2005年茶文化空间最邻近指数

最邻近指数观测项	最邻近指数观测值
平均观测距离	242.99米
预期平均距离	1343.76米
最邻近指数	0.18
z得分	−30.59
p值	0.000000

最邻近指数通过点距离描述最邻近点要素之间的分布模式，借助每个地理要素与最近邻要素之间的平均距离测度，然后比较平均观测距离与预期平均距离的相似性，据此判断空间分布模式的聚集程度。据表 5-5 可知，p < 0.01，拒绝零假设，具有较高的显著性，具有统计意义。最近邻指数近似值为 0.18，该值小于 1，表明这一时期茶文化空间在武夷山市固定区域面积上的表现模式为"聚类"。两坐标点之间的最短平均距离约 242.99 米，

与前期相比，缩小 5.7 倍。预期平均距离为 1343.76 米，缩小 2.3 倍，实际最邻近距离与预期平均距离均呈现缩小趋势，表明茶文化空间在 10 个乡镇的数量逐渐增多，坐标点在特定区域不断汇聚，点之间的距离逐渐缩小，空间密度不断增强。因此，从最近邻指数的各项值来判断，茶文化空间在这一时期的分布形态称为"紧凑型聚集"。

三、发展巩固阶段的茶文化空间格局

（一）茶文化空间在各乡镇的空间结构形态

借助于 Arcgis10.2 软件中的 Spatial analyst 工具 /Kernel 方法创建 2006 年—2015 年武夷山市茶文化空间核密度图直观化空间点的聚集状况。在核密度估计参数设定中，便于与探索期进行比较，进行一致性分析，仍然选取半径为 6.5 km 的缓冲区，产生直观化的空间核密度分布图（图 5-12）。

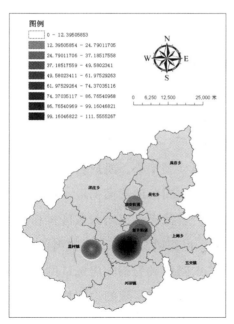

图 5-12　2006 年 -2015 年
茶文化空间核密度分布图

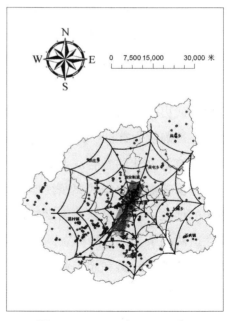

图 5-13　2006 年 -2015 年
茶文化空间位置分布图

如图 5-12 所示，2006 年—2015 年武夷山的茶文化空间分布特征如下：

① 从核密度值来看，聚集的强度和规模明显提升。核密度最高的仍然是武夷街道，缓冲区范围内空间数量最高达到 111.56 个，与前一时期相比，聚集的强度大幅增加。

② 从空间格局上看，聚集与扩散并存，茶文化空间继续保持聚集分布状态的同时，空间布局发生局部变化，呈现出由原来的"三核心聚集"向"四核心聚集"的空间结构演化。四核分别为武夷街道、新丰街道、星村镇和崇安街道。主核心仍然为武夷街道，核密度值最高，并沿着武夷大道逐步向新丰街道、崇安街道扩散，形成了空间分布轴线。崇安街道凭借其新建高铁站的区位优势新增为茶文化空间聚集区。

③ 空间分布在前期基础上出现了核密度扩散的趋势，若将缓冲区内空间的核密度值大于 6 个每平方千米设定为核密度峰值区，那么，这一时期的峰值区数量将增加到 8 个，每个区间以 12.5 个累加值向其他区域扩散，与前期的 0.7 个累加值相比，扩大了 18 倍，表明四乡镇空间数量增加明显。核密度的空间扩散，推进了崇安街道作为新空间聚集中心的形成。这些变化都与武夷山市交通条件的改善及原区域茶文化空间的饱和有关。

如图 5-13 所示，2006 年—2015 年，茶文化空间从武夷大道—大王峰路两侧"蜂窝状"凝聚，偏远乡镇网状分布，构成"网轴结构"。首先，茶文化在武夷街道聚集强度和规模的提升。2006 年，武夷岩茶（大红袍）制作工艺被确认为首批"国家级非物质文化遗产"，加快了茶文化的发展，以及其与旅游文化的融合。尤其是京闽高尔夫会展中心、凯捷岩茶城、印象大红袍演艺场、中华武夷茶博园四大茶文化空间落地武夷街道，巩固了主核心的地位。近年来，核密度峰值区逐渐沿着武夷大道向旧城区推移。武夷大道两侧茶文化空间林立，华夏民族城、世纪桃源步行街、武夷山茶场、武夷新天地、武夷和园等武夷大道重要节点路段成为茶叶店选址的热点区域，形成新的空间轴线，一直推移到新丰街道，该区域的空间核密度明显增加，成为第二个高聚集峰值区。相对于武夷街道和新丰街道而言，崇安街道茶文化空间密度值较低，市场准入度较高，为新空间的转移提供了契机。考虑到峰值区茶文化空间数量饱和、企业用地饱和、商业营业用房租金上涨等因素，武夷街道不再是新茶企进入的首选，茶企选址热点区域发生了改变，崇安街道成为茶文化空间选址的热点地区，推动了崇安街道新核心区的形成。这一时期，茶文化空间也不断向边远乡镇扩散的趋势，比如兴田镇空间数量达到 470 个，洋庄乡达到 121 个，扩散的速度较快。而五夫镇、上梅乡、吴屯乡的空间数据分别为 29 个、30 个和 24 个，扩散的速度较慢。最慢的乡镇是岚谷乡，仅有 15 个茶文化空间。该乡镇较为偏远、旅游产品缺乏、交通不便利，而且不是武夷山传统的茶叶种植区，茶文化氛围及空间积淀不够，属于茶企选址的冷点地区，空间演化慢。因此，在旅游业推动下，茶文化空间的聚集强度和规模不断增加，并逐步向旧城区扩散，呈现出"四个核心，网轴分布"的空间格局。

（二）茶文化空间在各乡镇的空间分布形态

利用 ArcGIS 10.2 软件中的 Arctoolbox/ 空间统计工具中平均最邻的相邻要素计算出这一时期武夷山茶文化空间在各乡镇聚集程度的最邻近指数，结果如表 5-6 所示。

表5-6　2006年—2015年茶文化空间最邻近指数

最邻近指数观测项	最邻近指数观测值
平均观测距离	26.58米
预期平均距离	285.36米
最邻近指数	0.09
z得分	−165.73
p值	0.000000

据表 5-6 可知，$p < 0.01$，拒绝零假设，最近邻指数具有较高显著性，具有统计意义。最近邻指数近似值为 0.09，该值小于 1，这一时期茶文化空间在各乡镇的表现模式为聚集分布。与参与期相比，两坐标点之间的最短平均距离缩短至 26.58 米，与前期相比，缩小 9.1 倍；同时，预期平均距离为 1343.76 米，缩小 4.7 倍，实际最邻近距离与预期平均距离大幅度缩短，意味着茶文化空间数量的快速攀升及区域范围内的高度聚集。从最近邻指数的各项值来看，茶文化空间在这一时期的聚集程度非常高，处于

"极化状态",其分布形态称之为"极化型聚集"。极化聚集的乡镇主要集中在崇安街道、新丰街道和武夷街道,这些区域的实际最近邻距离小于 26.58 米,空间密度远远高于其他乡镇。这些乡镇一直以来是游客的集散地和城区市民的活动地,商品服务空间比重大。茶的饮品、药品价值及保健功能使得茶商品普及化与生活化,成为"开门七件事"之一,而随着体验时代的到来,喝茶不仅仅停留在解渴,而逐渐融入品饮、茶道、茶文化交流、文创等文化元素,商品服务空间的层次与内涵不断提升。因此,需求直接驱动的商品服务空间在游客流、消费流聚集的区域快速建构,成为店店都有茶叶卖的极化状态。

第四节　不同阶段茶文化空间形态的区域分布

一、茶文化空间形态在各乡镇的分布格局

（一）萌芽阶段：茶文化空间形态的分布格局

文化空间作为人类社会活动的载体,空间类型不同,其功能也不尽一致。而市场要素为这些空间提供了结构性保障。1979 年,武夷山自发展旅游业以来,随着游客接待人数的增多,为游客提供直接或间接服务的茶文化空间日渐增多,在各乡镇的分布格局也加快了演化。从图 5-14 来看,1979 年—1998 年,茶文化空间在旅游地的发展与演化较为缓慢,如前文所述,空间规模度小,核密度低,在各乡镇的分布特征为:空间形态在各乡镇的分布不均衡。商品服务空间共 47 家,其中,89% 分布在武夷街道,11% 分布在星村镇。武夷街道是商品购物空间的主要分布地,其原因在于武夷街道是旅游景区景点集中分布的区域,武夷山早期开发的天游峰、大王峰、武夷宫、云窝、水帘洞、大红袍等景区均位于武夷街道,而这一时

期的购物空间主要位于景区，因此，商品服务空间集中在武夷街道是满足游客购物需求的结果。生产空间共有 21 家，分布区域最为广泛，新丰街道占比 10%，武夷街道占比 29%，星村镇占比 33%，兴田镇占比 24%，吴屯乡占比 5%。这些乡镇是武夷山传统的植茶区，有茶园的地方就会有茶厂提供加工、生产服务。科技空间和居民服务空间均 1 家，分别位于武夷街道和崇安街道。可见，这一时期的茶文化空间区域分布不均衡。武夷街道是空间类型最多、空间数量比重最高的地区，而崇安街道、新丰街道、兴田镇与吴屯乡是空间类型单一乡镇。

图 5-14　1979 年 -1998 年茶文化空间形态在各乡镇的分布

（二）形成阶段：茶文化空间形态的分布格局

从图 5-15 来看，1999 年—2005 年，不同的茶文化空间类型在各乡镇比例的差异化十分明显。从区域空间分布比重看，武夷街道、新丰街道、星村镇是各类型茶文化空间集中分布的地区，占比分别为 66.5%、8.13%

和 13.3%。吴屯乡、洋庄乡各类型空间分布比例低,均为 0.25%。而上梅乡和岚谷乡这一时期还没有茶文化空间登记注册。从空间类型看,科技空间的数量最少,仅 1 个,分布在星村镇。农耕空间主要分布在兴田镇、五夫镇和武夷街道,占比分别为 50%、37.5% 和 12.5%。兴田镇是茶叶种植大镇,农耕空间为这里的茶农提供茶树育苗、种植、施肥、护理等业务,以及茶青初加工、毛茶制售等农产品服务活动。商品服务空间数量最多,共计 225 个,主要集中在武夷街道,数量为 174 个,占比 77.33%。1996 年位于武夷街道的三姑国家旅游度假区初步建成,较早入驻度假区的主要是酒店服务空间和娱乐空间,购物空间主要是蛇酒、笋干、红菇等土特产。这一时期的茶叶价格较低,售茶场所主要在水帘洞、桂林村、天心村等农家。2004 年,景区封闭后,茶农才陆续在三姑开茶叶店,武夷街道遂成为商品服务空间最为集聚的地区。生产空间的数量达到 119 个,居第二位。主要分布在武夷街道和星村镇,比重分别为 43.7% 和 37.8%。武夷街道是传统的种茶区和制茶区。武夷山重要的茶叶生产企业,如茶叶总厂、武夷星茶厂、岩上茶厂、琪明茶厂、马头岩茶厂等均位于该地区。长期以来,星村镇是红茶的生产加工基地。正山堂、骏眉梁等企业引领茶叶生产空间数量快速提升。居民服务空间作为为社区涉茶居民提供茶器械维修、商务咨询、茶企投资、运营与管理服务的服务空间,首先,主要聚集分布在武夷街道,数量达到 34 个,占比 87.18%。其次,分布于新丰街道,占比 10.26%。不言而喻,这两个乡镇是核密度峰值区,聚集着各类型的茶文化空间,从市场供需关系来说,居民服务空间与其他空间形态市场互补性高,与武夷街道和新丰街道的相关性强。食宿空间的数量还比较少,仅 10 个,80% 分布在武夷街道,其余 20% 分布在新丰街道。武夷街道拥有国家旅游度假区,新丰街道拥有火车站,这两个乡镇是游客较为集中、人群流动性较大的两个乡镇。文娱空间这一时期仍处于萌芽状态,仅发展了 4 个,平均分布在崇安街道、新丰街道、武夷街道和星村镇,对武夷山茶文化内涵的提升和创意元素的融入所发挥的作用还远远不够。

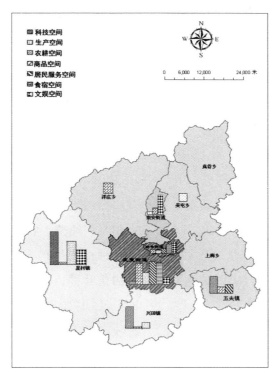

图5-15　1999年−2005年茶文化空间形态在各乡镇的分布

（三）发展巩固阶段：茶文化空间形态的分布格局

如图5-16所示，2006年—2015年间，茶文化空间经过近10年的快速发展，各乡镇的空间数量和规模均大幅提升，然而，由于文化空间类型不同，属性差异化明显，在各乡镇的分布也表现出空间分异的状态，具体特征如下：

①新丰街道、武夷街道和星村镇仍然是吸引各类型茶文化空间的热点区域，数量和规模越来越大，但空间比重开始此消彼长。武夷街道、新丰街道和星村镇的空间数量分别为4937个、1543个和1425个，空间比重分别达到52.38%、18.37%和15.12%。与前阶段比重值相比，武夷街道下降了14.12%，反之，新丰街道则上升了10.24%，星村镇上升1.82%。与此

同时，崇安街道的空间占比也上升了 2.91%。

②文化属性不同，空间分异也较为明显。科技空间主要提供农业科技、信息技术等服务文化，主要分布在武夷街道、新丰街道、星村镇和兴田镇等地区。其中，武夷街道科技空间分布最为集中，比重达到 53.85%。这一时期，该乡镇注册了较多的茶叶科学研究所，如琪明茶叶科学研究所、喊山岩茶叶科学研究所、青狮岩茶叶科学研究所、夷发茶叶科学研究所、马头岩茶叶科学研究所、岩上茶叶科学研究所、晚甘侯茶叶科学研究所等，这些研究型空间为茶叶种植、生产和加工技术的创新提供了智力支持。

此外，与前期相比，新丰街道和兴田街道的科技空间的比重也明显上升，分布达到 23.08% 和 10.26%。茶叶育苗、种植、农产品初加工等农耕文化是农耕空间的代表，毫无疑问，茶叶种植区是其主要的分布空间。武夷街道、星村镇、兴田镇是武夷山主要的茶叶种植乡镇，农耕空间分布的比重明显高于其他乡镇，分别为 29.38%、15.17% 和 24.64%。商品服务空间承载着各类茶食品、饮品、用品、农牧产品等文化服务的商业活动，其空间选址多位于商场、超市、酒店、度假区、游客集散中心、娱乐场所等人群聚集、流动性大的地区。武夷街道辖区拥有景区和旅游度假区，游客接待量大，商品服务空间集中分布在这一区域，比重达到 59.72%，不过，与前期相比，下降了 17.61%。反之，新丰街道和崇安街道较去年相比，则分别上升了 11.08% 和 1.21%，而且，星村镇的空间比重也上升了 3.55%，表明这一时期的商品服务空间已逐步向邻近乡镇扩散。游客的购物商品来自生产空间的制作功能，生产空间是提供精制茶、茶饮料、茶食品等加工、生产、制作的重要物理载体。

生产空间的选址通常有两条路线：其一，与商品服务空间为伴，便于茶产品的直接市场投放，对于旅游地而言，也便于前店后厂，店厂合一；其二，毗邻农耕空间，或茶园附近辟地建厂，便于茶叶的生产加工，较好保持茶叶质量。数据显示，2006 年—2015 年，星村镇的生产空间比重最高，达到 51.9%，与前期相比，上升了 14.08%。星村镇是武夷山茶叶种植面积最大的乡镇，近些年来，吸引了越来越多的茶叶生产加工企业来这里投资建厂，生产空间数量不断提升。相反，商品服务空间高度聚集的武夷街道这一时期的生产空间比重则下降了17.63%。居民服务空间主要分布在武夷街道、新丰街道和崇安街道。其中，武夷街道的比重最高，达到38.46%，不过，与前期相比，下降了48.62%，说明这一时期居民服务空间已经逐步向新丰街道和崇安街道等旧城区扩散，这两个乡镇分别上升了12.82%和28.85%。食宿中间仍然是以游客聚集的武夷街道和新丰街道为主，不过，武夷街道的空间比重下降到46.58%，与前期相比，直降33.42%，表明这一时期食宿空间呈现出向毗邻乡镇扩散的趋势。其中，崇安街道食宿空间上涨了13.70%，兴田镇食宿空间上涨了15.07%，星村镇涨幅较低，仅5.48%。文娱空间的数量大幅提升，从前期的4个新增为188个，仍主要分布在武夷街道、新丰街道和崇安街道，武夷街道和新丰街道的空间比重均达到40.43%，上升了15.43%，表明为商品服务提供文化创意和文化体验的文娱空间主要依托空间聚集程度高的乡镇进行选址。

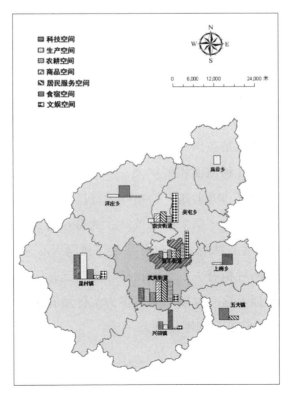

图5-16　2006年-2015年茶文化空间形态在各乡镇的分布

二、茶文化空间形态在各片区路段的分布格局

（一）萌芽阶段：茶文化空间形态的分布格局

片区路段是茶文化空间在各乡镇具体的分布地址。文化空间在片区路段的细分的目的是考察空间形态与片区路段的关系及其在各个片区的演变。武夷山有 10 个乡镇，为了便于对各个乡镇的市场主导进行管理，对部分乡镇进行了市场片区细分。其中，崇安街道被划分为温岭街东段、五九北路、五九中路和西林启星段 4 个片区，新丰街道被划分为五九路东侧、五九路西侧、旭华段、中心市场段 4 个片区，武夷街道被划分为武夷片、华龙段、双利段、苏闽段和兴闽段 5 个片区。这样，与星村片、兴田片、上梅片结合起来，共划分了 20 个片区。1979 年—1998 年，武夷山的旅游业刚刚起步，茶旅结合的文化空间处于萌芽阶段，数量少，分布区域单一。其分布特征表现为：

①商品服务空间主要分布在武夷片区。这与游客购茶的空间局限性有关。茶叶价格相对低廉，市场购茶空间极少，只有景区提供有购茶的茶室、茶摊等购茶空间，因此，商品空间多集中于武夷片。

②生产空间零星分散于五九路西侧、武夷片、星村片、兴田片、吴屯片等区域。这些片区是茶园种植区，厂园合一便于加工生产，二十世纪七八十年代，随着茶叶种植面积的扩大，乡办、村办茶厂日渐增多，如星村片有九曲茶叶精制厂、九曲茶厂、茶叶示范厂、曹墩茶厂、桐木红茶厂等集体茶企，加工各个生产队采摘的茶叶。武夷片的天心村，作为武夷岩茶正岩核心区的种茶生产大队，1987 年兴建了村属天心茶叶精制茶厂等等。茶厂生产空间与茶园种植有关，茶园种植较为广泛，因此，生产空间分布的区域也较广，再加上这一时期的茶厂多为集体所有制企业，数量少，分布广，在各个片区的演变呈现零星状态。

（二）形成阶段：茶文化空间形态的分布格局

如图 5-17 所示，1999 年—2005 年，各形态茶文化空间在各片区路段

的分布表现出如下特征：

①整体上看，茶文化空间聚集性明显。茶文化空间主要分布在隶属武夷街道的武夷片和三姑国家旅游度假区，其中，度假区的苏闽段、兴闽段、双利段和华龙段是各形态茶文化空间集中分布的路段。其原因在于这些路段是游客聚集的地方，酒店、购物商场、娱乐场所、餐馆多分布于此，游客流远高于其他地区。

②个体上看，各空间形态在各片区路段的差异性明显。科技空间数量少，主要分布在星村片区。农耕空间主要分布在武夷片、兴田片区和五夫片区，其中，兴田片区比重最大，达到50%。商品服务空间分布最为广泛，几乎遍及于各个片区路段，而主要的聚集区是武夷片、华龙段、苏闽段、兴闽段，这些片区的空间比重均超过10%，其中，武夷片最为集中，比重达到23.56%，苏闽段次之，比重为19.11%。生产空间主要分布在武夷片、星村片和兴田片三个片区，比重分别为35.29%、31.09%和15.13%。这些片区属于武夷山传统的茶叶种植区和生产加工区。居民服务空间主要集中在旅游度假区的华龙段、双利段和苏闽段，比重分别为23.08%、28.21%和33.33%。旅游度假区是各类型茶文化空间集中分布的地区，从供给角度看，居民服务空间作为服务于社区涉茶居民的文化空间，度假区是吸引其选址的热点区域。食宿空间主要分布在武夷片、兴闽段、中心市场段和五九路西侧，其中，武夷片的空间比重最高，达到60%。文娱空间数量较少，仅4个，平均分布在温岭城东段、旭华段、武夷片和星村片四个片区路段。

总之，这一时期，武夷山的茶文化空间数量仍较少，集中分布在游客聚集度高、流动性大的片区路段。不过，不同形态的文化空间的功能及商业属性不同，其空间分布也表现出了一定的差异性。

（三）发展巩固阶段：茶文化空间形态的分布格局

如图5-18所示，2006年—2015年，各形态茶文化空间在各片区路段的分布表现出如下特征：①整体上看，空间聚集性减弱，逐渐向其他片区路段扩散。这一时期，武夷片、华龙段、双利段、苏闽段、兴闽段仍然是吸引茶文化空间的重要区域，不过，星村片、五九路东侧、五九路西侧、五九北路、五九中路、中心市场段等片区路段已经具有后发优势，成为新增茶文化空间选址的热点地区，空间数量不断上升。②个体上看，各空间形态在各片区路段的差异性逐渐减小。

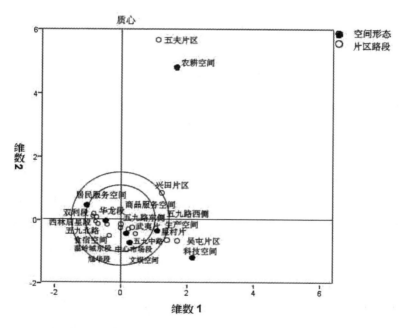

图 5-17　1999 年 -2005 年空间形态在各住区路段的分布

科技空间分布范围较广，密度较低。主要集中在五九路东侧、五九路西侧、武夷片、苏闽段、星村片、兴田片等片区路段，空间比重均超过 10% 以上，其中，武夷片比重值最高，达到 28.21%。农耕空间主要分布在武夷片、星村片和兴田片，比重分别达到 20.85%，15.17% 和 24.64%。其他片区路段的比重较低，呈零星分布状态。商品服务空间集中分布在武夷片、华龙段、双利段、苏闽段，比重均超过 10%，武夷片最高达到 16.76%，但是，与前期相比，除双利段外，其他三个路段比重均呈现下降态势，其中，武夷片下降了 6.8%，苏闽段下降了 8.21%。而星村片、温岭城东段、五九路东侧、五九路西侧等片区路段空间数量均有明显增长，比重日益提升。究其原因，一是市区居民刚需增大；二是茶叶消费市场已经从以游客为主体转向了以全国消费者为主体，茶文化变迁对旅游者的依赖性日渐减弱。尤其是互联网时代的到来和度假区高额租金的困扰，加快了商品文化向四周扩散的步伐。生产空间主要集中在星村片、武夷片和兴田片，其中，星村片占比 51.67%，占生产空间的半壁江山，武夷片占比 22.47%，表明这两个片区是生产空间集中分布的区域，其他路段多为零星分布。武夷片是武夷岩茶传统的生产加工区，武夷山茶场、天心岩茶村等主要产茶企业多分布于此。星村片区是武夷红茶传统的生产加工地区，驰名茶品牌"金骏眉"即从这里诞生。居民服务空间较为集中分布的区域是武夷片和五九北路，占比分别为 21.15% 和 19.23%，其他片区路段比重均低于 10%，多属零星分布状态。食宿空间分布的差异性逐渐缩小，较为集中的片区是武夷片和兴田片，比重分别为 27.4% 和 15.07%，较前期相比，武夷片比重下降了 32.6%。食宿空间开始由武夷片向其他片区扩散，中心市场段、旭华段、五九路附近区域、西林启星段等片区均分布有该类型空间。文娱空间这一时期数量上快速增长，分布区域也更加广泛。其中，集中分布的片区路段是武夷片和五九路西侧，分别占比 33.51% 和 11.7%，其他片区除了吴屯和洋庄外，均由文娱空间分布，不过，比重较低，呈零星分布状态。

三、结果分析与解释

通过以上分析可以看出，在旅游业推动下，武夷山的茶文化空间的地域分布和空间格局发生了显著的变化，在不同的发展阶段，它们的空间密度、结构形态及分布形态等空间结构性要素差异化明显，形成了以武夷街道为核心旅游节点，并沿着武夷大道—大王峰路向新丰街道、崇安街道和星村镇次一级旅游节点扩散，由点—轴放射状态向网—轴联结状态的空间演化模式，在市场逻辑的作用下，最终形成了以商品服务空间为主体，其他空间形态为补充的旅游地茶文化空间发展格局（表 5-7）。

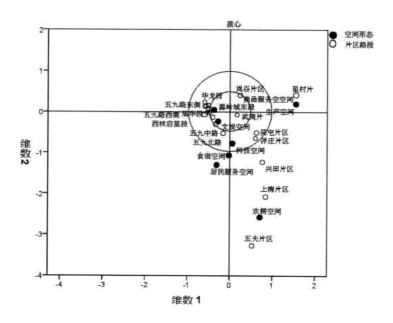

图 5-18　2006 年 -2015 年空间形态在各住区路段的分布

首先，核心旅游节点是武夷街道。根据点—轴系统理论，旅游节点是旅游发展轴线形成和发展的关系纽带，对文化空间的集聚和扩散起决定作用。因此，对旅游地茶文化空间结构的研究，首要任务是确定核心旅游节点的地位、定位、性质、与功能等[①]。

（1）根据核密度分析，武夷街道核密度值最高，武夷街道是天游峰、大王峰、武夷宫、大红袍、水帘洞等诸多精华景点、国家旅游度假区的分布区域，奠定了其核心旅游节点的地位。茶文化空间多聚集于此，游客也聚集于此，需要购物、休闲、娱乐、体验等商业服务，在市场逻辑作用下，茶文化空间也在此不断进行生产和建构。

（2）核心旅游节点是茶文化空间的聚集区，这里拥有科技空间、农耕空间、生产空间、商品服务空间、居民服务空间、食宿空间、文娱空间等多种空间形态，提供的空间服务内容有茶叶批零、茶叶种植、茶具及土产

①　沈惊宏，陆玉麒等.基于"点—轴"理论的皖江城市带旅游空间布局整合.经济地理，2012，32（7）：43–49.

销售、茶叶包装、茶文化交流、茶文化传播、茶叶包装设计、茶园观光、茶艺表演、茶文化研究等。

（3）增长极是商品服务空间。这些空间的集聚热点是武夷片、华龙段、双利段与苏闽段。这些地区也是酒店、商场、餐饮、娱乐、特产店等游客聚集和流动的区域。商品服务空间带动着科技空间、居民服务空间及食宿空间在这里集聚与发展。与此同时，作为茶文化交流和传播的文娱空间数量从2005年以来的4家上升到2015年的192家。近年来，茶文娱空间一定程度上丰富了武夷岩茶的文化内涵，提升了茶产品的文化附加值，如山水实景演出"印象大红袍"对茶文化的传播及品牌塑造产生了深远影响。

其次，次级的旅游节点是星村镇、崇安街道与新丰街道。

（1）星村镇的旅游节点优势：一是茶叶种植最大镇；二是九曲漂流的竹筏码头。崇安街道与新丰街道的区域优势，既是接送游客的交通枢纽，又是武夷山市行政、经济、文化中心，是武夷街道之外的第二个商业服务中心。

（2）次级旅游节点所拥有的茶文化空间的形态也是多元的，同时为游客提供茶叶种植、茶叶批零、茶文化交流等空间服务内容也是多元的。

（3）星村镇的增长极是生产空间，数量达到955家，占比59%。正山堂、梁品记、九曲茶厂、永生茶厂、桐木茶厂等武夷山著名的茶企生产空间即位于此，为茶叶市场加工、生产优良的茶叶产品。崇安街道与新丰街道的增长极是商品服务空间，主要集聚在中心市场段、旭华段、五九路附近区域、西林启星段等商业热点地区。近些年来，武夷山的核心旅游节点、次级旅游接待已开始产生辐射作用，茶文化空间开始沿着交通干线向洋庄乡、吴屯乡、岚谷乡、上梅乡、五夫镇等边远乡镇拓展，逐步形成遍布各乡镇的空间网络结构。

表5-7　不同阶段茶文化空间结构演化特征

发展阶段	萌芽阶段（1979—1998）	形成阶段（1999—2005）	发展巩固阶段（2006—2015）
空间密度	"主次双核"；低密度	"主次三核"；中密度	"主次四核"；高密度

续表

发展阶段	萌芽阶段 （1979—1998）	形成阶段 （1999—2005）	发展巩固阶段 （2006—2015）
空间结构形态	"一字型"结构；点轴放射状	"人字形"结构；点轴放射状	"网—轴结构"；网络联结状
空间分布形态	"零散状"聚集	"紧凑状"聚集	"极化状"聚集
理论基础	增长极理论；点—轴理论	增长极理论；点—轴理论	增长极理论；点—轴理论
空间布局特征	（1）主核聚集区位于武夷街道，次核聚集区在星村镇；（2）武夷街道、星村镇空间密度低，表现为零星聚集状态，新丰街道、崇安街道、兴田镇有零星分布，空间结构上沿着武夷大道东北—西南方向"单轴一字型"排列；（3）商品服务空间主要分布在武夷街道，天游峰景区、水帘洞景区数量最多；生产空间主要分布在新丰街道、武夷街道、星村镇、兴田镇、吴屯镇等区域。	（1）主核聚集区位于武夷街道，次核聚集区在星村镇和新丰街道；（2）武夷街道、新丰街道、星村镇竹筏码头区域空间密度上升为紧凑型聚集状态，兴田镇、上梅乡、洋庄乡、星村镇的曹墩、桐木等村庄有零星分布，空间结构从武夷大道沿着大王峰路、玉女峰路朝兴田、星村方向延伸，构成"双轴人字型"结构；（3）商品服务空间集中分布在武夷街道，国家度假区的苏闽段、兴闽段、双利段和华龙段数量最多；生产空间主要分布在武夷街道和星村镇；居民服务空间分布在武夷街道的华龙段、双利段和苏闽段和新丰街道的中心市场段；食宿空间主要分布在武夷街道的武夷片和兴闽段及新丰街道中心市场段和五九路西侧。其余空间形态数量少，多分布在兴田、五夫、吴屯等偏远乡镇。	（1）主核聚集区在武夷街道，次核聚集区在星村镇、新丰街道及崇安街道；（2）武夷街道、崇安街道、新丰街道、星村镇竹筏码头区域空间密度上升为极化型聚集状态，开始向兴田镇、五夫镇、上梅乡、洋庄乡、吴屯乡、岚谷乡、星村镇的曹墩、桐木等区域扩散，空间结构从武夷大道—大王峰路两侧"蜂窝状"凝聚，偏远乡镇网状分布，构成"网轴结构"；（3）商品服务空间集中分布在武夷街道、新丰街道、崇安街道、星村镇和兴田镇，而武夷片、华龙段、双利段、苏闽段所占比重最高；生产空间主要分布在星村镇、武夷街道、兴田镇三个种茶大镇，以星村片、武夷片比重最高；居民服务空间集中分布在武夷街道、新丰街道和崇安街道，以武夷片和五九北路比重最高；农耕空间的主要分布区是星村镇、武夷街道和兴田镇；食宿空间仍然以武夷街道与新丰街道，以武夷片、中心市场段、旭华段、五九路附近区域、西林启星段为主。文娱空间在新丰街道、武夷街道和崇安街道快速崛起，集中分布在武夷片和五九路西侧。最后，数量最少的科技空间集中分布在武夷街道的武夷片和苏闽段。

　　最后，核心的旅游发展轴是五九路—武夷大道—大王峰路，次级的旅游发展轴为两条：玉女峰路—武夷宫—御茶园路口—前兰路口—星村；大王峰路—印象大红袍路口—公馆村—南赤游客集散中心—南源岭—兴田镇。点—轴系统理论指出，重要交通要道贯穿各区域，可以聚集人流、物流，降低生产、加工及运输成本，形成优越的投资环境①。旅游业也遵循这一理论，并推动着茶产业沿着地理轴线进行空间布局。对于旅游地而言，受游客流的影响，往往适合做发展轴的地带较为有限，交通要道、商业带、重要河流等是区域旅游、产业发展、空间布局的重要轴线。根据点—轴系统理论，沿着交通干线，只有联结两个或多个"旅游点"，形成游客流规模，才能称其为旅游发展轴②。武夷山城际间的旅游交通工具较为单一，主要是公交车与旅游车。市区作为火车站、高铁北站、机场的交通枢纽，输送游客前往国家旅游度假区的唯一交通要道是武夷大道，至度假区与大王峰路连接，成为游客流动密度大、频率高的商业带，茶文化空间列岫两侧，已建构成为茶产业发展轴。武夷星茶业有限公司（上市公司）、凯捷岩茶城有限公司、茶叶总厂、国宏生态科技发展有限公司、福莲岩茶有限公司、九龙袍茶业有限公司、正袍国茶有限公司等武夷山龙头企业均位于武夷大道西侧，成为拉动轴线区域茶文化空间快速发展的动力引擎。近些年来，随着武夷岩茶品牌影响力日益增大，以及茶叶需求量的提升，茶文化空间开始沿着交通要道向星村镇、兴田镇两个传统产茶大镇扩散，形成次级旅游发展轴和文化空间分布带，与此同时，其他乡镇也把茶叶作为兴镇富农的重要战略，茶文化空间在各个地区遍地开花，这样，在空间结构上实现了节点、轴线与域面的统一，逐渐演化为一种网状的空间格局。总之，茶文化空间发展之初，在旅游业推动下，逐渐在国家旅游度假区形成一个强有力的增长极带，为游客提供购茶、品茶、赏茶艺等旅游服务空间。随着旅游业的繁荣及转型升级，极化发展导致了空间形态发展不平衡，茶文化空

　　①　陆玉麒.论点—轴系统理论的科学内涵.地理科学，2002，22（2）：136-140.

　　②　龙茂兴，孙根年等.区域旅游"点—轴系统"演进研究——以陕南为例.经济地理，2010，30（8）：1383-1388.

间结构进一步优化升级，空间开始沿着交通干线向次核心扩散，星村镇、崇安街道、新丰阶段成为重要的节点，并推动着向偏远乡镇扩散，一个多样性、多层次的旅游地茶文化空间网络结构体系日渐形成。

四、本章小结

本章内容在旅游地生命周期理论、点—轴理论、增长极理论、文化生态理论、文化传播理论等理论基础的指导下，借用数理统计与社会网络的方法，考察了武夷山茶文化空间形态、格局、功能、文化形态的变迁过程。结论如下：

（1）武夷山茶文化空间经历了萌芽阶段、形成阶段、发展巩固阶段三个发展周期，空间形态从单一的农耕空间、生产空间演化为多元的商品服务、居民服务、食宿服务、科技、文娱服务等，空间功能也从原初的生产、购物功能演化出文化传播、旅游观光、文创策划等新功能。

（2）经过三个阶段的空间演化，茶文化空间的空间格局发生了显著变化。①空间密度从低密度、零散分布的"主次双核"演化为高密度、极化分布的"主次四核"；②空间结构形态从"一字型"点轴放射结构演化为"网—轴结构"；③空间布局形成了以武夷街道为核心旅游节点，新丰街道、崇安街道和星村镇为次一级旅游节点的茶文化空间地域系统。

（3）经过三个阶段的空间演化，茶文化空间的文化内涵也发生了显著变化。根据文化生态、文化传播、文化变迁理论，茶功能文化、茶产业文化、茶服务文化之间相互影响，并不断向外传播。同时，旅游地借用外来茶文化的同时，也对自己的本土文化进行创新，各种文化因素交织作用，推动了茶文化的快速演变。整体上看，茶功能文化从原初的药理饮品功能融合了茶席、茶道、茶艺等表演艺术，具有了可赏性的审美功能。茶产业文化从传统的制作工艺向可赏的茶工业旅游发展，而茶服务文化从商品服务逐步演变为旅游服务、体验服务等。

第六章　武夷山茶文化空间演化研究

　　武夷山发展旅游业 30 余年，在旅游业的推动下，各种生产要素开始扰动旅游地的生产关系，各种要素以满足旅游需求为目标，在市场结构中广泛流动，推动着茶文化空间的发展。在发展过程中，茶文化空间整个系统结构隐藏着一种各要素相互联系、相互作用的内在工作方式，这种工作方式运行的规则和原理就是演化机理。随着游客文化资本的不断提升，文化、休闲与体验型的旅游产品越来越受到现代游客的青睐，文化消费的比重越来越大，更多的游客把游览的旅游吸引物定位在"文化体验""地方感"等深度游产品方面，而茶文化空间作为颇具地方特色的文化载体，日渐成为游客驻足观览的旅游吸引物。游客这种旅游需求通过市场传递给旅游地的产品供给方，同时，政府部门推行一系列的政策引导，在多种力量的交织作用下，茶文化空间的内涵和外延在不断地拓展和演化。

第一节　茶文化空间演化的驱动因素研究

　　茶文化空间的演化是多种因素联合驱动的结果。宗晓莲（2005）旅游地空间形式是在多种作用力的影响下形成和变迁的，它是意识形态的、社会建构的，更是政治的与策略的[①]。游客旅游活动行为直接参与了空间的建

[①]　宗晓莲. 旅游地空间商品化的形式与影响研究——以云南丽江古城为例［J］. 旅游学刊，2005，20（4）：30-36.

构，推动着文化空间的变迁 ①。根据理论分析及相关文献研究，在旅游地茶旅产业融合的背景下，茶文化空间主要是在市场供需、政府管理、文化资本等相关因素的合力作用下逐步形成与演化。

一、驱动因素指标选取

驱动因素是空间形成与演化的内在机制和理论依据，反映着动力因子的变化过程及属性特征。指标的选取基于对概念的理解和把握，概念是事物本质属性的抽象和概括，是内在规定性的反映。一个驱动因子关涉到一个概念范畴，将这些抽象的概念转化为量化指标的过程，就是内涵测度。通过科学的、标准的方法、步骤与程序将各种概念与大众生活中能够可视化的东西联系起来，从而达到领会、理解的目的 ②。根据前文文献分析，本研究把茶文化空间演化的驱动因素概括为市场供需、政府管理和文化资本三个维度变量，将各个维度变量层的内涵和外延进行操作化处理。

（一）市场供需因素

市场供需因素包括游客的"需"与市场的"供"两个层面，旅游需求的变化必然推动产品供给的变化，同时，供给侧的文化品牌与宣传也引导旅游需求的转向。需求与供给是旅游产业结构的两大重要组成部分，又是旅游市场的统一体。

需求作为消费者购买欲望与实际消费能力的重要表现形式，在市场机制下，需求因素是推动旅游地茶文化发展与演化的内在驱动力。通常从游客接待人数、旅游收入、购买能力等方面表达。林南枝、陶汉军（2009）指出，旅游需求产生直接影响的是旅游产品的价格、人们的可自由支配收入、购买欲望等。从指标选取的角度，测量旅游需求，一般来说用得最多

---

① Rakic T，Chambers D. Rethingking the consumption of places［J］.Annals of Tourism Reaearch，2012，39（4）：1612-1633.

② 风谈天.社会学研究方法.北京：中国人民大学出版社，2001.

的数据就是游客接待人数，其次是从"钱"的角度测量游客消费①。空间不仅是旅游活动的载体，而且是茶文化的载体，涉及文化内涵，与人的情感和生活习性有关。毫无疑问，随着国民收入的提升，旅游已成为人们的一种生活方式，全国各地的旅游景区游客接待量都不断攀升，中小尺度的文化空间，诸如古镇、古街、饭店、酒吧、茶楼、演艺场等也快速发展起来，游客流也越来越大。董观志、刘芳（2005）指出游客接待量的强度大小、波动特征、分布状况直接影响到旅游景区的经济收入、社会效益及生态环境能否协调发展，也影响到空间结构的优化与升级②。游客接待量、旅游收入能够反映现代人的旅游需求。城镇居民可支配收入是推动旅游地空间演化的重要因素，是测度购买能力的重要指标③，在价格不变情况下，可自由支配收入越多，其购买能力越强。综上，并考虑到数据的客观性及可获得性，选取武夷山游客接待人次、旅游总收入及全国城镇居民人均可支配收入等指标测度需求因素。

供给是指生产者根据消费者的需求，推向市场进行销售的商品量。生产者能够向市场供给多少商品，与投资商、当地居民、地方经济发展水平等要素密切相关。投资商在旅游地茶文化空间变迁过程中充当"引擎"角色，而资本是助推剂。杨俭波（2001）指出投资商为追求经济效益，不断地为旅游地的空间建构注入资本流、信息流、技术流、人才流等各种"流"及其他物质与能量，开发和建设了主题公园、娱乐中心、宾馆、茶吧、演艺场等。投资越多，供给量越大，文化空间发展与演化的速度越快④。陆林、鲍捷（2010）指出资本是市场活动的重要因素，境外资本和民营资本对于旅游地的转型发展和文化空间建构发挥着重要的作用。可见，投资商

---

① 孙九霞，张骁鸣.中大旅游评论.广州：中山大学出版社，2014：5.

② 董观志，刘芳.旅游景区游客流时间分异特征研究——以深圳欢乐谷为例.社会科学家，2005（1）：132-135.

③ Friedmann, J.Regional Development Policy: A Case Study of Venezuela..Cambridge: MIT Press. 1966.

④ 杨俭波.旅游地社会文化环境变迁机制试研究.旅游学刊，2001（6）：70-74.

的资本投资是测度供给因素的关键指标，资本投资金额大，市场供给量就多。当地居民既是旅游地茶文化空间的主要缔造者，又是空间文化的传承者与创新者。当地居民与旅游者文化接触和交流的过程中，又成为文化传播者，扩大空间文化的旅游影响力，提升旅游吸引度。因此，当地居民是旅游地空间系统建构的主体。孙九霞、苏静（2014）指出部分当地居民通过为游客提供文化空间及旅游服务而成为旅游经营者和本地精英，成为与旅游结合的利益相关者。王淑新、王学定（2012）提出从业人员数量是供给方旅游要素投入的重要测度指标。吴勇（2012）指出城镇经济发展水平是城镇空间结构形态演化的根本原因，它带来了城镇结构全部要素及其相互关系的深刻变化。经济发展水平的指标较多，较为常用的有国内（地区）生产总值、国民收入、经济增长速度等，在对地区经济发展程度的测量中，常用指标是"国内生产总值"（GDP）。根据市场价格计算，一个地区单位时间内的生产劳动成果，称之为地区生产总值，它综合地反映了一个地区一年内所生产的财富状态，从一个侧面反映了当地人的富裕程度和生活水平。综上，并考虑到数据的客观性及可获得性，选取茶企注册投资金额、精制茶等制造业单位从业人数、地区国内生产总值等指标测度供给因素。

（二）政府管理因素

政府管理因素主要是指政府的调控管理，管理的好与坏都会影响供求平衡，因此，管理在茶文化空间演变中的作用较大，可以从政府政策、财政支持和文化宣传三个维度进行诠释。

对于旅游地空间的演化来说，政策因素既有激励、引导作用，又具有约束、规范功能，对于茶文化空间演化具有重要的调控作用。毫无疑问，就目前整个中国旅游地的文化空间而言，政府的一系列法规、政策、制度、规划、发展战略等运作规则，既支持着空间数量的扩张，又在功能、形态、区域等方面进行规范和限制。尹长林（2012）[①]，郭晓东、马利邦等（2012）

---

① 尹长林.长沙市城市空间形态演变及动态模拟研究：［博士学位论文］.长沙：中南大学，2008：30.

指出，政府在城市空间、乡村聚落空间发展过程中始终扮演着重要的角色。
我国自大力发展旅游业以来，先后制定了《星级饭店等级划分与评定》《旅
游规划通则》《风景名胜区条例》《土地利用分类国家标准》等一系列旅游
空间规划与建设的规范性文件。2012年，中共十八大提出要"建设文化
强国"，"推动文化事业全面繁荣、文化产业快速发展"的文化强国发展战
略，为文化空间的利用和保护、开发和建设提供了政策保障。吴必虎、俞
曦（2010）指出政府政策的制定及其实施本身，可以看成是旅游健康发展
的政策支持，这些政策支持是旅游系统的一个重要组成部分，是旅游业可
持续发展的必要保障。方忠、张华荣（2011）在城市文化创意指数评价体
系构建过程中，提出创意城市可持续发展能力的指标是"城市所颁布实施
有关创意产业法律法规数量"①。政府某一领域的政策数量可用于管理因素的
重要指标。政府部门除了政策调控外，也可以通过财政支持推进旅游地茶
文化空间的发展。财政支持是指政府通过项目、财政、税收、金融等途径
对文化空间进行资金支持。财政支持的力度可以用固定资产投资总额作为
测度指标。固定资产投资金额主要源自国家预算内资金、贷款、股票、债
券、外资及其他资金。该指标属于反映社会投资状况的综合性指标，可以
有效度量服务设施状况、固定资产投资规模、投资效果等，是空间建构的
主要动力因子。因此，该指标对于政府财政支持力度的测度具有一定的说
服力。文化宣传是地方政府对旅游地进行品牌管理、影响力推广的主要手
段。茶文化作为地方特色文化，对外宣传的主要推手是政府。文化宣传的
途径很多，主要包括电视、广播、报纸、互联网等新闻媒体形式，图书、
期刊、杂志等文化传播形式，会议会展、教育培训等文化交流形式。不过，
多数宣传途径过程复杂，对某一主题的文化宣传缺乏连贯性，时间序列数
据较难获取。报纸作为传统宣传媒介，吕庆华、芦红（2011）将报纸宣传

---

① 方忠，吴华荣.城市创意指数评价体系研究——基于价值链分析法的视角.经济与管理，
2011，25（4）：50-54.

量作为创意城市的测度指标[①]，借此，也可以通过报纸文化报道数量衡量地方政府的文化宣传力度。综上，以指标的客观性和易获得性为宗旨，指标数据来源于武夷山市的地方数据，选取政府茶产业政策数量、精制茶加工业固定资产金额、报纸茶文化报道数量等指标测度政府管理因素。

（三）文化资本因素

文化资本作为经济高速增长的最终解释变量已在经济学界达成共识，并成为近年研究的焦点问题[②]。文化资本理论最早由法国社会学家皮埃尔·布迪厄于 1986 年在《资本的形式》一文中提出，当前，如同一般意义上的资本概念一样，现被引入到经济学、人类学、管理学等领域，成为一个宽泛的概念，用于文化消费、经济增长的测度，概念内涵与人力资本、文化制度、创意产业等学术领域相互交叉渗透，变得较难区分与辨识。国外学者索洛斯毕（Throsby）认为文化资本分为有形和无形两种，有形的如遗址遗迹、艺术品、雕塑等可视化文化产品；无形的如信念、信仰、价值观等，属于心智资本[③]。国内学者李沛新认为文化资本有固体、流动和产品三种类型。从这些分类来看，文化资本的内涵从人的文化性和经济性拓展至物质与产品，边界进一步泛化。布迪厄文化资本的"身体化""客观化""制度化"三种形态均围绕着"人自身的文化属性"，这三种文化属性代表着一个人的文化能力。因此，文化资本是一种以教育形式获得的身体制度化的一种文化载体，其表现形式体现为："人的能力、行为方式、语言风格、教育素质、品位与生活方式等。"在布迪厄看来，这些文化形式最终形成的是人的文化能力，文化能力才是文化资本最为重要的身体化表达。金相郁（2009）指出文化能力是指通过家庭环境及学校教育获得并成为精神与身体一部分的知识、教养、技能、品味及感性等文化产物，通常

---

① 吕庆华，芦红.创意城市评价指标体系与实证研究.经济地理，2011，31（9）：1476-1482.

② 孙维.文化资本的界定与测度［J］.统计与决策，2010（6）：166-167.

③ Throsby D. Cultural Captial［J］. Journal of Cultural Economics，1999（23）：3-12.

采用文化教育水平、文化消费能力、文化交流活动作为文化资本的指标的目标层①，其对应观测指标数据层是普通高校在校生数、城镇居民家庭人均文教娱乐现金消费支出等。张科静（2010）以互联网上网人数作为观测指标，互联网为游客的旅游提供了必要的文化信息服务保障②。王淑新、王学定（2012）指出，文化服务设施对旅游地空间的发展具有重要影响，测量指标通常是第三产业比重。第三产业比重是衡量一个国家或地区服务业发展程度、规模及速度的重要标准。服务业知识更新快，培训多，要求从业人员的文化素质高。第三产业比重越高，文化服务能力越强。综上，以指标的客观性和易获得性为宗旨，选取地区第三产业比重、全国普通高校在校生数、全国城镇居民家庭人均文教娱乐现金消费支出、全国互联网上网人数等指标测度文化资本因素。

综上分析，基于旅游地茶文化空间驱动因素的内涵和现实逻辑，以及指标数据的客观性、动态性、可获得性、可量化性等特征，本研究选取武夷山茶文化空间演化的驱动因素评价指标（表6-1）。

表6-1　茶文化空间演化的驱动因素评价指标

目标层	准则层	指标层	数据层	单位
驱动因素	市场供需因素	游客接待量	游客接待人次	万人
		旅游收入	旅游总收入	亿元
		购买能力	城镇居民人均可支配收入	百元
		地方经济发展水平	地区国内生产总值	亿元
		投资商	茶企注册投资金额	亿元
		当地居民	精制茶等制造业单位从业人数	人
	政府管理因素	政府政策	政府茶产业政策数量	个
		财政支持	精制茶加工业固定资产金额	亿元
		文化宣传	报纸茶文化报道数量	次

---

① 金相郁，武鹏. 文化资本与区域经济发展的关系研究. 统计研究，2009，26（2）：28-34.

② 张科静，仓平，高长春. 基于TOPSIS与熵值法的城市创意指数评价研究. 东华大学学报（自然科学版），2010，36（1）：81-85.

目标层	准则层	指标层	数据层	单位
驱动因素	文化资本因素	文化服务	地区第三产业比重	%
		文化设施	全国互联网上网人数	亿人
		文化教育水平	全国普通高校在校生数	亿人
		文化消费能力	全国城镇居民家庭人均文教娱乐现金消费支出	万元

二、驱动因素的实证分析

武夷山是我国知名的旅游目的地，是福建省"清新旅游"的核心景区。在"十三五"旅游业发展规划中，福建省提出"三带三核四片区"旅游产业发展战略，武夷山作为绿色休闲生态旅游带、武夷新区生态引领旅游核及闽西北生态文化旅游区的重要组成部分，在福建省的旅游产业结构中具有较强的辐射、带动作用，与鼓浪屿、土楼一起构成福建旅游业的三引擎。自 1979 年发展旅游业以来，旅游市场日渐旺盛，市场供需、政府管理、文化资本等因素的不断变化，推动着茶文化空间的快速发展。

（一）市场供需因素

1. 需求因素

个人可支配收入是旅游者产生旅游行为的一个关键因素。一般而言，随着可支配收入的增加，人们旅游需求产生的可能性也会随之提升。因此，个人可支配收入侧面反映了旅游市场需求量。从图 5-1 可以看出，1979年—2015 年武夷山市旅游接待人数、旅游总收入、全国城镇居民人均可支配收入呈上升趋势，且增长态势稳定。武夷山旅游发展前 25 年，速度迅猛，1979 年旅游接待人数 3.6 万人次、旅游总收入 0.036 亿元。1997 年，旅游接待人数达 146.46 万人次、旅游总收入高到 5.69 亿元，总收入比上一年同期增长约 417%。2003 年旅游接待量与旅游总收入有所回落，分别为 272.63 万次、11.06 亿元。之后，武夷山发展进入高速发展 10 年，2012年接待量、总收入分别为 874 万人次、150.3 亿元。2012 年之后，旅游经济受到国家宏观经济低迷的影响，武夷山旅游市场与产业增速同步放缓。

2013 年接待人数、旅游总收入比上一年同期分别下降 16.29%、22.46%，在武夷山 30 余年发展过程中，除了 1992 年、1993 年、2003 年、2013 年出现了负增长，其他时间阶段大都保持了较高的增长率。2003 年我国爆发了"非典"，对整个旅游业发展造成了较大的负面影响；2012 年国家出台了"八项规定"，再加上国内经济不景气等宏观因素，2013 年武夷山旅游经济出现低迷，说明旅游市场受需求的影响较大。如图 6-1 所示，把近年武夷山接待旅游者人数、旅游总收入、全国城镇居民人均可支配收入三个指标的走势相近，说明人均可支配收入对旅游市场需求产生着积极的影响。

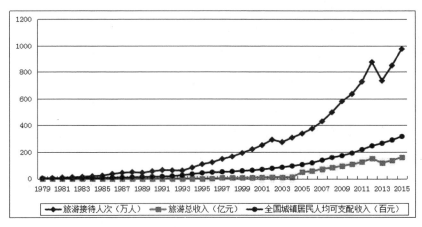

图 6-1　茶文化空间演化的需求因素

2. 供给因素

单位时间内，按照市场价格计算，一个国家和地区生产的所有最终产品与劳务的价值，称之为 GDP。它是衡量一个国家或地区总体经济状况、国民经济水平的核心指标，也是测度一个旅游地产品供给能力的重要指标。武夷山是传统的农业城市，中华人民共和国成立后，主要以农林为主，茶叶、烟叶是主要的经济作物。1979 年开始发展旅游，旅游服务逐渐成为该城市的支柱产业，是 GDP 的重要组成部分。武夷岩茶作为当地的特色购物商品，在旅游的推动下，茶产业快速发展。尤其是 2005 年以来，茶旅结合以旅促茶，以茶兴旅，进一步加快了茶产业发展的步伐，茶旅成为目前武夷山国民经济收入的重要组成部分。同时，国民经济水平越高，也反映出武夷山的茶产业水平、茶文化产品供给能力越强。1979 年，武夷山的 GDP 为 0.6019 亿元人民币，随之，开始逐年攀升。20 世纪 80 年代开始，武夷山政府开始进行武夷岩茶品牌创建工作。1984 年武夷岩茶被评为中国十大名茶；武夷岩茶肉桂与 1985 年、1989 年连获中国农业博览会金奖，宣传效果初显。从 1993 年开始，武夷山市组织实施"茶工程"，加大茶叶新品种的培育和文化的宣传。武夷岩茶的品牌认知度日益提升，茶叶销售量与日俱增，同时，也助推了国民经济收入的提升。如图 5-2 所示，1997 年，武夷山的 GDP 突破 10 亿元大关，达到 12.9756 亿元。1999 年，武夷山申遗成功，成为继泰山、黄山、峨眉山—乐山大佛之后的第四个混合遗产地，茶文化成为遗产文化，借着这股东风，武夷岩茶的品牌开始蜚声海内外。总之，茶旅产业的发展推动着武夷山 GDP 的提升，2015 年达到 138.88 亿元。国民经济水平的快速提升，为茶产业的发展提供了经济基础，是茶产品供给、茶文化空间构建的必要条件。国民经济水平越高，茶产业供给能力越强，茶文化空间的发展与演化的速度越快。

　　注册投资金额是指投资商对茶文化空间建设、茶产品生产的固定资产和流动资产的资本投资。武夷山的涉茶空间的建设最早是茶农在景区摆设茶摊或茶室，而茶叶生产空间的建设则是计划经济体制下国有资本和集体资本的行政性投资，而私有资本较少涉入，市场经济尚不活跃。如图 6-2 所示，1996 年后，各类资金才开始源源不断地流入茶产业，成为推动茶文化空间演化的能量之源。融资途径有：其一，个体经营户。投资金额较小，2001 年，才突破 1 亿元大关，达到 1.14 亿元人民币。其二，外商投资。投资金额大，加快了武夷山茶产业的发展。例如 2001 年，港商何一心在武夷山投资 1.09 亿元人民币注册武夷星茶业有限公司，从事茶叶种植与加工、茶机械茶具生产、生态茶园建设、农业高新技术研发、茶文化展示与交流、茶叶进出口等业务，为武夷山茶产业的发展注入新的活力和能源，并引导其他茶企齐头并进，加快了武夷山茶文化空间的建构。2013 年、2015 年茶企注册资金连续突破 15 亿元，茶产业投资力度持续发力。这段时期，茶企业投资比例加大，投资商投资资金数额明显提升。

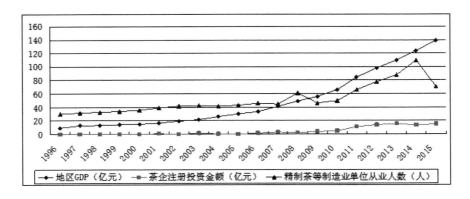

图 6-2　茶文化空间演化的供给因素

　　精制茶等制造业单位从业人数是通过武夷山茶叶加工、生产等涉茶人员数量的多寡来反映茶产业的兴衰演变。本研究选取武夷山 2000 万元以上规模的企业平均从业人数作为数据资料进行分析，从图 6-2 可以看出，20世纪 90 年代，武夷山市精制茶等制造业单位从业人数始终保持在 30 人左右，表明武夷山具有一定规模的茶企数量没有大的变化，茶产业发展呈现缓慢增长状态。2008 年，单位从业人数达到 61 人，表明武夷山规模大的茶企生产加工水平越来越高，产品的供给能力越来越强。2014 年，单位从业人数达到 110 人，茶企生产规模越来越大，经营模式也从单一的茶叶种植、生产、加工走向了茶园观光、茶文化传播、茶文化创意等文化生产与消费。单位从业人员的类型也从单一的生产加工拓展到文化服务，茶产业结构要素不断地转型升级。

（二）政府管理因素

　　从图 6-3 可以看出，武夷山政府茶业政策、精制茶加工业固定资产投资、报纸茶文化报道量呈现出一定的规律性和相关性。从整体趋势来看，虽然政府茶业政策、精制茶加工业固定资产投资额和报纸茶文化报道量三者都呈现波动状态，但总体呈现上升趋势。其中，政府茶业政策的颁布数量波动较大，而精制茶加工业固定资产投资额和报纸茶文化报道数量在

1996年缓慢增长，2008年后快速提升。这一时期，茶旅结合的成效已经逐渐表现出来，一方面，政府重视，颁布了一系列支持政策，另一方面，茶农、茶企和经营者从中获利，精制茶加工业固定资产投资也越来越多，茶产业的影响力越来越大，关于茶文化报道的数量也随之增多。

1981年—1996年，政府茶业政策对茶业投资的影响还比较小，政府茶业政策主要围绕茶叶的生产种植、茶叶的市场管理和管理机构展开。到了1996年以后，政府在茶业市场管理方面加大了力度，开始赴台进行茶叶交流，并建设茶叶项目加快茶旅结合，如御茶园建设，共同促进产业发展。1996年—2005年，从政府政策可以看到，武夷山茶叶公司的土地使用权也在发生着变化，政府同意将国有建设用地使用权出让给各茶业公司，作为该公司茶叶种植基地，农耕空间不断发生变化。

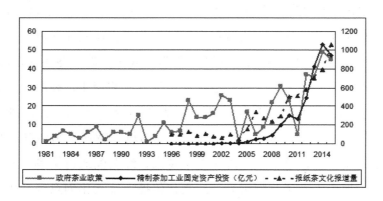

图6-3 茶文化空间演化的管理因素

报纸是政府进行文化宣传的重要载体，也是政府进行茶文化品牌营销的重要窗口。本研究所称的茶文化报道量是指《武夷山报》和《闽北日报》关于涉茶报道，其报道内容主要包括茶诗词文学、茶养生文化、茶品牌宣传等。武夷山报和闽北日报是宣传报道武夷山旅游和茶产业的重要新闻媒体，20年来，也是外界了解武夷山政治、经济、文化的重要媒介。1996年《武夷山报》创办，1991年闽北日报创办，为便于数据分析，取1996年为起始时间，用两家报纸报道数量总和来全面分析政府对茶文化的宣传内容和手段。从图 6-3 可以看出，2005 年之前，报纸茶文化年报道量在 50—130 次之间，2005 年，政府推动茶旅结合，重点打造茶文化品牌，2006 年，被确认为首批"国家级非物质文化遗产"，政府通过报纸对茶文化的宣传力度明显加大，达到 340 次之多。自此之后，政府越来越重视茶事活动，并加强对外宣传，提升了武夷山茶文化的知名度。2010 年，随着金骏眉品牌的声名鹊起，武夷山拥有了武夷岩茶大红袍和红茶金骏眉两个顶尖级的茶叶品牌，奠定了茶业在武夷山产业经济中的核心地位，武夷山报专门设置了茶叶专刊报道栏目，对各种茶文化、茶事活动进行跟踪报道，年报道次数达到 500 余次。2015 年，年报道量达到 1058 次，一定程度上反映了政府对茶文化宣传的重视程度。在茶文化宣传报道方面，政府重视武夷山茶叶品牌的宣传和塑造，报道内容包括：

其一，品牌宣传。专题报道大红袍母树茶叶拍卖活动（表 6-2）。价超黄金，一夜蜚名。同时，为提升武夷岩茶大红袍的珍稀性，2006 年，六株大红袍母树向中国人民保险公司投保 1 亿元人民币。2007 年，在故宫端门大殿内举办仪式，最后一次采摘的 20 克母树大红袍茶叶，赠送中国国家博物馆珍藏，将母树大红袍视为一种身份和地位象征的文化产品。

表6-2　母树大红袍历届拍卖活动

时间	地点	竞买人	20克母树大红袍茶叶成交价
1998.08.18	武夷山	海外投资（澳洲）有限公司董事长 许荣茂	15.68万元人民币
2002.11.25	广州	广州南海渔村	18万元人民币
2004.12	香港	蒋小红	16.6万港元
2005.04.13	上海	北京马连道茶缘董事长 马武	19.8万元人民币
2005.04.17	武夷山	新加坡 陈汉民	20.8万元人民币

资料来源：武夷山市茶业局官方数据

其二，茶事活动宣传。加大武夷山重要茶事活动的宣传力度，让外界更多了解武夷山茶文化。武夷山报对茶事活动宣传最多的是武夷山岩茶节和海峡两岸茶业博览会。1990 年，武夷山政府开始举办"首届武夷岩茶节"，提出了"以茶为媒，宣传武夷，发展旅游"的宗旨，1990 年—2003

年，先后举办六届岩茶节，收到了良好的经济、社会效应（见表6-3）。
2003年，武夷山被评为"中国茶文化艺术之乡"，政府转变文化宣传思路，
提出"主打大红袍"的茶文化宣传战略，2005年4月，岩茶节被大红袍节
所取代。2008年11月16—18日，第二届海峡两岸茶业博览会在武夷山举
行，武夷山政府乘机茶旅结合，举办旅游文化节，推出"武夷山、水、茶"
主题，两会合一，茶旅互动。而且，从第四届开始，海峡两岸茶博会正式
落户武夷山（表6-4），每年的茶博会，又成为旅游盛会。在后期的茶博会
中，政府的茶文化宣传定位在"茶与茶具""茶与茶道""茶与养生""茶与
食品""茶与茶文化"等多元文化主题之上，武夷茶文化在海外的影响越来
越大。

表6-3　武夷山历届岩茶节一览表

茶博会	举办时间	举办单位	参加嘉宾
第一届	1990.10.1-2	南平地区行政公署、武夷山市人民政府	法国、美国、日本、港澳台等地区的90多位嘉宾及大陆100多名嘉宾。
第二届	1992.9.15—17	武夷山市人民政府	海内外宾客400余人。
第三届	1993.11.8—9	南平地区行政公署、武夷山市人民政府	海内外宾客1300人。
第四届	1995.10.27—28	武夷山市委、市政府，武夷山市岩茶总公司	中外宾客460余人。
第五届	1998.8.18—20	中共武夷山市委、市政府	来自美国、加拿大、澳大利亚及东南亚50余名应邀嘉宾及国内150余名宾客。
第六届	2003.11.11—13	中共武夷山市委、市政府	中外宾客400余人。

资料来源：根据《武夷茶经》、档案局资料整理

表6-4　武夷山历届海峡两岸茶业博览会一览表

茶博会	地点	举办时间	茶文化主题	主办单位	博览会状况
第一届	泉州	2007.11.16—20	生态、健康、和谐	福建省人民政府、国台办、农业部等	展位622个，参展商465家（台湾53家）

续表

茶博会	地点	举办时间	茶文化主题	主办单位	博览会状况
第二届	武夷山	2008.11.16—18	武夷山、水、茶	福建省人民政府、国台办、农业部等	展位600个（台湾展位50个），参展商1000多家。
第三届	宁德	2009.11.16—18	山、海、茶	福建省人民政府、中国茶叶流通协会等	展位900多个（台湾展位101个）。
第四届	武夷山	2010.11.16—18	茶与茶具	福建省人民政府、海峡两岸关系协会等	展位1055个，参展商600家（台湾参展商100多家）。
第五届	武夷山	2011.11.25—27	武夷茶道	福建省人民政府、国台办等	展位1182个，参展商570家，采购商1000余家。
第六届	武夷山	2012.11.16—18	茶与茶文化	福建省人民政府、台湾省农会等	展位1183个，参展商570家，2000家采购商。
第七届	武夷山	2013.11.16—18	茶与健康	福建省人民政府、国台办、农业部等	展位1200个，参展商500余家（台湾100多家）。
第八届	武夷山	2014.11.16—18	茶与养生	福建省人民政府、两岸茶业协会等	展位1257个，参展商500家（台湾100多家），采购商4000多家。
第九届	武夷山	2015.11.16—18	茶与茶文化、茶与养生、茶与茶具、茶与茶食品、茶与茶设备等	福建省人民政府、两岸茶业协会等	展位1265个，参展商565家（台湾111家，境外17家），采购商4000余家。

资料来源：海峡两岸茶业博览会官方网站数据

（三）文化资本因素

如图6-4所示，从绝对量上来讲，排除特殊事件影响，全国互联网上网人数、普通高校在校学生数、全国城镇居民家庭人均文教娱乐现金消费支出三个指标都呈增加趋势，但是三者增长幅度不同。1994 年，我国开始向全民推行互联网入户政策，1997 年全国互联网上网人数为 140 万人，1995 年，普通高校在校学生数 291 万人、家庭人均文教娱乐现金消费支出 331 元，指标水平低。经过 10 余年的发展，2005 年，我国互联网上网人数首次突破 1 亿人次，普通高校在校学生数达到 1562 万余人、家庭人均文教娱乐现金消费支出突破千元。经历了快速发展时期，2005 年—2015 年全国互联网上网人数增长幅度加大，受到国家政策和计划生育的影响，普通高校在校学生数增长幅度减低，截至 2015 年底全国互联网上网人数、普通高校在校学生数、家庭人均文教娱乐现金消费支出分别为 6.8151 亿人、0.26299 亿人、0.23071 万元。

第三产业比重是指一个国家或地区经济结构的比例，反映旅游服务设施设备的建设情况。第三产业比重越大，服务业水平越高。武夷山是中国优秀旅游城市，第三产业比重是衡量该城市服务业水平高低，旅游产品供给能力大小的重要结构要素。1979 年，武夷山着手发展旅游业，这时，第三产业比重达到 31.58%，但是，仍属于起步阶段，经济水平低，交通条件差，服务接待设施不完善，整个旅游业水平低。这一时期武夷山政府发展旅游业的主要任务是对旅游服务设施进行规划和建设。因此，一直到 1996 年，武夷山的第三产业比重始终在 30% 左右徘徊。1999 年，申遗成功是武夷山第三产业发展的转折点。至 2000 年，第三产业已达到 51.23%，发展成为第一大产业，2002 年，最高比重达到 55.51%，意味着武夷山经济结构逐渐向服务主导型经济转变。这种转向对武夷山经济增长、就业、投资导向及各个方面都带来深远影响，特别是茶文化旅游方面的新潜力、新空间。2009 年，武夷山第三产业比重跌出 50%，主要是由于随着互联网时代的到来，武夷山旅游业开始进入转型升级的拐点，与此同时，随着茶产业的发展，茶叶产量和产值大增，推动了第一产业和第二产业的发展，第三产业比重呈现下降趋势。

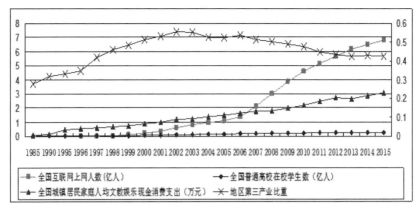

图 6-4　武夷山茶文化空间演化的文化资本因素

三、驱动因素的评价指标分析

茶文化空间演化的驱动因素评价指标借用信息熵这个平台，根据指标值的离散程度，对驱动因素各个观测指标输出的信息熵进行客观赋权。运用公式（6.1）对市场供需 F1、政府管理 F2、文化资本 F3 等驱动因素的指标层数据进行标准化处理，再运用公式（6.2）对指标数据进行熵值计算，公式（6.3）、（6.4）计算出指标权重，最后运用公式（6.5）计算出 F1、F2、F3 及驱动因素的综合得分，为旅游地茶文化空间演化驱动因素的指标评价提供科学依据。步骤如下：

（1）数据标准化处理：测度指标原始数据量级、量纲通常不一致，必须进行无量纲化处理，根据各项指标的正负取向属性值进行计算，公式为：

正向指标：$X_{ij}^{'} = (\max\{X_j\} - X_{ij})/(\max\{X_j\} - \min\{X_j\})$

逆向指标：$X_{ij}^{'} = (\max\{X_j\} - X_{ij})/(\max\{X_j\} - \min\{X_j\})$ 　（6.1）

（2）计算第 j 项指标熵值：

$$e_j = -k \sum_{i=1}^{m} [(X_{ij}^{'} / \sum_{i=1}^{m} X_{ij}^{'}) \times \ln(X_{ij}^{'} / \sum_{i=1}^{m} X_{ij}^{'})], \ \diamondsuit\ k = \frac{1}{\ln m}$$

则　$e_j = (-1/\ln m) \sum_{i=1}^{m} [(X_{ij}^{'} / \sum_{i=1}^{m} X_{ij}^{'}) \times \ln(X_{ij}^{'} / \sum_{i=1}^{m} X_{ij}^{'})]$

其中，m 为年份个数，代表 1996 年—2015 年 20 个年份，$X_{ij}^{'}$ 为第 i

个年份第 j 项指标值；$\max\{X_j\}$ $\min\{X_j\}$ 分别表示各年份第 j 项指标的最大值和最小值。

（3）计算第 j 项指标差异系数：$g_j = 1 - e_j$ 　（6.3）

（4）计算指标权重：$W_j = \dfrac{g_j}{\sum\limits^{n} g_j}$ 　　（6.4）

（5）计算综合得分：$S_{ij} = w_j \times X'_{ij}$ 　（6.5）

式（6.5）中，第 j 项指标权重 w_j 与第 i 个年份第 j 项标准化样本指标相乘，进而得出各个年份驱动因素的指标得分。

如表 6-5 所示，从权重值看，各指标值表现出差异性，表明驱动因素的作用力大小不尽一致。指标值大表示作用力强，指标值小表示作用力弱。具体表现在：

①市场供需因素方面，投资商指标权重值高，表明茶产业投资指标发展速度快，动力作用强，是市场供需维度供给侧的核心指标。旅游收入是市场供需维度需求侧的核心指标。

②政府管理因素方面，财政支持权重值最大，表明政府对茶产业的财政投入方面给予了茶产业发展较大的动力影响，成为政府管理维度的核心指标。表明政府的财政投入直接引导茶文化空间的建构。

③文化资本方面，文化设施权重值高，表明互联网已成为提升游客文化的核心指标。毫无疑问，今天网络知识传播已经代替了图书馆、教室、课堂、家庭教育、业务培训等，从我国的互联网入户政策，到今天的手机客户端，每天有大量知识信息被进行复制和传播，推动着文化资本水平的提高。概而言之，驱动因素的动力作用过程中，投资商的资本投入、政府的财政支持、文化设施的知识传播途径等是茶文化空间演化驱动因素的关键指标，也是判断动力要素发展水平高低的重要标志。

表6-5　1996年—2015年驱动要素指标权重

目标层	准则层	指标层	指标权重
驱动因素	市场供需因素	游客接待量	0.0554
		旅游收入	0.0782
		购买能力	0.0741
		地方经济发展水平	0.0832
		投资商	0.1344
		当地居民	0.0679
	政府管理因素	政府政策	0.0402
		财政支持	0.1797
		文化宣传	0.0944
	文化资本因素	文化服务	0.0120
		文化设施	0.0916
		文化教育水平	0.0440
		文化消费能力	0.0447

如图 6-5 所示，从 3 个驱动要素指标发展的综合得分看，1996 年—2015 年间，各个驱动因素的指标水平呈现出逐年上升的发展态势，而且阶段性特征较为明显。

（1）萌芽阶段（1999 年之前），各驱动因素作用力欠佳，3 要素综合驱动力水平提升缓慢。驱动因素的综合得分比重均在 1% 以下，表明这一时期武夷山的市场供需结构要素尚不完善、政府调控作用尚不明显，文化资本所引起的文化需求动力不足。

（2）形成阶段（1999 年—2005 年），市场供需要素动力提升，成为主导因素；政府管理要素、文化资本因素反应迟钝，举步不前，沦为附属动力。这一时期，市场供需要素指标水平已上升到 2%，其他两个因素仍在 1% 以下徘徊。同时，驱动因素的综合得分比重已上升到 3%，较之前期相比，呈现出快速增长态势。经比较分析获知，市场供需因素是这一时期动力因素综合水平提升的主要动力。其原因在于这一时期，国内旅游悄然兴起，游客接待量增大，旅游收入增多，投资商对茶文化空间的投资增多，供需要素的作用力明显增强。

（3）发展巩固阶段（2007 年—2015 年），多力交织的合力作用机制已经形成。2006 年，驱动因素快速增长，2015 年综合得分比重值达到 16%。与之比较，2006 年，市场供需因素增长提速，2015 年指标得分比重最高达到 7%；2011 年后，政府管理因素快速攀升，2015 年指标得分比重值达到 6%；文化资本因素的作用力最小，2013 年指标得分比重达到 2%，并保持相对稳定。可见，这一时期，驱动因素进入了市场供需、政府管理、文化资本要素联合驱动的发展状态。

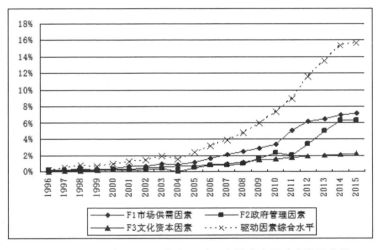

图 6-5   1996 年 -2015 年各驱动因素综合水平动态发展曲线

四、结果分析与解释

从数据分析可知，驱动因素的发展是一个动态的、稳步上升的过程，也是市场供需、政府管理、文化资本等因素共同作用的过程。

（一）旅游市场供需因素引致了投资商的投资热潮，成为茶文化空间演化的动力引擎

从三个演化阶段看，市场供需因素发展曲线明显高于其他因素，是驱动因素中的主动力，对茶文化空间的演化起着决定性作用。改革开放以来，我国大力发展旅游业，游客的旅游消费为旅游地带来了丰厚的旅游收入，引来了茶文化空间投资建设的热潮。从需求侧讲，我国国民经济水平的提

高，城镇居民的可支配收入增多，再加上 1999 年黄金周假日制度的实施，闲钱、闲时的增多，旅游成为现代人的一种生活方式。1999 年，武夷山申报世界双世遗地成功后，旅游接待人次明显增多，武夷茶作为地方特产，游客的茶叶消费直接助推茶产业的发展，为茶旅产业带来丰厚利润。从供给侧看，为获得利润，茶文化空间领域迎来了投资的热潮，越来越多的资本流向空间建造或重构，武夷山的茶文化空间迎来了发展机遇期。同时，当地居民也开始参与到茶产业活动中，成为利益相关者。可见，市场供需因素对茶文化空间的主导作用是大众旅游化时代旅游产业发展的必然趋势。

（二）管理因素具有后发优势，政府成为茶文化空间演化的幕后推手

旅游业在早期发展阶段，我国多数地区处于计划经济时代，多数旅游地仍然以农业为主，早期的旅游者数量及消费能力较低，难以对地方国民经济及居民生活水平产生实质性影响，产业活动通常不会引起地方政府足够的重视。因此，政府管理因素长期处于政务管理的惯常状态，发展较为缓慢。2006 年，政府管理因素的指标得分比值仅为 0.8%。不过，武夷山政府实行茶旅结合的发展战略后，政府管理的工作重点开始转向了茶产业的发展。2013 年政府管理因素的指标得分比值达到 5%，增长率达到 48%。表明在驱动因素中，政府管理因素具有后发优势。中后期茶文化空间的规划建设往往是通过政府行政调控完成的。政策引导方面，引进印象大红袍山水实景演艺场项目、凯捷岩茶城茶叶国际展览中心项目等，财政支持方面，如《关于请求给予迎接第二届海峡"茶博会"重点项目及基础实施配套补助资金的请示》等，文化宣传方面，茶文化遴选为遗产文化，并进一步加大对大红袍茶文化旅游的开发和建设，通过茶文化活动、新闻媒体加大对茶文化的宣传力度。可见，随着茶产业在经济中的地位越来越重要，政府开始推波助澜，成为茶文化空间演化的幕后推手。

（三）驱动因素综合水平的提高是核心动力指标协同并进，共同作用茶文化空间演化的过程

发展巩固阶段，驱动要素的综合水平快速提升，除了文化资本因素发展较为缓慢外，市场供需因素、政府管理因素的指标水平与驱动因子综合水平的发展趋势基本一致，表明茶文化空间已经形成了以市场供需因素为内驱引擎，以政府调控的管理因素和游客文化资本因素为外驱助力，多因素交替用力、协同发展的联合驱动机制。该机制作用力的大小受各因素核心指标协调程度的影响较大。据表 5-5 数据来看，市场供需因素的核心指标是投资商投资，权重值为 0.1344；政府管理因素的核心指标是财政支持，权重值为 0.1797；文化资本的核心指标是以互联网为主体的文化设施，权重值为 0.0916。这些核心指标的协同发展程度，是茶文化空间演化的主要机理。就空间发展的现实逻辑来看，政府为发展茶产业，建构茶文化空间，需要招商引资，而投资商资本的输入，除了保障有高额的利润回报外，还需政府的财政支持，如银行贷款支持、税收政策支持、土地补贴政策支持等。同时，政府还需要加大文化设施的建造和完善，而随着互联网时代的到来，互联网已代替高校、培训机构、图书馆成为现代人提升文化资本水平的重要途径。手机已成为获取旅游信息、传播文化知识的主要工具。因此，投资商、财政支持、互联网上网人数等核心指标为产业发展的共同目标密切地联系在一起，协同程度越高，推动茶文化空间演化的作用力越强。基于此，应不断调节核心指标的协调程度，加大财政支持，积极招商引资，完善互联网文化设施，制定茶旅结合的宏伟战略，引导茶文化空间可持续发展。

第二节　茶文化空间的演化机理研究

一、茶文化空间演化的综合水平分析

茶文化空间演化过程中，茶文化由原态文化向旅游态文化演变，其空间也在旅游流聚集的地区不断扩散。各个时期文化空间的演化程度需要建立指标体系对空间演化的综合水平进行评价。目前，学术界较少对文化空间演化的指标体系进行研究，同时，对文化空间研究的仍集中于中观尺度的城市旅游空间、乡村旅游空间、公共旅游空间等领域。例如，关于文化城市指标评价，有学者提出从文化资源、文化创意产业、文化景观、文化氛围、文化场所、文化制度等方面进行指标构建[①]；而对于创意城市评价，有学者则从创意资源、城市便利性、城市宽容度、政府支持度等维度进行测评[②]。当然，空间尺度不同，指标的选取也不尽一致。对于微观尺度的茶文化空间，产业经济背景下，经济性、文化性和空间性是主要的本质属性。茶文化空间作为经济活动的场所或载体，应从空间、文化与经济三个维度对空间的演化进行指标选取和测度。

（一）茶文化空间演化指标体系构建

茶文化空间作为旅游地文化空间的一种典型代表，茶文化空间的发展演化反映了产业化背景下现代游客文化需求和文化消费所引起的空间结构要素的重新整合与转型升级，表现为茶文化空间从量变到质变、经济与空间规模增大及文化空间布局优化的过程。

依据指标获取的系统性、代表性和可操性原则，对茶文化空间的空间性、文化性和经济性进行指标选取，根据上文对文化空间已有研究文献的归纳总结及专家咨询，最终把茶文化空间演化的指标体系确定为三个层次，

---

① 刘合林. 城市文化空间解读与利用——构建文化城市的新路径. 南京：东南大学出版社，2010：113–114.

② 吕庆华. 中国创意城市评价. 北京：光明日报出版社，2014：89–90.

即一级目标层、二级指标层和三级因素层，该指标体系适用于旅游产业背景下茶文化空间演化的一般性测度与分析，而对于非市场逻辑条件下茶文化空间的综合评价，则需要视情况对指标体系进行筛选与调整。具体来看，一级目标层从茶文化空间演化的综合水平；二级变量层选取了空间性、文化性和经济性三个维度测度茶文化空间的演化；三级指标层根据茶文化空间的基本属性选择了 12 个测量因子，构建出一套能够客观反映茶文化空间演化的指标体系（图 6-6）。

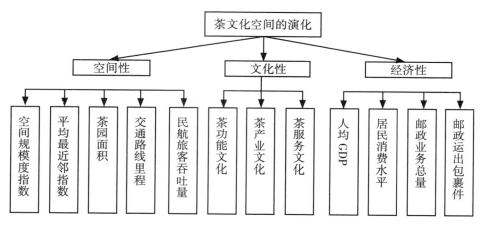

图 6-6　茶文化空间演化的指标体系

（二）茶文化空间演化的指标解释

空间是文化的载体，是人类活动的场所，人类的生活方式、风俗习惯、价值诉求、宗教信仰等需要依托空间进行表达。茶文化空间的价值与意义在于空间的产品生产价值及吸引物价值，即空间的经济性及文化性。因此，茶文化空间的测度需要从空间性、文化性与经济性三个维度进行测度和评价。

1. 空间性

向云驹（2008）把文化空间的"空间性"概括为三个方面：一是文化的物理场，即是一个承载文化物态的物理"场"；二是文化场，这个"场"里有人类的文化创造和传承；三是人类的"在场"，"日出而作，日落而息"，人类的行为、岁时传统等集中在这里体现。旅游地文化空间具有时空特性，文化的缔造源自人类的生活环境和区域空间。空间决定文化，文化点缀空间，赋予空间内涵。旅游地茶文化空间是在旅游产业兴起与发展的背景下，往往具有明晰的边界和必备的活动场所，旅游主体、旅游客体及旅游介体等旅游系统相关者，均处于这种特定的空间之中，相互之间通过市场逻辑产生着各种联系。因此，空间性是度量茶文化空间演化的重要维度。

①通过位置来测度。每个茶文化空间对应一个位置，位置是重要的空间要素，是旅游地茶文化空间的物理场。海德格尔指出，物的存在不是以占据位置而体现，而是物自身就是一个位置[①]。从主客供需关系的视角进行分析，游客作为需求主体，与之相对应的空间客体需要从两个方面进行考量：一是旅游目的地空间客体；二是旅游客源地空间客体。旅游目的地空间客体往往通过位置来表示，每个位置表现为一个空间坐标。正如前文所述，最邻近指数通过茶文化空间坐标位置测度空间距离的变化，动态观察坐标的聚集程度及分布形态。

②通过空间数量来测度。本研究所关注的茶文化空间尺度小，空间性的演化经历着从量变到质变的过程，量变可以通过空间数量的多少来体现，单位面积上空间数量多，文化空间演化得快，空间规模度大小是重要的测度指标。

③通过用地面积大小来测度。海贝贝、李小建等（2013）通过农村居民点用地面积大小来观测空间格局的演变特征。方忠权（2013）利用会展企业空间的面积变化测度会展企业空间在城市中的聚集特征[②]。茶文化作为物质文化，游客对茶叶商品、茶文化的需求日益增大，武夷山的茶园面积也快速提升，茶园分布由原来的武夷街道、新丰街道、星村镇向崇安街道、兴田镇、五夫镇、洋庄乡等周边乡镇扩散。可见，茶园种植面积也反映了武夷山涉茶空间的发展演变，是测度旅游地茶文化空间演化的重要指标。

④交通便利性是空间性的重要体现，王博等（2015）提出，武汉城市

---

① ［德］海德格尔.演讲与论文集（孙周兴 译者）.北京：生活·读书·新知三联书店，2005：163.

② 方忠权.广州会展企业空间聚集特征与影响因素.地理学报，2013，68（4）：464-476.

圈旅游网络结构的演化在于空间辐射效应的进一步增强，这种辐射效应得益于旅游交通便利的可达性 [①]。交通路线历程、民航旅客吞吐量是测度旅游交通便利的重要指标。综上，考虑到空间演化的时空特性、数据的客观性及可获得性，从地方性的视角来研究空间性的演化，空间属性指标数据来源于武夷山市的地方数据，选取茶文化空间最近邻指数、茶文化空间规模度、茶园种植面积、交通路线历程与民航旅客吞吐量等五个指标测度茶文化空间的空间内涵演化。

2. 文化性

茶文化空间是一个微观尺度的地理概念，是一个产业化推动的文化型空间。在讨论文化空间的评价指标时，关键在于文化空间内涵的理解。如前文所述，旅游地的茶文化空间主要体现为茶功能文化、茶产业文化与茶服务文化三种文化形态，游客的茶文化需求，主要是一种可赏的文化需求，如茶具、茶工艺品等，它生产出来就是可赏的，既是茶文化产品，同时也是可赏的茶文化旅游产品。有些茶文化产品如茶园、茶企业，经旅游开发后成为可赏的旅游产品。

在茶功能文化方面，茶食品、茶饮品、茶药品等拥有保健功能，但是这些产品的功能文化不一定可赏。学术界、茶业界可能知道这些功能，但是可赏是让消费者知道的，媒介传播是广大消费者了解茶功能文化的主要途径，图书、新闻、互联网、茶艺表演、品茶、茶知识选讲等，通过这些途径能够让大家知道茶功能。知道茶功能的人数越多，就意味着购买茶叶的潜在消费者越多，消费的人群增多，需求量增大，市场供不应求，茶叶的产量就会不断提升。也就是说，武夷岩茶功能独特，饮用的人群多，茶叶产量大，也就说明了可赏的茶功能文化量化出来了。因此，茶功能文化就可以选取武夷山的茶叶产量作为替代指标。

茶产业文化的发展与演进，主要通过茶产业具有观赏价值的营运氛围、

---

① 王博，吴清等.武汉城市圈旅游经济网络结构及其演化.经济地理，2015，35（5）：192–197.

茶产品品质来测度。茶产业文化包括可赏与非可赏两个方面，若能够供游客参观游览，成为茶观光文化。茶产业主要包括茶种植、生产、加工等方面的内涵，而茶产业文化的内涵则包括企业理念，规章制度、员工精神面貌、工艺流程壮观性等具有观赏价值的营运氛围来表现。营运氛围是可赏的，可赏的茶产业文化的营运氛围可以通过茶园、观光茶企的游客接待量及旅游收入来表示。

茶服务文化方面，商品服务是茶文化空间主要的服务方式，可以通过茶具销售量或销售额来体现。茶服务文化通常通过茶器具、茶装饰、茶工艺品等来表现，均可以开发为旅游产品，是一种可赏的茶文化产品。也就是说，摆放在旅游空间的茶具、茶工艺品等，游客既可以审美观赏，也可以购买。茶服务文化的目标群体是旅游者，因此，它属于可赏的旅游文化，可以通过茶具的销售额来替代。

综上分析，充分考虑到文化演化指标较难获取的特性，本研究从茶功能文化、茶产业文化、茶服务文化等视角来度量空间文化性的演化，选取茶叶产量、茶具年销售额、茶景区年接待量、茶景区旅游收入等指标测度茶文化空间的文化内涵演化，指标数据来源于武夷山市的地方数据。

3. 经济性

武夷山茶文化空间的经济性主要是指该类空间作为商业空间所产生的经济贡献，即对国民经济水平所产生的影响。依据《中国统计年鉴》的指标体系，反映国民经济水平的指标颇多，诸如国内（地区）生产总值、人均地区生产总值、国民总收入、三次产业、劳动者报酬、居民消费水平、营业盈余等。武夷山的茶文化空间具有生产和消费功能，有些空间可以接待游客，为游客提供旅游服务，有些空间可以提供茶叶生产，为游客加工购物商品，有些空间开发为旅游景区，为游客提供观光服务等。可以把茶文化空间的经济价值概为两个方面：一是对地区生产总值的贡献；二是对当地居民收入、消费支出能力的贡献。近些年来，随着武夷山茶业经济的快速发展，茶产业链日益完善的同时，也带动了旅游、住宿、食品、物流、房地产、文化等相关产业的发展，成为地方经济发展的重要引擎。因此，可以从人均国内生产总值（GDP）和居民消费水平两个指标反映茶文化空间的经济属性价值。人均 GDP 是经济学中衡量地区经济发展状况的常用指标之一，人均 GDP 高，地区人民生活水平就高，宏观经济运行状况就会表现良好。茶叶与旅游作为武夷山的双支柱产业，直接影响着地方经济的运行与发展。因此，人均 GDP 可以作为茶文化空间经济属性演化的重要指标。居民消费水平是指居民对物质产品和劳务的消费，反映人们物质生活和精神生活方面所达到的程度。茶文化空间产生的经济价值高，当地居民的收入稳定，消费水平就会提升。同时，向艺、郑林（2012）等提出居民消费水平的提高对旅游经济增长具有显著的促进作用[①]。此外，茶文化空间经济性作为一定时期内茶叶所产生的经济收入，可以通过茶叶的销售量来表示。在价格稳定的前提下，茶叶销售量越大，带来的经济收入越高。武夷山的游客购买茶叶的数量或金额指标数据难以获取，通常以替代指标茶叶外销量来表示。在与茶企老板访谈的过程中获知，武夷茶的购买客户群体大多是来过武夷山旅游的游客。他们通过茶园观光、茶文化讲解、"印象大红袍"宣传，全面认识了武夷岩茶，并成为饮武夷岩茶的忠实客户。可见，旅游业的发展对茶叶的外销量产生重要的影响。外销量大小往往通过外销茶叶的物流量来表示，尤其是 2006 年来，互联网平台的构建，物流成为茶叶输送的重要渠道。在各个物流公司中，长期以来，中国邮政始终是重要的速递公司，尤其是 2000 年来，正式启动物流配送工程，建立了我国最大的物流配送网络，提供了城乡全域到达，直投到户的优质服务。武夷山茶叶的销售数量可以通过两个重要的替代指标武夷山市邮政业务总量和邮政输出包裹件来度量。邮政业务总量是指以价值量形式表现的邮政企业为社会提供的各种包裹、快件、邮政速递等服务的总量，它反映了一定时期邮政工作的成果，该成果能够体现武夷山茶叶的对外销售状况及趋势。邮政运出包裹件是邮政业务总量指标的重要补充，武夷山茶叶对外输送通常采用包裹件的形式，邮政运出包裹件反映了一定时期武夷山茶叶运出数

---

① 　向艺，郑林，王成璋. 旅游经济增长因素的空间计量研究. 经济地理，2012(6)：162–166.

量的多少，从一个侧面反映了由茶空间生产出来的茶叶给武夷山带来的经济价值。

综上，充分考虑到空间演化的经济特性、数据的客观性及可获得性，选取邮政业务总量、邮政运出包裹件、人均GDP、居民消费水平等四个指标测度茶文化空间的经济内涵演化。空间经济属性指标数据来源于武夷山市的地方数据。

（三）茶文化空间演化的实证分析

1. 茶文化空间演化的评价指标分析

本研究运用熵值法对茶文化空间演化的各个观测指标输出的信息熵进行客观赋权。从权重值看，各指标值表现出差异性，表明演化水平不尽一致。指标值大表示演化快，指标值小表示演化慢。据表6-6数据来看：①空间性方面，空间规模度指数权重值高，表明茶文化空间数量发展快，是空间性演化的核心指标。②文化性方面，茶具年销售额权重值最大，表明服务文化发展快，是茶文化空间文化性演化的核心指标。③经济性方面，人均GDP权重值高，表明地区生产总值和当地居民人口是茶文化空间经济性演化的核心指标。概而言之，空间规模度指数、茶具年销售量、人均GDP等作为空间性、文化性和经济性的关键指标，成为判断茶文化空间演化水平高低的重要标志。

表6-6　1996年—2016年茶文化空间演化评价指标及权重

目标层	准则层	指标层	单位	指标权重
茶文化空间演化指标评价	空间性	空间规模度指数	个/平方千米	0.1731
		平均最近邻指数	米	0.0354
		茶园面积	亩	0.1061
		交通路线里程	千米	0.0379
		民航旅客吞吐量	人	0.0503
	文化性	茶叶产量	万千克	0.0387
		茶具年销售额	万元	0.1202
		观光茶园年接待量	人	0.0896
		景区门票收入	万元	0.1102

续表

目标层	准则层	指标层	单位	指标权重
茶文化空间演化指标评价	经济性	人均GDP	万元	0.0931
		居民消费水平	元	0.0815
		邮政业务总量	万元	0.0189
		邮政运出包裹件数	件	0.0451

本研究中，茶文化空间的演化主要表现为空间性、文化性及经济性的演化，而空间规模度指数、茶具年销售额、人均 GDP 作为空间性、文化性、经济性的关键指标，需要对这些指标的年增长率进行分析，进一步探究各个时期它们在茶文化空间演化中的地位和作用。如图 6-7 所示，各个核心指标的年增长率的发展变化呈现出不同的特征。

①空间规模度指数年增长率曲线波动大，空间性演化的阶段性差异较为明显。从增长率的阶段性发展来看，2000 年之前，武夷山茶文化空间数量少，属于缓慢增长阶段，增长率在 0 值附近上下波动，反映出这一阶段茶文化空间的演化水平较低。2000 年后，增长率急剧提升，随之逐渐下降，2006 年触底，负增长 11%，之后进入了快速增长期。这与茶文化空间数量的变化相吻合，1999 年，武夷山申遗成功后，茶文化空间经历了一个快速发展期。由于这一时期武夷岩茶的品牌影响力小，茶叶销量小，规模度指数增长率的提升缺乏持续性，也表现出这一阶段茶文化空间的演化仍然较为缓慢。2006 年后，茶旅结合初见成效，武夷岩茶销量好，茶文化空间数量增长快，规模度指数增长率大幅提升，尽管呈现出波动性和增幅降低的趋势，但是增长率仍然在 0 值以上，表明这一阶段茶文化空间空间属性的发展与演化的速度明显增强。

②茶具销售额年增长率曲线波动性较小，增幅比较稳定，表明茶文化空间的文化性演化较为稳定。武夷山的茶具店、茶叶店属于商品服务空间，为游客提供购物服务，茶具店作为可赏的旅游资源，今天已经成为重要的旅游吸引物，而且，茶具也一直是游客购物的重要旅游商品。茶具销售作为服务文化的代表，增长率具体特征表现为：2004 年之前，增长率维持在 20% 左右，比较稳定。原因在于这一时期茶具、茶叶、红菇、蛇酒等特产是游客的主要购物商品。

神农店老板，男，50 多岁，"我刚开店时，（我的茶具）卖游客挺多的，因为那时候的茶具店全国是不多的，各个地方没有茶城，游客来到这里，他们买茶，通常都要买茶具泡茶。以前的茶具比较便宜，比较粗糙，就是喝茶用，不像现在，还要讲究审美和收藏价值。"

2005 年茶具销售额年增长率迅速攀升，并在 2006 年达到峰值 82%。随后持续下降，2013 年后，销售额开始呈现负增长。

三味茶器老板，女，30 多岁，"茶具不像武夷岩茶，属于武夷山的土特产。武夷山的茶具大多从德化、景德镇、建阳批发过来销售。2006 年互联网大发展以来，游客能从淘宝、天猫买到物美价廉的茶具，谁还到旅游地来买。

可见，茶具销售额年增长率前期持续性发展，后期增幅缓慢回落，表明茶文化空间的文化性演化能够持续稳定，演化速度后期也逐渐放缓。

③人均 GDP 年增长率发展曲线始终较为平缓，表明茶文化空间的经济性能够保持稳定性演化。1997 年，人均 GDP 的年增长率达到顶峰，为 37%，随后快速下降到 5% 左右，2001 年之后，逐渐上升，波动区间为 10%—23%，表明人均 GDP 所体现出来的茶文化空间经济性演化始终较为持续和稳定。

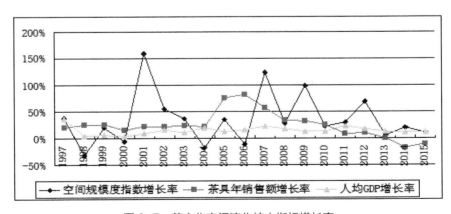

图 6-7 茶文化空间演化核心指标增长率

2. 茶文化空间演化过程分析

运用熵值法计算出各个 1996 年—2015 年间各个年份茶文化空间演化的

综合得分（表 6-7）。据表 6-7 综合得分数据来看，茶文化空间演化的阶段性较为明显。1999 年，武夷山申遗成功之前，每年茶文化空间演化综合得分占比在 1% 以下，表明茶文化空间这一阶段的演化水平处于较低水准，属于茶文化空间本身空间性、文化性及经济性之间相互影响的自然演化。1999年—2006 年，空间演化综合得分均值比重已上升到 2%，较之前期相比，呈现出缓慢增长态势。其原因在于这一时期，国内旅游悄然兴起，游客对茶文化空间的需求增大，外界驱动因素开始产生小幅冲击效应，茶文化空间随之响应，演化曲线逐步上升，但波幅较小，速度较慢。2007 年—2015 年，茶文化空间属于快速演化阶段。空间演化综合得分均值比重达到 9%，其中，2012 年比重达到 10% 以上，2015 年最高比重达到 12.58%，表明 2007 年来，武夷山的茶文化空间已经进入了发展演化的快车道。是何种因素推动茶文化空间不断地演化，需要对茶文化空间的演化机理进行进一步的梳理。

二、茶文化空间演化机理分析

演化机理是事物从一种形式转变为另一种形式过程中系统结构各要素在一定环境下相互影响、相互作用的规则与原理。随着旅游产业的快速发展，茶文化空间是在市场需求因素、政府管理因素、文化资本因素 3 个主要驱动要素的相互作用下逐步演化形成的，而且在不同发展阶段，各个驱动因素的内外作用力也不尽一致。

表6-7　1996年—2015年茶文化空间演化综合得分

时间(年)	规模度指数	平均最近邻指数	茶园面积	交通路线里程	民航旅客吞吐量	茶叶产量	茶具年销售额	观光茶园年接待量	茶景区门票收入	人均GDP	居民消费水平	邮政业务总量	邮政出口包裹件	空间演化综合得分
1996	0.0011	0.0010	0.0010	0.0010	0.0092	0.0010	0.0010	0.0036	0.0013	0.0010	0.0010	0.0578	0.0553	0.0052
1997	0.0017	0.0114	0.0089	0.0435	0.0020	0.0105	0.0014	0.0048	0.0017	0.0058	0.0064	0.0805	0.0617	0.0100
1998	0.0010	0.0208	0.0089	0.0010	0.0010	0.0115	0.0020	0.0062	0.0021	0.0067	0.0094	0.0010	0.0382	0.0065
1999	0.0013	0.0035	0.0091	0.0266	0.0095	0.0279	0.0029	0.0076	0.0026	0.0079	0.0102	0.0071	0.0585	0.0095
2000	0.0012	0.0071	0.0104	0.0266	0.0095	0.0241	0.0035	0.0053	0.0030	0.0087	0.0117	0.0667	0.0853	0.0121
2001	0.0040	0.0436	0.0110	0.0256	0.0240	0.0260	0.0045	0.0067	0.0045	0.0106	0.0134	0.0261	0.1192	0.0162
2002	0.0065	0.0510	0.0123	0.0440	0.0299	0.0367	0.0057	0.0075	0.0059	0.0141	0.0180	0.0310	0.1531	0.0211
2003	0.0091	0.0549	0.0104	0.0440	0.0343	0.0376	0.0074	0.0010	0.0010	0.0170	0.0208	0.0345	0.0441	0.0165

续表

时间 (年)	规模度指数	平均最近邻指数	茶园面积	交通路线里程	民航旅客吞吐量	茶叶产量	茶具年销售额	观光茶园年接待量	茶景区门票收入	人均GDP	居民消费水平	邮政业务总量	邮政出口包裹件	空间演化综合得分
2004	0.0075	0.0401	0.0141	0.0440	0.0661	0.0299	0.0093	0.0057	0.0025	0.0227	0.0251	0.0401	0.0488	0.0194
2005	0.0103	0.0465	0.0178	0.0459	0.0628	0.0454	0.0171	0.0580	0.0491	0.0271	0.0269	0.0454	0.0488	0.0324
2006	0.0091	0.0671	0.0185	0.0450	0.0636	0.0473	0.0320	0.0905	0.0715	0.0335	0.0340	0.0494	0.0515	0.0416
2007	0.0211	0.0680	0.0299	0.0459	0.0647	0.0434	0.0507	0.0994	0.0931	0.0439	0.0442	0.0468	0.0462	0.0518
2008	0.0273	0.0642	0.0351	0.0459	0.0680	0.0512	0.0681	0.0892	0.1110	0.0543	0.0630	0.0517	0.0806	0.0611
2009	0.0548	0.0734	0.0834	0.0393	0.0625	0.0802	0.0904	0.0800	0.0993	0.0627	0.0630	0.0632	0.0262	0.0710
2010	0.0674	0.0732	0.1010	0.0708	0.0726	0.0860	0.1137	0.0780	0.0974	0.0724	0.0670	0.0825	0.0203	0.0807
2011	0.0879	0.0767	0.1139	0.0672	0.0735	0.0880	0.1232	0.1017	0.1209	0.0922	0.0861	0.0669	0.0236	0.0948
2012	0.1490	0.0806	0.1191	0.0672	0.0915	0.0938	0.1358	0.1060	0.1226	0.1099	0.1040	0.0614	0.0152	0.1119
2013	0.1584	0.0804	0.1244	0.1178	0.1097	0.0725	0.1368	0.0766	0.0887	0.1258	0.1207	0.0712	0.0094	0.1126
2014	0.1900	0.0775	0.1454	0.1183	0.1093	0.1035	0.1133	0.0879	0.0672	0.1429	0.1379	0.0671	0.0010	0.1198
2015	0.2113	0.0792	0.1454	0.1004	0.0564	0.1035	0.1015	0.1042	0.0749	0.1610	0.1571	0.0697	0.0331	0.1258

1. 驱动因素与茶文化空间变动趋势的关系

驱动因素与茶文化空间变迁趋势的关系研究是通过驱动因素与茶文化空间演化综合得分的比较分析实现的。根据上文的驱动因素分析可知，茶文化空间演化的驱动因素由 F1 市场供需因素、F2 政府管理因素和 F3 文化资本因素 3 个主要因素组成。本研究采用驱动因素指标得分数据曲线与茶文化空间演化综合得分数据曲线的发展趋势进行动态观测和比较分析，以期观察主因子变动与茶文化空间演化的相关性和一致性。图 6-8 到图 6-10 分别显示了 1996 年—2015 年 F1、F2、F3 等 3 个驱动因素与空间演化趋势的动态关系。

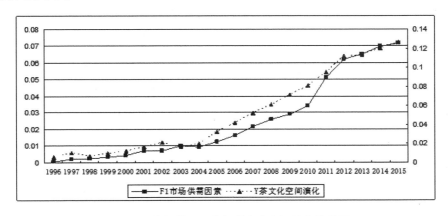

图 6-8　市场供需因素与茶文化空间演化趋势图

如图 6-8 所示，整体上看，F1 市场供需因素的波动曲线与茶文化空间的发展路径基本吻合。1999 年之前，市场供需的变化幅度较小，对茶文化空间演化的作用力不大。1999 年—2004 年，市场供需的作用力稳步上升，而且提速加快。2005 年后，该驱动因素进入快速发展期。就茶文化空间的响应程度看，这一时期，茶文化空间的演化明显加快，供需因素已开始对空间演化产生较为明显的冲击效应。2010 年，市场供需作用力直线上升，与快速发展的茶文化空间演化路径基本一致，表明该因素已成为茶文化空间演化的主要驱动要素。

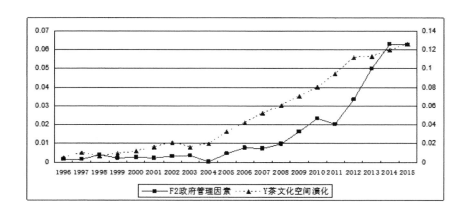

图 6-9　政府管理因素与茶文化空间演化趋势图

如图 6-9 所示，整体上看，F2 政府管理因素发展波动性较大，与茶文化空间演化路径比较，两曲线动态变化的协同性不高。2005 年之前，政府管理因素发展曲线持续走低，表明这一时期政府对茶文化空间发展的关注度不高，茶产业扶持政策、财政支持、茶文化对外宣传的力度明显不足。1999—2004 年，政府管理因素发展速度提升，波动情形与茶文化空间演化趋势逐渐接近。2005 年之后，政府管理因素快速发展，与茶文化空间发展足迹的一致性明显提升，这表明政府管理因素对茶文化空间演化具有后发优势。这与武夷山茶产业的发展过程相吻合，2006 年武夷山茶旅结合，是茶产业发展的关键节点，地方政府通过政策扶持、财政支持、文化宣传等行政调控手段逐步确立茶文化在武夷山原态文化中的主体地位。

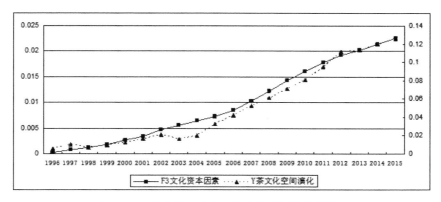

图 6-10　文化资本因素与茶文化空间演化趋势图

图 6-10 展示的是文化资本要素与茶文化空间演化的发展趋势。整体上看，文化资本的动态曲线与茶文化空间的动态曲线基本一致。而且，从文化资本因素的发展路径看，文化资本一直处于持续上升状态，说明我国公民的文化素质、鉴赏能力、审美情趣等不断地提升，文化需求意识越来越强烈。

总之，从 F1、F2、F3 等驱动因素与茶文化空间演化曲线的协同程度表现出如下特征：

①整个时期，市场供需驱动因素的变动曲线与茶文化空间演化趋势吻合度较高，并表现出一定的先行优势，表明武夷山自发展旅游以来，受游客需求的积极影响，茶文化空间作为服务供给场所，景区开始诞生出一些茶室、茶摊为游客提供饮茶、购茶服务。之后，逐渐演化出商品服务、科技服务、文娱服务、食宿服务等空间形态。

②萌芽阶段（1999 年之前），3 个动力因素对茶文化空间的发展影响力不大，这一时期，武夷山的茶文化空间基本处于自然演化阶段。

③形成阶段（1999—2005），茶文化空间演化 1999 年后开始缓慢提升，表明市场供需、文化资本因素的影响机制开始介入，2003 年略微下降后开始持续上升，市场供需、文化资本因素与茶文化空间演化的协同性增强。

④发展巩固阶段（2006—2015），市场供需、政府管理、文化资本等驱动因素的作用力大小不同，但发展曲线与茶文化空间演化趋势基本一致，表明茶文化空间的演化已经进入了多因素合力驱动的时代，从外延到内涵、

从量变到质变的演化过程明显加快，茶文化空间形态及文化层次明显提升。然而，在整个演化过程中，市场供需、政府管理、文化资本等因素如何对茶文化空间的演化施加影响，作用力的大小如何等等，这些问题需要通过VAR模型对茶文化空间的演化机理做进一步实证分析。

2. 基于VAR模型的茶文化空间演化机理实证分析

据于驱动因素与茶文化空间变动趋势的动态观测，本研究探查到了市场供需、政府管理、文化资本等驱动要素与茶文化空间演化的关联程度。为了进一步诠释二者之间的动态影响关系，接下来通过建立VAR模型，更为细致、全面的进行分析和研究。

（1）ADF检验。

构建计量模型，首先需要对数据进行检验，对模型的原初假设、经济学意义进行研判。ADF检验是数据系列的平稳性检验，是进行数据分析的前提。对于非平稳性变量序列所进行的普通最小二乘法（OLS）回归，大多会出现伪回归现象而导致结论错误[①]。如表6-8所示，Y、F1、F2、F3均包含有常数项，除此之外，F2还包含有趋势项。

因此，需要对F2序列进行常数项含趋势的检验，其余3个变量则进行常数项无趋势检验。检验结果显示，Y、F1、F2、F3等原变量序列通过二阶差分后均能实现平稳。可见从各时间序列的平稳性检验结果来看，驱动因素、茶文化空间演化水平等各原始变量在变阶差分的条件下，各变量序列均表现为平稳序列，均达到5%及以下的临界值，符合模型的经济学直觉。

表6-8　ADF单位根检验一览表

变量	编码	ADF检验值	1%临界值	5%临界值	10%临界值	P值	结论
茶文化空间演化水平	Y	−5.94★★★（C，0，2）	−3.89	−3.05	−2.67	0.0002	平稳

① 　Granger C，Newbold P. Spurious regressions in ecomonics. Journal of Economics，1974，2（2）111-120.

续表

变量	编码	ADF检验值	1%临界值	5%临界值	10%临界值	P值	结论
市场供需因素	F1	−4.70★★★（C, 0, 2）	−3.89	−3.05	−2.67	0.0020	平稳
政府管理因素	F2	−4.53★★（C, T, 2）	−4.80	−3.79	−3.34	0.0155	平稳
文化资本因素	F3	−4.31★★★（C, 0, 2）	−3.89	−3.05	−2.67	0.0043	平稳

注：检验值括号里字母的含义为：C代表有常数项，T代表有趋势项，数字代表滞后阶数；★、★★、★★★分别代表在10%、5%与1%水平上显著。

（2）VAR模型的单位根检验。

为检验被估计VAR模型的有效性，需要进一步对模型的单位根进行检验。如果全部单位根倒数值均小于1，能够落在单位圆内，表明模型符合稳定性条件。如果有单位根的倒数值落在圈外，表明模型不稳定。依照VAR模型数学表达式对序列数据的统计属性，把茶文化空间演化系统中市场供需、政府管理、文化资本等结构要素的内生变量看作该系统中与其他内生变量产生作用关系的滞后项函数，将这些内生变量作为随机扰动项对变量系统进行动态冲击，通过观测这些冲击对茶文化空间变量的演化响应及空间要素的动态变化，来解释茶文化空间的演化机理。在二阶差分变量序列数据ADF值达到平稳性的条件下，建立以F1市场供需因素、F2政府管理因素、F3文化资本因素、Y茶文化空间演化水平4个变量的VAR模型。

经检验，VAR模型的特征根的倒数值均落在单位元内（图6-11），表明该模型具有平稳性，可以进行更深入的脉冲响应及方差分解分析。

（3）脉冲响应分析。

脉冲响应主要用来测度来自随机干扰项的单位冲击对其他内生变量产生的结果反映。也就是说，通过施加一个标准差大小脉冲，来度量直接影响系统中内生变量当下和将来的取值大小，它可以通过模型动态结构影响其他内生变量[1]。给内生变量一个单位的冲击后，通过脉冲响应函数置信区

① 向延平，蒋才芳. 旅游外汇收入、FDI和GDP关系的脉冲响应分析. 数量统计与管理，2013，32（5）：896–902.

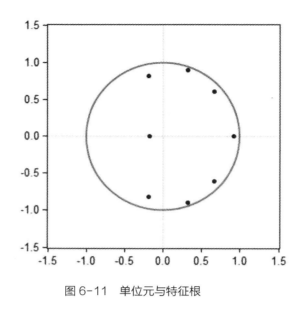

图 6-11　单位元与特征根

间的范围大小及引起的时间响应来反映影响因素的作用效果。置信区间大，持续时间长，表明影响因素的作用力大，若响应函数长期处于稳定，冲击效应逐渐趋向于 0，表明影响因素的作用力较小。基于此，通过 VAR 模型将市场需求、政府管理、文化资本作为扰动项分别给茶文化空间演化施加一个正标准差信息，进而观测各内生变量的脉冲响应路径与机理。图 6-12到图 6-14 分别彰显了市场需求因素 F1、政府管理 F2、文化资本因素 F3的变动对茶文化空间演化水平波动影响的动态机理。图中，中间实线表示脉冲响应函数，表示茶文化空间演化水平对各因素冲击后的反应，上下两条虚线表示脉冲响应的 2 倍标准差置信域。

　　从上图 6-12 来看，市场供需因素的脉冲响应函数的波动区间正负 2倍标准差置信区间范围大，表明对茶文化空间演化的驱动力强。当给市场供需因素施加一个单位的正向冲击后，茶文化空间演化这一内生变量捕捉到脉冲信息后，开始产生脉冲函数响应。茶文化空间演化水平前 3 期反应迟缓，影响力在第 4 期开始快速提升，第 6 期达到高峰。随之开始下降，至第 8 期影响力降至峰底，随后又进入缓慢上升、下降的波动状态，表明受供需因素的外部冲击后，经旅游市场传递给茶文化空间，给空间演化带

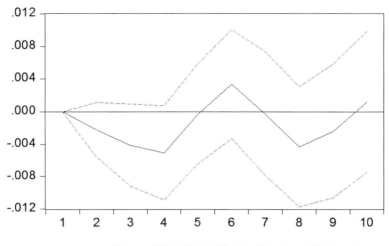

图 6-12　市场供需因素变化冲击对茶文化空间演化的动态影响

来同向冲击，而且这一冲击波动范围大，持续时间长，表明作用力较为显著。由于需求驱动因子中包含了旅游接待人次、旅游总收入、全国城镇居民人均可支配收入、地区 GDP 收入、精制茶等制造业单位从业人数等动力因子，从需求理论上看，现代游客可支配收入的增多，使出游的动机越来越强，出游人次越来越多，茶文化空间的供给量越来越大。导致了茶文化空间的空间性、文化性和经济性等本质属性不断地演化。可见，市场供需因素是推动茶文化空间演化的主要因素。

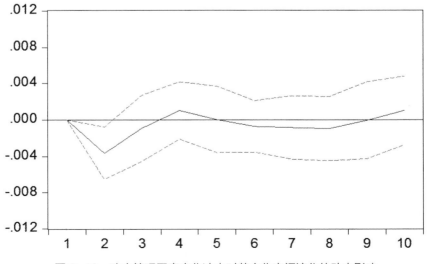

图 6-13　政府管理因素变化冲击对茶文化空间演化的动态影响

图 6-13 展示的是政府管理因素变动对茶文化空间演化影响的一个动态过程。当给政府管理因素施加一个单位的正向冲击后，茶文化空间演化的冲击响应表现为前 4 期上下波动，从第 5-9 期波动幅度减弱，之后影响力又开始上扬。政府管理因素呈现曲线式波动，这种现象从某种程度上验证了政府政策、财政支持、文化宣传等行政调控的时效性，行政干预初期效果不太明显，后续产生积极影响，接着政策影响力下降，这样一个反复波动的过程。

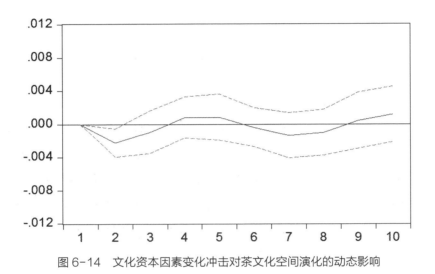

图 6-14   文化资本因素变化冲击对茶文化空间演化的动态影响

从图 6-14 可以看出，当给文化资本因素一个单位的正冲击后，茶文化空间演化水平呈曲线波动状态。前 2 期下降，第 3-5 期缓慢上升，然后开始逐步下降，至第 8 期上扬，并表现出持续效应。这表明文化资本的冲击给茶文化空间的演化带来同向的冲击响应，而且这一响应还较为持久。由于文化资本因素中包含了全国普通高校在校学生数、全国互联网人数、全国城镇居民家庭人均文教娱乐现金消费支出及地区第三产业比重等因素的影响。从游客文化需求的本质属性上看，随着高等教育普及化政策的实施，全国普通高校在校生数量越来越多，国民文化素质和知识水平越来越高，对武夷山茶文化空间的文化性和审美性提出了更高要求，这无疑推动了茶文化空间的升级和演化。

（4）茶文化空间演化的方差分解。

方差分解旨在研究 VAR 模型的动态特征，通过模型中内生变量不同结构冲击所产生的相对影响力大小来判断随机扰动项的重要性程度。方差分解是通过分析每个结构冲击对内生变量变化的贡献度来衡量其重要性的，本研究将利用方差分解的基本思想分析市场供需、政府管理、文化资本等驱动因素对茶文化空间演化的贡献程度。

表6-9　茶文化空间演化方差分解

时期	标准误	Y	F1	F2	F3
1	0.004060	100.0000	0.000000	0.000000	0.000000
2	0.007906	62.44750	7.828062	21.47242	8.252010
3	0.009346	51.67499	25.01116	16.36187	6.951983
4	0.010901	41.19305	40.22179	12.91521	5.669945
5	0.010957	41.11070	39.89633	12.78546	6.207503
6	0.011494	37.37907	44.83999	12.02997	5.750974
7	0.011869	39.38358	42.10675	11.79863	6.711031
8	0.013094	38.05844	45.57915	10.25558	6.106836
9	0.013325	36.78563	47.30557	9.903768	6.005024
10	0.013521	36.49853	46.70948	10.19624	6.595741

表 6-9 分别对茶文化空间演化的每个内生变量进行方差分解。标准误表示模型中各个内生变量扰动项的当期值和未来值的变化。Y、F1、F2、F3 各列数据表示每个扰动项引起的方差贡献率所占的比重。据表中数据来看，各驱动因素变量 F 对文化空间演化变量 Y 的重要性程度表现为：整体上讲，茶文化空间演化水平自身滞后项因素解释了茶文化空间演化 48.3% 左右的方差贡献度，F1 市场供需因素的贡献度均值为 34%，F2 政府管理因素达到 11.7%，F3 文化资本因素达到 6%。驱动因素具体表现为：

①变量 F1 对 Y 的贡献度最大，即市场供需因素对茶文化空间演化的滞后影响最大。方差贡献率前 2 期影响较小，表明萌芽阶段，旅游对茶文化空间的发展影响较小。第 3 期开始迅速上升，达到 25%，第 9 期达到峰值 47.3%，但仍保持匀速增长状态。表明市场供需因素的冲击对茶文化空

间的演化产生着积极影响，而且，这种影响具有后发优势，持续效应较长。

②变量 F2 对 Y 的贡献程度，即政府管理因素对茶文化空间演化的滞后影响较为稳定，冲击效应较为明显。政府管理因素方差贡献率第 2 期急剧提升，达到峰值 21.5%，但该冲击作用逐渐减弱，第 4 期跌至 12.9%，之后保持在 10% 的平稳状态，说明政府管理因素的滞后影响前期影响大，后期影响逐渐下降，但由于政策具有持续性特征，后期状态较为稳定。

③变量 F3 对 Y 的贡献程度，即文化资本因素对 Y 茶文化空间演化的影响作用相对较弱。文化资本的方差贡献率第 2 期影响力达到最高，为8.3%，第 4 期快速下降到 6% 左右，并保持稳定，表明文化资本的作用力尽管较弱，但始终保持着持续的影响力。

④除了外在驱动因素的作用力外，茶文化空间 Y 自身的滞后影响力显著，自我调适能力强。第 1 期贡献率为 100%，说明萌芽阶段茶文化空间自然演化，第 2 期急剧下降到 62.4%，说明由于旅游活动的介入，外力驱动已开始影响空间的演化。之后逐年下降到 36%，茶文化空间受外在影响日益增强。综上分析，市场供需、政府管理、文化资本等因素与茶文化空间演化之间存在着较为稳定的相互依赖和作用关系。

三、结果分析与解释

通过以上分析可以看出，在旅游产业背景下，茶文化空间的演化模式发生了显著的变化，由萌芽阶段的自然演化向形成、发展巩固阶段的人为演化模式演替，形成了市场供需、政府管理和文化资本等外力要素共同作用的过程。其中，市场供需因素在演化过程中扮演着重要角色，其冲击效应对茶文化空间演化能够持续、稳定地产生积极影响。

1. 茶文化空间由自然演化向人为演化模式演替

旅游地茶文化空间演化包括自然演化、人为演化两种模式，从上文的数据分析可知，武夷山的茶文化空间在 30 余年的发展历程中，经历了自然演化和人为演化两个阶段：1999 年之前，茶文化空间处于自我协调与发展的自然演化阶段，1999 年之后，主要表现为多因素合力驱动的人为演化阶段。理由有三：

其一，从茶文化空间演化的综合得分来看，萌芽阶段，武夷山茶文化空间演化缓慢且水准较低，形成阶段之后，演化明显提速。在访谈中获知，武夷山旅游业发展前期，以东南亚、台港澳游客为主，人数少，景区内仅有少量的茶摊、茶室为他们提供茶水服务，部分游客会到天心村的农家买些散茶。这些简陋茶空间往往分布于茶农住宅附近，是生活空间的自然延伸。20世纪90年代末，国内游兴起，御茶园、皇御茗、黄龙袍、茶观、风云聚会等专业化的茶文化服务空间不断涌现，成为主要的旅游空间。显然，新时期旅游产业结构的完善和升级是在投资商、当地居民、地方政府等外在因素的推动下逐步完成的，是一个人为演化的过程。

其二，驱动因素与茶文化空间变动趋势的关系分析可知，市场供需与文化资本的变化曲线基本一致，表明这两种因素是茶文化空间演化的主要外驱力。

其三，从方差分解的数值来看，茶文化空间前期演化自身的贡献度较高，自我调适、自我促进的作用力较大，后期受到茶旅结合的影响，外在因素的动力作用逐渐增大。

2. 空间作为旅游活动载体，市场依赖性增强，供需成为茶文化空间演化的晴雨表

根据脉冲响应和方差分解分析，茶文化空间演化机理是在市场供需因素的不断冲击下，空间性、文化性和经济性发生演化响应，成为主要驱动力。在旅游业的推动下，颇具地域特色的文化空间发展成为游客接待的重要场所，空间对旅游业市场的依赖性增强。旅游市场的供需变化成为茶文化空间演化的晴雨表。根据市场供需因素指标的权重值分析，旅游收入、投资商投资等指标要素权重值高，是供需因素中的核心指标，分析这两个指标增长率与茶文化空间演化增长率的关系。如图6-15所示，1997年—2015年旅游收入与茶文化空间演化综合得分增长率的波动趋势基本一致，仅在1997年、2005年两个时间节点出现较大反差。其原因在于1997年，武夷山旅游业发生一件大喜事：大红袍景区向游客开放，武夷山拥有了首条茶文化特色旅游线路，中外游客慕名前往武夷山参访六棵大红袍母树，武夷山的旅游收入明显增多。2005 年，武夷山 10 月份举办中国（武夷山）朱子文化节，11 月盛办第十届国际无我茶会，吸引国内外游客来武夷山参观游览。总之，武夷山旅游收入与茶文化空间二者之间增长的幅度和路径基本吻合，这表明旅游总收入高，政府税收、企业利润、当地居民的生活水平均产生积极影响。投资商作为供给因素指标，增长率变化明显高于茶文化空间增长率的变化。尤其是 1999 年—2009 年间，投资商的增长率起伏波动最为明显。1999 年，武夷山申遗成功，吸引了更多的资金流入空间生产。例如三姑国家度假区开始兴建茶叶店、茶具店、茶叶包装店、茶吧、茶楼等茶文化空间，为游客提供了饮茶、购茶、包装及各种茶文化消费平台。空间演化悄无声息地渗透到旅游地需求和供给的市场逻辑之中，成为旅游产业结构的重要组成部分。

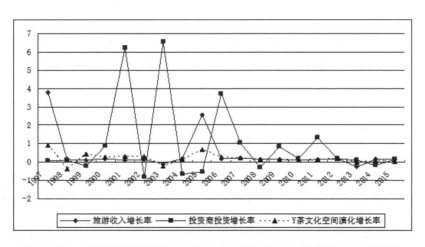

图 6-15　市场供需因素增长率与茶文化空间演化综合得分增长率变动趋势

3. 多种驱动因素交替作用，茶文化空间演化是一个复杂的过程

从 VAR 模型的实证结果看，茶文化空间演化是一个市场供需、政府管理、文化资本联合驱动的复杂过程，而且，不同发展阶段，各个驱动因素的作用力表现出差异性。

首先，市场供需驱动力爆发式的作用机制。从脉冲响应和方差分解结果看，市场供需对茶文化空间演化的作用力较为强劲且具有可持续性。具体表现在：萌芽阶段，需求侧游客接待量小，通常以观光游为主，需求动力不足，供给侧产品较为单一，空间设施较为简陋。一直到 20 世纪 90 年代，武夷山的游客均以上海工厂工人为主，通常是工会组织的团队游为主。因此，这一时期，供需因素尽管直接作用于空间的演变，但作用力较为有限。形成阶段，市场供需驱动力直线上升，快速推动茶文化空间的演化。茶叶作为地方特产，茶文化作为特色文化，越来越多的投资商把资金投向了茶旅产业，茶文化空间的演化明显加快。发展巩固阶段，物质生活的提升，茶叶成为大众饮料，而茶文化作为体验文化，刚需越来越大，投资越来越多，需要更多茶空间提供购物、旅游、文化传播、文化创意等旅游服务，茶文化空间发生了显著变化。

其次，政府管理调控力先抑后扬的作用机制。对于茶文化空间发展而言，政府管理通常早期介入少，中期大力调控，规划引导，后期持续影响。具体表现在：萌芽阶段，武夷山的茶文化空间经营、建造政府干预少，大多是当地居民农居空间的升级改造，属于空间的自然演化。形成阶段，政府开始指令空间进行规划生产，空间格局、空间形态、空间文化受到政府因素的引导和规训。在政府的规划引导下，武夷山的茶文化空间主要集中于三姑旅游度假区的大王峰路、玉女峰路、天游峰路、幔亭峰路、慧苑街等片区路段，政府还规划出一条红袍街，街面店铺是专门用于茶叶销售、包装、品饮的茶空间。发展巩固阶段，政府管理的调控作用会持续发力，财政支持、文化宣传会进一步推动茶产业结构的转型升级，加快茶文化空间融入更多的文化、体验、创意元素，继续引导茶产业及空间开发的有序发展。

最后，文化资本助推力持续绵长的作用机制。从脉冲响应和方差分解结果看，文化资本的作用力始终起伏不大，动力过程较为绵长持久。文化资本反映一个人的受教育程度，文化资本的提升具有持续性和时效性，不是一蹴而就的，其作用力也波动较小。因此，空间文化的演化通常较为缓慢。旅游发展初期，团队游大多以自然观光为主，文化资本的表现力较弱。随着高校教育的普及与互联网知识传播的加快，游客的文化资本不断提升，推动了越来越多的文化资源被开发利用，文化空间的吸引度提升。例如，近些年来，厦门曾厝垵、阳朔西街、北京 798 艺术街区等成为文化旅游热点，因此，文化资本对武夷山茶文化空间的影响较为持久。茶文化空间是武夷山重要的旅游吸引物，游客文化资本提升，推动了茶文化空间向体验型和创意型演化，十八道茶艺、止止茶道在武夷山广为盛行，日本茶道、中国台湾茶道也被武夷茶文化借用和涵化。综上分析，文化资本对旅游业未来的发展将起到更加重要的作用。

四、本章小结

本章内容对武夷山茶文化空间的驱动因素和演化机理进行分析。建构驱动因素与茶文化空间演化的指标体系，采用熵值法对指标权重进行衡量，并进一步量化驱动因素与茶文化空间演化的综合得分。以市场供需、政府管理、文化资本三个驱动因素指标得分为自变量，以茶文化空间演化的综合得分为因变量，通过 VAR 模型的脉冲分析和方差分解对茶文化空间的演化机理进行动态回归分析。结论如下：

（1）根据理论分析及前期文献研究，归纳出影响旅游地茶文化空间形成与演化的 3 个驱动因素：市场供需因素、政府管理因素和文化资本因素。近些年来，旅游需求从自然观光的山水空间转向休闲体验的文化空间，旅游地供给侧方面催生了空间意象、地方感、景观图景、文化特质、符号消费等文化范畴在旅游市场上的主导地位。文化消费市场反映强烈，武夷山政府多手段对茶文化空间发展进行规划，并进一步招商引资，不断进行空间升级、重构、再生产，空间演化的速度加快。

（2）通过对茶文化空间指标权重计算可以发现，各指标权重差异性明显，空间性、文化性与经济性三个子系统均演化出各自的核心指标：空间规模度指数、茶具年销售额和人均 GDP，各个核心指标的年增长率的发展变化呈现出不同的特征。从茶文化空间演化的综合得分获知，茶文化空间的演化呈现阶段性特征。萌芽阶段（1999 年申遗成功之前），属于自然演化阶段。形成阶段（1999—2006），空间演化速度缓慢上升，进入人为演化阶段。发展巩固阶段（2006—2015），空间演化驶入快车道，人为演化的作用力更加突出。

（3）从脉冲分析的结果来看，市场供需因素的冲击响应最大，政府管理因素、文化资本因素的冲击效应相对较小。在演化过程中，市场供需因素中的核心指标旅游收入增长率与茶文化空间演化综合得分增长率变动曲线基本一致，表明旅游收入对茶文化空间的演化发挥着极其重要的作用。表明市场因素是茶文化空间演化的主要动力因素，茶文化空间是在游客的"需"与旅游地的"供"这一市场逻辑下展开的，而市场开展的最终目的是带来旅游收入，提高当地人的生活水平。

（4）从方差分解的结果来看，市场供需和政府管理因素对茶文化空间演化的方差贡献率最大，而且，滞后影响能够持续和稳定。从演化过程看，市场供需因素的作用力第4期较为强大，并趋向平稳。表明我国旅游业发展初期，观光游盛兴，文化体验与审美元素的需求意识较弱。对于旅游地而言，萌芽阶段，政府管理因素的影响力较弱；形成阶段，游客增多，旅游经营活动开始惠及文化空间经营者时，政府开始政策干预，加快空间规划与布局，茶文化空间的演化加快；发展巩固阶段，旅游市场成熟后，政府管理调控进入常态化。

（5）从武夷山茶文化空间演化来看，阶段不同，各个驱动因素在旅游地形成与演化中的作用机制也不尽一致。市场供需因素影响茶文化空间的建造与重构，政府管理因素引导产业结构及空间格局的形成，文化资本因素因为直接影响游客的文化需求，促进空间文化内涵的提升。而且，随着个性化、定制化旅游时代的到来，文化资本在今后的茶文化空间发展中将会扮演重要的角色。总之，茶文化空间演化是一个十分复杂的过程。

（6）从茶文化空间的演化机理分析来看，茶文化空间演化是一个多因素交替用力的动态过程。市场供需驱动因素影响效果最为显著，表明旅游收入、游客接待量、人均可支配收入等指标的作用机制对茶文化空间的演化影响深远。政府通过行政手段，确立地方文化霸权，并对空间进行规划，不断地对茶文化空间进行解构和重构，规训着空间生产、演化的层次和方向。文化资本作用于游客的需求，提升游客的文化消费能力，引导空间发展融入更多的文化元素。

第七章　旅游地茶文化空间演化的理论总结

第一节　旅游地茶文化空间的演化模式

　　旅游作为一个开放系统，其行为受市场规律的役使，直接影响茶文化空间的演化。茶文化空间演化模式的划分应重视市场逻辑运行下空间内部结构要素的相互作用及外界因素的深刻影响，通过茶文化空间的形态、格局、文化等结构特征，全面反映一个旅游地茶文化空间的结构变化及演化机理。茶文化空间是旅游地重要的空间载体及旅游吸引物，一方面，茶文化空间的衍生与演化需要内部要素的自我发展和完善，另一方面也同样需要游客介入、政府调控、投资商投资与居民参与。各种因素的相互作用，茶文化空间形成了自然演化与人为演化并存的演化模式。

一、循序渐进的自然演化

　　自然演化作为事物从一种统一形态向另一种形态转变的方式，是指事物的内部结构在没有外界特定指令情况下，自我组织、自我创新、自我修复，从无序走向有序的具体过程。西方学者把自然演化称之为自组织演化。康德认为自组织是系统内部各部分相互作用、彼此产生，各部分之间的因果联结而成为紧密整体 [1]。德国物理学家哈肯（Hermann Haken）在构建"协同学"理论体系时，将"自组织"概括为："一个体系在建构自己的时间、空间或功能等结构要素过程中，外界没有施加'特定干涉'，该体系

---

[1]　Kant. Critique of Teleological Judgment. London: Hackett Publishing Company, 1987: 253.

即属于自组织的。"① 可见，自我适应性、整体性、非干涉性是自组织的基本特征。部分旅游学者把这些特征用于诠释旅游现象。许登峰（2010）把旅游产业集群自组织定义为：旅游产业集群自行从低级到高级、从无序到有序、从简单向复杂方向发展，不断提高集群自适应、自成长能力的复杂演进过程②。因此，自组织不仅适用于自然、社会等宏观的结构系统，而且适用于产业、行业等中观的结构系统，还可以适用于茶企业、茶文化空间等微观的结构系统。毫无疑问，自组织发展就是系统的自然演化，也就是事物内部结构要素的自我调整和平衡，从无序走向有序的过程。自然演化在旅游地茶文化空间衍生中的应用表现为：

其一，自然演化是茶文化空间发展过程中自我调适的进化方式，它是一个开放的系统，但是在演化过程中，茶文化空间能够利用自然资源、文化资源、社会资源等形成高效的循环方法和道路。旅游要素介入之前，茶文化空间主要是提供给当地居民生产、生活、居住、休闲、娱乐、民间信仰的生活空间，其自然资源和文化资源的利用、生产和传播是围绕着居民的衣食起居、安居乐业而演化的。空间类型往往比较单一，分布格局较为集中，处于自然演化状态。旅游要素介入后，茶文化空间逐渐向游客开放，向游客提供空间服务，原居民变身成为旅游服务人员，空间形态和功能自然演化。不过，随着旅游业的扩张，投资商、地方政府开始"特定干涉"这些茶文化空间的旅游化生存，自然演化开始被人为演化所替代。

其二，在一个自然演化的大系统中，如果特定的演化方式形成后，必然将会制约子系统的发展，那就是说，整个系统会有控制、支配和组织子系统的状况，这是一种规律，是一种无形的支配③。也就是说，自然演化是系统内部按照一定规律自行组织、自行调整、自行平衡的过程。旅游业是

---

① H.Hakent. Information and Self-Organization：A Macroscopic Approach to Complex Systems.Springer-Verlag，1988：11.

② 许登峰.基于自组织理论的旅游产业集群发展研究.广西民族大学学报（哲学社会科学版），2010，32（1）：122-126.

③ 吴彤.自组织方法论研究.北京：清华大学出版社，2001：12-14.

市场推动下形成的吃、住、行、游、购、娱产业大系统，其规律就是游客需求与旅游地供给之间的平衡关系。茶文化空间作为旅游产业结构中的一个子系统，空间发展往往随着游客的需求变化而变化。我国旅游业发展初期，游客以观光为主，茶园被开发为景区，最早与旅游结合。进入 21 世纪后，游客的体验化需求越来越强烈，茶楼、茶吧、茶馆等生活向度的茶文化空间逐渐浮出水面。

可见，规律既是一种约束力，又是一种推动力。旅游地茶文化空间的发展应该顺其规律，从需求出发，实现空间结构和文化要素的自我平衡和自我创新。在旅游业整个系统中，也存在部分空间被人为控制的情况，但是，个别空间受整体组织中自然演化规律的支配，这些外界干涉难以发挥效能。如武夷山的茶场早在解放初期就是政府订单式茶叶生产、加工空间，一直生产外贸出口茶产品，为游客生产的商品茶较少。这些空间尽管外界特定干涉，但是对旅游发展前期文化空间的自然演化影响不大。不过，自然演化状态的茶文化空间演化速度慢，演化水平低，通常处于相对静止状态。

二、多力交织的人为演化

人为演化与自然演化是对立的同属相同量级的一对范畴。它不能自主地进行自我组织、自我创新、自我修复，需要依靠外界的特定指令来推动系统内部结构从无序向有序演化。从事物自身看，它的有序化，不是它自身的自发、自主过程，而是被外部动力驱动的组织过程或结果[1]。人为演化在旅游地茶文化空间衍生中的应用表现为：

（1）人为演化通常是一个标准化演化过程，制度化、组织化、有序化程度高。对于旅游地茶文化空间而言，自然演化往往从农耕空间开始，人们的生活需求潜移默化地推动着生活空间的演化。人为演化通常从消费空间开始，在消费需求的指引下，资本成为空间演化的主要推动力。通过迪斯尼乐园与福建武夷星茶业有限公司的空间演化比较，进一步分析茶文化空间人为演化的特征。如表 7-1、表 7-2 所示：

---

① 吴彤. 自组织方法论研究. 北京：清华大学出版社，2001：12-14.

表7-1 迪士尼文化空间的人为演化

时间	名称	占地面积	规划设计者	空间形态	投资	游客年接待量
1955年	洛杉矶县迪士尼乐园	206公顷	世界建筑大师格罗培斯	冒险世界、西部边疆、童话世界、未来世界等	1700万美元	约500万人次
1971年	奥兰多迪士尼世界	12228公顷	美国迪士尼公司	动物王国、魔幻影城、科幻天地、梦幻世界等	7.66亿美元	约2000万人次
1983年	东京迪士尼乐园	201公顷	美国迪士尼公司和日本梓设计公司	世界市集、探险乐园、西部乐园、未来乐园等	1500亿日元	1700万人次
1992年	巴黎迪士尼乐园	2023公顷	美国迪士尼公司	西部小镇、大峡谷、海盗船等	440亿美元	约1200万人次
2005年	香港迪士尼乐园度假区	126公顷	华特迪士尼幻想工程司团队	探险世界、睡公主城堡、明日世界等	197.9亿元	约1000万人次
2016年	上海迪士尼乐园	116公顷	华建集团	明日世界、梦幻世界、宝藏湾、探险岛	244.8亿元	约1000万人次

资料来源：根据迪斯尼官方网站资料整理

表7-2 福建武夷星茶文化空间的人为演化

时间	名称	室内面积	规划设计者	空间形态	设计装修费用	年接待量
2005年	武夷山旗舰店	400平方米	室内设计公司	茶艺室、品茶室、古琴室、业务室、储藏室等	300万元	约2万人次

时间	名称	室内面积	规划设计者	空间形态	设计装修费用	年接待量
2008年	北京马连道店	200平方米	室内设计公司	茶艺室、品茶室、业务室、储藏室等	310万元	约1.8万人次
2009年	上海茶城店	90平方米	室内设计公司	茶艺室、品茶室、棋牌室等	180万元	约1万人次
2009年	福州香格里拉店	125平方米	室内设计公司	茶艺室、品茶室、棋牌室、业务室、储藏室等	150万元	约0.9万人次
2010年	福州福大店	130平方米	室内设计公司	茶艺室、品茶室、棋牌、业务室、储藏室等	150万元	约0.7万人次
2011年	厦门东湖店	130平方米	室内设计公司	茶艺室、品茶室、棋牌室、业务室、储藏室等	180万元	约1.5万人次
2013年	福州六一店	120平方米	室内设计公司	茶艺室、品茶室、棋牌室、业务室、储藏室等	130万元	约0.6万人次

资料来源：福建武夷星茶业有限公司调研资料整理

　　迪士尼公司是全球知名的传媒娱乐企业，而福建武夷星是知名上市茶企业。这种不同尺度、不同类型的文化空间，在人为演化的过程中，既表现出一定的共性，也显示出一定的个性，通过对比，有利于全面分析茶文化空间人为演化的特征。

共性方面：其一，重视空间的文化性和体验性。迪斯尼乐园文化主题鲜明，通常为神话、科普知识等，融入体验元素；武夷星茶文化空间的文化主题是茶文化，同样融入体验元素。其二，空间建构标准化，从两者的空间形态看，各空间产品、空间功能基本相似，具有一定的复制性，是一种标准化生产。

个性化方面：迪斯尼公司注重文化性的空间建构。投资资本大，主要用于新空间的建造；武夷星注重审美性、休闲性的空间建构。投资资本小，主要用于空间设计和室内装修。可见，茶文化空间在人为演化过程中，既提倡标准化，又注重个性化，保持空间的文化属性。

（2）在人为演化的大系统中，子系统被整个体系支配、控制和组织的演化制约，这种子系统的被支配和役使则是大系统硬性的、非规律的、有形的支配和役使[①]。如汽车业的演化，从以前的燃油型的甲壳虫发展到今天电动型的智能汽车，它是一个人为演化的过程，它的机体和功能不能自生产、自繁殖、自修复，只能依赖外界机械制造师。这些硬性的、非规律的、有形的"特定指令"通常是指政策、计划、制度、规划、设计方案等。旅游地茶文化空间多数是在政策、规划、空间设计等外界元素特定指令下建构出来的标准化空间。如福建安溪茶博园、印象大红袍、黄山松萝茶文化博览园等茶空间属于人造旅游空间，是人为演化的典型案例。

三、自然与人为的混合演化

自然演化和人为演化本质上都是一种过程演化的历史主义和结构主义方法论。二者有时不能截然分开，事物的演化模式中既包含自然演化，又包含着人为演化。甚至可以说，事物发展过程中，有的阶段是自然演化，有的阶段是人为演化。以自然演化为主，还是以人为演化为主，空间不同往往表现出个体差异。总之，二者是辩证统一的认知方法论。一定意义上讲，由人民群众创造的生活化空间，系统在长期的发展过程中通过子系统自发地调适及相互作用，从无序到有序，形成稳定的平衡系统，该空间将进入良性的自然

---

① 吴彤. 自组织方法论研究. 北京：清华大学出版社，2001：12–14.

演化状态。而人为演化是外界干涉子系统的支配性模式，进而影响大系统的运行机制。人为演化有利于提高演化速度，提升演化水平。

旅游市场化过程中，旅游地茶文化空间包含了自然演化和人为演化两种模式。游客初入旅游地后，会产生一系列的消费行为，当地居民最早洞察到这种商业气息，并且先行先试，改造自家生活空间，为游客提供有偿服务，但这种空间演化是有局限性的，空间的形态和功能发生了改变，但是空间格局及文化内涵没有发生改变，尚未改变整体系统的支配方式，属于旅游地发展初期的自然演化。但是，随着各种政策、规划的介入，以及大量资本的流入，相对静态的演化模式将被打破，新的文化空间将快速发展，空间格局也将发生改变。政府、投资商通过权力和资本开始对原初空间结构进行解构，并重构起旅游产业背景下的商业模式，在旅游文化空间中进行文化生产，人为演化取得支配地位。

当然，如上所述，自然演化是以内在的规律、法则影响空间的演化，而人为演化若改变原空间的演化模式，则需要直接干预人们的生活方式，使得空间的服务对象、空间的功能发生改变，空间主体的身份也发生变化，空间结构要素随之转型升级。同时，研究还发现，一些人为演化的新空间，通过一定的调适改造是可以自然演化的，茶文化广场，政府规划建设公共服务设施，作为城市居民的休闲场所，城市居民能够自觉维护，长效运行。总之，演化是一种过程式的动态发展，演化的模式不同，演化的动力也会出现差异。所以，只有高度注意演化过程中的那些分岔点，才能演化出缤纷世界[232]。旅游地作为生活世界的一部分，这里的茶文化空间多经历着自然演化和人为演化并存的成长模式。空间形态、空间文化的多元化正是内部结构要素的相互作用，以及外界要素的介入和干预，使得演化表现出不同的歧路和方向，也使得茶文化空间不断地推陈出新。

第二节　旅游地茶文化空间的演化特征

一、时间与空间相结合

旅游地茶文化空间表现出时间与空间相结合的特征。如表 7-3 所示，通过不同类型旅游空间演化过程的比较分析，可以将旅游地茶文化空间的演化划分为萌芽、形成、发展巩固、升级与衰落四个发展阶段；中微观尺度旅游空间的一般性特征可以概括为：点状极核、轴状放射、轴辐扩散与网络关联（见表 7-3）。借助于生命周期理论、点轴理论、增长极理论等，进一步把时间性与空间性相结合的特征概括为：

（1）萌芽阶段，空间格局通常为点状分布特征。这一时期，游客接待量小，茶文化空间是生产空间、生活空间的自然延伸，零散地分布在景区、停车场、游客集散中心等区域，呈点状分布状态。

（2）形成阶段，空间格局通常为轴状分布特征。这一时期，游客接待量日趋增大，当地居民的参与性不断高涨，对农居生活空间进行改造和转型，投资商也看到了文化空间经营的商机，资本投资进行空间建造。这样，茶空间主要聚集在商业街道，空间规模度提高，空间格局呈轴状分布。

（3）发展巩固阶段，空间格局通常为轴辐分布特征。政府进行空间规划、政策引导、招商引资，通过行政手段对文化空间的发展进行调控。同时，投资商不断加大资本投资，文化空间的新增数量快速提升，并开始向周边扩散，空间格局呈现出轴辐状态。

（4）升级或衰落阶段，空间格局的网络分布特征。旅游地传统旅游产品吸引力价值逐渐减弱，游客接待量减少，文化空间经营竞争激烈。与此同时，随着互联网给旅游带来的便利性，游客的活动范围进一步扩大，空间不断向周边区域扩散，空间节点出现网络状分布。

表7-3 旅游地文化空间时空演化特征

空间类型	作者（年份）	时间演化特征	空间演化特征
景区空间	刘少湃（2008）；申涛、田良（2010）；刘大均、谢双玉（2013）	原生空间期、空间挤压期、空间竞争期、空间恢复期、空间优化期等演化阶段。	点状—放射—凝聚—扩展；点状—聚集—多中心—一体化
城市旅游空间	向宝惠、柴江豪等（2009）；卞显红（2007）；汪德根（2007）；陈志刚、保继刚（2011）	点状扩展期、线状扩展期、组团发展期、内部填充期等四个演化阶段。	增长极—核心边缘—点轴—空间聚集群；单节点凝聚—多节点放射—板块；十字—工字—日字—网状
古镇旅游空间	周年兴、梁艳艳等（2013）；马朋朋、张胜男（2012）	起步期、形成初期、快速成长期等三个演化阶段。	点线状—线面状—点线面体
乡村旅游空间	龚伟、马木兰（2014）；刘传喜、唐代剑（2015）	路径形成前、路径形成、路径发展、路径停滞或衰落等四个阶段。	点状聚集、嵌入型聚集、融合型聚集（域面）
旅游地文化空间	李星明，朱媛媛等（2015）	初期介入、探索起步、稳步发展等三个演化阶段。	文化节点、文化轴线、文化场、文化域面
旅游企业空间	李雪、李善同（2012）；王朝辉、陆林（2012）	萌芽阶段、形成阶段、发展巩固阶段。	市区集聚—郊区扩散；中心聚集—轴线扩散—内环线向外环线扩散

资料来源：根据空间演化相关文献整理。

二、功能与市场相结合

旅游地茶文化空间表现出空间功能与市场相结合的特征。茶文化空间是以市场经济活动为主体的商业性空间，空间功能是以市场为主导，不同的空间形态，会产生不同的空间功能，这些功能与市场相结合，在市场主体的运行机制下从事经营活动（表7-4）。其特征如下：

（1）农耕空间具有生产、生活功能，与之相对应的市场主体通常是农民专业合作社。它通常为农耕空间提供农业生产资料，并负责销售、加工、贮藏农耕空间生产出来的农产品等。

（2）生产空间具有生产、加工、旅游服务等功能，市场主体通常是有限公司、合伙企业、个人独资企业、外商投资企业等。生产空间往往通过企业化运营的方式，通过股东出资、合伙投资、个人投资或引进外资的形式，成立法人企业，进行市场化生产与经营。

（3）服务空间具有旅游服务、文化传播、科学研究、文化策划等服务功能，市场主体通常是个体工商户、有限责任公司、个人独资企业等。服务空间通常以个人或家庭为单位从事经商活动，或者以自然人出资控股的形式从事市场活动。

总之，茶文化空间由于从事经营活动，演化出一定的空间功能，这些功能与市场紧密结合，并依据市场运营的基本规则发挥效力。

表7-4　茶文化空间功能与市场的结合特征

空间类型	表现形式	功能特征	市场主体特征
农耕空间	旅游地种植空间、养殖空间、农居空间等。	种植、养殖、劳作与生活、旅游购物。	农民专业合作社。
生产空间	旅游地生产车间、厂房、手工作坊、材料车间等。	生产加工、制造、旅游观光。	有限责任公司、合伙企业、个人独资企业、外商投资企业等。
服务空间	旅游地商品服务空间、居民服务空间、食宿空间、文娱空间、科技空间等。	各种旅游服务、科学研究、文化传播、文化策划等。	个体工商户、有限责任公司、个人独资企业等。

三、空间与文化相结合

旅游地茶文化空间表现出空间与文化相结合的特征。茶文化空间具有较强的文化性，是旅游地的特色空间。同时，具有休闲、娱乐功能而成为文化交流和传播的重要场所，是空间性和文化性结合较为紧密的物理载体。

（1）空间是茶文化的重要载体。旅游地茶文化空间存在的主要目的是展示出各种茶文化，并通过让游客感受这些茶文化而获得文化认同。因此，茶文化空间在建构过程中，会设计出一套包括地方文化、核心象征、历史记忆的一套符号系统，因此，空间是一个文化荟萃的美学空间。

（2）文化是空间的表现形式。空间的美学价值、市场价值等通过文化表现出来。茶文化空间对于游客重要的吸引价值，在于文化对空间的活态表现。茶文化空间中既有当地居民从事生产、生活的劳动实践，又有品茶体验、茶艺表演、古琴弹奏等文化元素的展示，是指一种活态化的文化场所。

可见，茶文化空间是一种空间性和文化性结合较为密切的文化空间。

第三节 旅游地茶文化空间"三制四力"的联合动力机制

通过对武夷山茶文化空间的量化研究，再进一步对旅游地其他文化空间演化的影响因素与驱动机制进行文献分析，归纳出旅游地茶文化空间"三制四力"的联合动力机制。"三制"是指市场供需机制、政府管理机制和文化资本机制。并根据各影响因素的类型及作用力的不同，形成了需求内驱力、供给外驱力，政府调控力及文化资本助推力四大动力系统（简称"四力"）。"三制四力"是旅游地茶文化空间演化的基本动力机制和力量之源。

一、主客互动的市场供需机制是茶文化空间演化的核心动力

（一）茶文化空间演化是游客需求与空间供给高度协调的结果

1. 旅游者主体的文化需求成为茶文化空间发展的时代转向

所谓"文化需求"，是指消费者在文化产品或服务过程中对精神满足的渴求①。文化需求是满足基本生理需求后的更高层次的精神需求，它能使旅游经济的发展充满活力。西方发达国家已进入文化消费社会，文化需求占居民消费支出的大部分。随着大众旅游时代的到来，我国国内旅游人数空前高涨，2015年人均出游频次达到3次，庞大的文化消费群体为旅游地茶

---

① 傅华. 文化需求论——消费者对物品与劳务的另一种购买机. 南京经济学院学报, 2000（1）: 59-65.

文化空间的发展发出了需求信号。

①多元化的客源市场与人口结构推动了文化消费的多元化。就客源市场而言，城市游客仍表现为出游主力军。城市居民可支配收入高，城市生活高速运转，时空压缩，居民工作压力大、生活单调，他们会充分利用周末、节假日离开惯常生活环境，去旅游度假，寻找精神家园，在文化空间暂时诗意栖居。不过，近些年来，乡镇出游人口的比例也大幅上升。在出游人口结构方面，中国旅游研究院公布的《2016 年十一旅游报告与人气排行榜》显示，22—55 岁的上班族占旅游人数的 61%，成为出游主力。在出游群体方面，家庭游占比 40%，情侣游 34%，而且，家庭游中亲子游和银发游的比重较大。他们对旅游吸引物的选择往往以文化居多。老年人充满乡愁，有怀旧情结或弥补遗憾心态，喜欢富有民族风情、地方感强的旅游地。亲子游要求产品具有知识性、文化性，而且小朋友往往喜欢具有文化体验的文化空间，如迪斯尼乐园、华侨城等。80 后、90 后的新生代旅游群体更喜欢定制化、个性化的创意文化或体验文化。可见，文化消费成为时代主流。

②茶文化作为多元文化综合体，成为广泛接受的时代宠儿。茶文化是物质文化和精神文化的综合体，在市场经济背景下，物质文化主要通过茶商品来体现，如茶叶、茶糕、茶点、茶饮料等茶食品系列等。精神文化包括茶艺、斗茶、茶百戏等饮茶文化，也包括茶诗、茶歌舞、茶艺、茶道、茶礼等艺术文化。从这些丰富多样的茶文化可以看出，这些文化形态容易走进人们的日常生活，容易被游客接受和消费。

综上，文化需求成为游客消费需求的重要参照坐标系，反映了游客对茶文化的消费偏好和消费趋势，并直接影响着旅游地茶文化产品的供给体系。

2. 旅游地空间客体成为茶文化产品供给的文化场

茶文化空间作为微观尺度的物理空间，如果满足游客的文化需求为其提供旅游服务，两种主要因素影响空间的建构，一是空间生产的投资者。主要负责空间的建造、装修、产品研发等资金的投入，包括投资商、经营者、发展商；二是茶文化的生产者，主要负责茶文化的创新、茶文艺的编导、茶文化产品的设计等，包括社区居民、旅游从业人员、知识精英等相关利益主体。因此，茶文化空间既是旅游产品，又是空间演化的物理场、文化场，还是文化消费的利益场。正是相关利益主体的角逐与竞争，推动了茶文化空间的演化。从需求侧看，游客需要茶文化旅游，旅游地需要开发茶文化旅游景区，游客有观赏茶艺、茶歌舞的需求，旅游地由此建构演艺场所等等；从供给侧看，旅游地根据茶文化资源的丰裕度和特色性，开发茶文化产品，如茶馆、茶楼、茶主题酒店等，对外广告宣传，引导游客消费。茶文化空间的建构与文化的演化是在市场供需平衡的调控过程中得到提升。

（二）茶文化空间演化是旅游者需求内驱力与旅游地空间供给外驱力相互博弈的结果

　　一个有机体的构造、功能和相互关系，驱动力是有机体工作和运行的动力、方式和方法等。驱动力是对影响因素的进一步归纳与提炼，一种驱动力通常由多种影响因素组成。对于旅游地而言，茶文化空间的演化受多重动力的影响，阶段不同，其演变的动力因子也不尽一致。根据前文空间演化影响因素与驱动力的文献研究，对需求和供给驱动力进行分析与分类，进一步对茶文化空间需求与供给的驱动因子进行比较分析（表7-5）。

表7-5　旅游地文化空间的驱动力比较

空间类型	需求驱动因子	供给驱动因子
其他文化空间	城市、乡村、古镇、古村落、古街、旅游产业空间、影院、旅游企业空间、国家旅游度假区。	人口发展、旅游消费刺激、农民生活质量、经济发展、经济条件、农民人口素质、城市居民游憩需求、旅游热点带动、市场需求内驱力等 区域经济一体化、旅游产品条件、旅游市场拓展、文化交流、旅游资源条件、旅游信息传播、共生与竞合、聚集与扩散、综合推动力、地缘结构、交通可达、对外开放、事件影响、城市经济、技术进步、环境驱动、资源驱动、生产行为、自然环境制约、经济利益驱动、创新性源动力、旅游开发建设、旅游生产单元价值、利益主体诉求、市场机制、人与自然协调、旅游产业驱动、企业、市场驱动力、旅游良性竞合、企业家精神、居民、区位交通、旅游市场、社会资本、资源环境等。

空间类型	需求驱动因子	供给驱动因子
茶文化空间	茶馆、茶楼、茶坊、茶邸、茶吧、茶叶店、茶艺馆、茶会所、茶苑、茶广场、演艺场、茶博园、茶展厅、露天茶座等。旅游接待人数、旅游收入、城镇居民可支配收入、旅游产品价格、人口规模、客源结构、外部需求环境、游客重游率等。	社区居民、投资经营者、涉茶从业人员、知识精英、茶文化资源、茶旅游景区、茶企业数、文化创新、地方经济水平、资本投资量、科学技术水平、旅游服务水平、旅游接待能力、对外联系度等。

资料来源：根据空间演化相关文献整理。

　　通过文化空间需求因素的比较分析可以看出，需求驱动因子方面，旅游地其他文化空间的需求因子比较强调游客的购买能力。旅游空间消费的主体是人，人口发展、农民人口素质、农民生活质量、城市居民游憩需求是消费主体产生购买行为的前提条件，而随着地方经济水平的提升、经济条件好转，再加上一些旅游消费刺激、热点带动，提高游客的需求能力，这是购买能力的客观条件。而茶文化空间的驱动因子侧重于游客的消费动机和消费行为。旅游接待人数、旅游收入、游客重游率等已经构成了消费行为，而产品价格、客源结构、外部需求环境直接影响着游客的消费动机，产品价格越低，市场需求越大。客源结构也直接影响着茶文化空间的偏好和文化的取向。供给驱动因子方面，其他文化空间的供给因子比较强调四个方面的内容：

　　其一，旅游资源。从供给动力因子看，旅游资源条件、旅游产品条件、环境驱动、资源驱动、人与自然协调、资源环境等这些要素显示旅游地的资源要素对于文化空间的演化具有重要的动力作用。

　　其二，旅游产品生产。旅游产品生产是驱动茶文化空间演化的重要动力，产品生产需要一定的空间载体，产品越丰富，空间越多。旅游产品条件、社会资本、旅游开发建设、旅游生产单元价值、企业、企业家精神、居民、技术进步等动力因素。

其三，经济效益。从空间经营活动中获得利益，直接刺激空间的生产与重构。城市经济、技术进步、经济利益驱动、利益主体诉求等动力因素适用于相关利益主体空间建构的动机。

最后，创新因素也是空间演化的重要动力因子。而茶文化空间尺度小，空间功能较为单一，空间演化的动力因子强调服务与生产。如涉茶从业人员、社区居民、旅游服务水平、旅游接待能力、对外联系度等，这些因子通常影响着旅游地空间服务水平。此外，投资经营者、知识精英、茶企业数、资本投资量、科学技术水平、文化创新等因子影响着空间供给的生产能力。

从不同文化空间类型的比较分析，可以更加全面地概括出茶文化空间的需求驱动力，主要包括消费动机、消费行为及由可支配收入控制的购买愿望与能力，可以概括为需求内驱力。供给驱动力主要包括资源利用、文化创新、旅游服务、产品生产、经济效益等，可以概括为供给外驱力。

1. 不断寻找热点的需求内驱力

从经济学视角对旅游地茶文化空间形成的驱动力进行研究，需求理论是重要的理论基础。旅游需求理论诠释了旅游产业化背景下，游客对于某一旅游商品或服务在不同价格下的购买愿望或能力。需求内驱力是有机体内部的唤醒、渴求状态，是内在作用于游客消费行为的一种隐形动力，主要两种类型，一种是生理层面的初级内驱力，另一种是社会层面、精神层面的高级内驱力。从客观上讲，旅游需求与社会经济的快速发展及人们的物质生活提高有关，同时，闲暇时间、可自由支配收入、交通运输条件等要素的改善也是旅游需求萌生的基本条件。现代游客旅游需求的大众心理是探新、探奇，不断地去寻找旅游热点、爆料点、新奇点等，游客需求是一个多变的、上升的过程。

①文化产品的满意度越来越高。旅游需求需要一定的购买动机与支付能力，对于目的地而言，游客传统消费结构通常是指吃、住、行、游、购、娱六个产业要素。不过，从需求侧来讲，"商、养、学、闲、情、娱"等文

化要素已经融入旅游地的产业结构要素之中，越来越多的休闲度假空间和服务设施空间需要重构、升级。茶博园、茶广场等公共服务设施吸引了越来越多的游客参观游览。

②茶文化符号的共鸣感越来越强烈。茶文化空间具有文化属性，聚集着颇具地方特色的文化符号、价值观、核心象征、历史记忆等，这些文化符号开发为旅游产品，现代游客对这些文化符号产生地方依恋，成为他们文化消费的对象。如茶马古道、丝绸之路等。这些茶文化空间已成为倍受游客青睐的旅游吸引物。

2. 不断挖掘卖点的供给外驱力

从经济学角度看，旅游地供给的是旅游产品，传统的旅游产品是指包价旅游产品，旅游地茶文化空间是产品载体。其吸引力大小不仅与空间的文化氛围、空间意象有关，而且与服务水平及环境条件紧密相关。茶文化产品这些要素有的是先天传承的，有的是后天开发的，地方经济水平高，经济活跃，空间数量增加，地方感增强，茶文化特质突出，旅游吸引力强。旅游地对茶文化空间的供给主要受制于外界两种因素的干预和推动。

①当地居民的空间建构。茶与农业、工业、服务业密不可分，当地居民是茶文化空间的缔造者，是文化的传承者。他们通过耕植、生产、劳作等活动改造自然，获取生活资料，空间是他们遵照集体意识建构的生活容器[①]。当地居民建构的是生产空间、生活空间。旅游活动介入后，一部分居民最早与游客接触，这些空间升级为茶空间，为游客提供购茶服务。不过，也有部分居民，在游客的凝视下，而不得不生产或重构新的茶文化空间，强调商业氛围，进而丧失空间自身的历史记忆与文化象征，空间文化不断变迁。当地居民成为茶文化空间原真文化的自我否定者和外来文化的承受者。

②投资经营者的空间建构。除了当地居民之外，投资商也是旅游地茶文化空间的主要建构者之一。投资商作为外界因素，为旅游地茶文化空间

---

① 斐迪南·穆尼斯. 共同体与社会——纯粹社会学的基本概念. 北京: 商务印书馆, 1999: 80.

系统注入资金流、技术流等，催化空间的生产与重构。投资经营者拥有市场、资本、技术和人才等方面的空间生产优势。市场经营者能够对市场商业信息作出判断，利用资本优势对旅游地的文化空间进行规划、设计，通过技术和人才优势重构或生产一些旅游化的生产空间、商品服务空间、文娱空间等。这样，旅游地茶文化空间的格局、结构要素、功能等不断发生变化。投资经营者进行茶文化空间生产时，都会追求利润效益最大化原则，这种消费额最大化倾向，引导人们的文化消费观念、导致消费趋前化，推动着茶文化空间的演进 ①。

投资经营者空间建构的逻辑是资本（投资商）与权力（政府）合谋。首先，通过资本输出，赢得政府的政策支持，土地、税收、财政、项目等方面的支持，取得空间生产的话语权。其次，包装地方特色文化，建构文化霸权，通过文化特权干预、规训空间形态、格局、功能的生成与演化。最后，充分利用空间载体进行文化生产和文化消费。

法国社会学家布迪厄认为，资本分配影响人们的文化生产与消费结构，分配不平衡，消费结构将发生改变，进而推动地域文化结构发生演变 ②。可以说，投资经营者根据旅游市场之需，不断地对文化生产和消费的空间结构要素进行转型升级。

综上分析，供需双方是相互博弈的过程，驱动力往往是在双方相互观照和博弈的过程中得到提升。

二、行政干预的政府管理机制是茶文化空间演化的基础动力

根据前文空间演化影响因素与驱动力的文献研究，对需求和供给驱动力进行分析，进一步归纳出政府管理的动力因子，包括宏观的空间发展战略、政策支持、政治制度、旅游规划、旅游合作、税收优惠、文化宣传、政策法规和管理导向、旅游治理、旅游要素投入、旅游基础设施等，这些

---

① 杨俭波.旅游地社会文化环境变迁机制试研究.旅游学刊，2001（6）：70–74.

② 黄雪莹，张辉，厉新建.长三角地区旅游空间结构演进研究：2001–2012.华东经济管理，2014，28（01）：69–73.

动力因子大多是政府管理的行政调控手段，借以引导和平衡旅游市场的经营、投资、生产、销售等经济活动。进一步对这些动力因子与政府管理之间的关系进行比较分析，归纳出政策调控力、财政支持力和文化感召力三种驱动力类型。

（一）政策调控力建构茶文化霸权，引导茶文化空间的建构

文化霸权，或称文化领导权，是诠释阶级支配关系的概念范畴，意大利学者葛兰西提出统治阶级通过操纵"精神及道德领导权"的方式与社会各阶级达成共识，把自己的特定利益拓展为全社会的整体利益。这时，被统治阶级服从共同的文化价值，接受权力结构的"收编"。对于旅游地的建设与发展而言，在巨大的经济利益面前，政府部门掌控资源，支持旅游业，遴选地方文化，制定优惠政策，确立文化霸权，鼓励文旅投资等[①]。毫无疑问，政府是旅游资源开发和目的地建设的主导者，对于文化空间而言，行政调控是政府空间生产的主导型力量使然。地方政府通常通过三种途径确立茶文化的领导权地位。

①文化筛选。旅游地的文化资源通常较为丰富，难以取舍，政府需要进行文化筛选。例如，普洱市原态文化包括茶马文化、民族文化、宗教文化、生态文化、建筑文化等，政府对这些原态文化进行筛选，舍弃了其他文化形态，最终选取茶马文化进行商品化打造，实现了茶旅结合。

②相关利益主体达成共识。地方政府、投资商、经营者、当地居民、知识精英等各社会团体对茶文化有共同认识：其一，茶叶是生活用品，市场流动性快，容易商品化。茶诗、茶联、茶礼、茶艺、茶歌舞等茶文化贴近生活，是游客的消费热点。其二，茶文化是物质文化，需求流大，文化生产和更新的速度快。

③引导茶文化空间的建构。地方政府的文化霸权主要是通过相关政策实施的。政策是权力的体现，政府重大政策的引导往往是文化空间发展的

---

① 杨俭波.旅游地社会文化环境变迁机制试研究.旅游学刊，2001（6）：70-74.

拐点，而地方政府往往通过土地政策、税收优惠、总体规划、人才引进、基金支持、知识产权保护等政策对茶文化空间的经营、管理、生产、建造等空间活动进行调控。

（二）财政支持力锦上添花，加快茶文化空间的演化

财政支持是政府常用的调控手段，通常由中央财政、省级财政和地方财政组成。茶文化空间在市场萌芽阶段，通过财政支持进行奖励性扶持和市场化培育，以便于在旅游产业系统中能够发展和建构自身的话语体系。地方政府对于茶产业发展的财政支持资金来源比较广泛，农业、发改、财政等部门通常会对地方茶园种植、生产、销售等环节进行财政补贴。如茶产业发展基金、品牌宣传资金、知识产权保护专用资金、税收奖励资金等。主要的用途有：

①培育和扶持规模茶企业、扶持茶企业争创品牌、规范茶叶市场、推动有机茶种植、促进茶叶市场营销等。

②扶持重点企业，建立休闲观光生态茶庄园，观光生态茶园的升级改造等。

③政府财政支持承办茶文化节等各类茶业赛事、节事活动，奖励茶企业参加各级各类茶业赛事、节事活动。

总之，政府对茶产业的发展进行财政支持，提高茶文化在旅游地的影响力，加快推动茶文化空间的演化。

（三）文化感召力扩大影响，确立旅游空间的文化形象

文化宣传是政府进行文化传播的主要途径，政府通常通过媒体信息影响与管控进行茶文化宣传，提升茶文化的影响力和感召力。报纸、广播、电视、互联网等媒体是政府推广茶文化的主要信息平台。政府控制信息流，在茶文化变迁中的地位和作用越来越突出。信息流反映着游客的文化需求和行为模式，影响着茶产业结构的演变。政府对信息流的调控使其成为旅游地文化空间建设的主角和文化再生产的神经中枢，尤其是在今天的

大数据时代，茶文化供需双方对信息流的依赖度更高，对整个游客的消费偏好和消费动机的判断力更为准确，茶文化产品的个性化和定制化更强，文化层次要求更高。因此，政府通过媒体对茶文化进行宣传，能够提升地方文化的感召力，使游客产生地方感和地方依恋，更好地建立旅游地的文化形象。

综上分析，政府管理是旅游地茶文化空间演化的重要动力要素，是市场供需核心动力之外的又一力量源泉。政府管理往往通过政策调控力、财政支持力和文化感召力对茶文化空间的建构进行支持与引导。

三、社会分层的文化资本助推机制是茶文化空间演化的辅助动力

布迪厄的文化资本理论与游客的知识修养、鉴赏能力、审美情趣等密切相关，影响游客的旅游行为模式和消费倾向，通常通过身体的性情编码和行为模式表现出来，人们的惯习、知识、教养、技能、趣味、价值体系、信仰、文化偏好等通过身体行为表现出来，并成为影响文化消费的主导权力。文化资本越高，文化消费的能力也越强。因此，文化资本对茶文化空间演化有着较为重要的助推作用，但作用过程较为复杂。

（一）文化资本的社会分层提升了茶文化空间的文化内涵

游客的文化资本造成了对旅游地文化偏好的分层。低文化成本的游客大多偏好观光、疗养、度假娱乐、避暑、避寒等自然型旅游产品，高文化资本游客多数偏好遗址遗迹、建筑与居落、茶文化景区等文化型旅游产品。伊安纳基斯和吉伯森（Yiannakis & Gibson）通过定量研究对游客进行角色分类，识别出 13 种游客角色类型。而角色类型是文化资本的外在表现，阳光爱好者、有组织的大众旅游者、流浪者、逃避者、独立的大众旅游者、社交活动爱好者等大多属于低文化成本群体，而人类学者、考古学者、精英旅游者、激情追寻者、探险者和上层旅游者等，多以高文化资本群体为主[1]。可见，对于茶文化空间而言，游客对茶文化的感知是一种文化资本的

---

① A.Yiannakis & H.Gibson.Roles Tourist Play. Annals of Tourism Research，1992，19（2）：287-303.

编码和认识的过程。文化资本是一种持久的、可变换的文化信息系统，被建构成为一套意象性的原则指导人们感知、判断和实践，成为人们的行动指南。文化资本决定游客的旅游心理、审美情趣和行为模式，因此，茶文化空间的建构应该将游客的审美情趣和文化习惯结合起来，影响游客习惯的因素很多，如地域、民族、年龄、性别、职业、学历、社会阶层、风俗、收入等，这些因素共同作用于游客的性情倾向、知识结构和文化素养等。文化资本越高，对茶文化空间的文化要素、美学要素的要求越高，可见，文化资本的社会分层有利于茶文化空间文化内涵的提升。

（二）游客的文化认同提升茶文化空间的地方感

旅游地的茶文化空间是一个地方特色空间，包含着当地居民创造的空间意象、核心象征、核心价值观、集体记忆和历史符号等，对于具有一定文化资本群体的异地游客而言，这些文化符号富有地方感，是他们凝视和需求的对象。游客的文化认同推动着茶文化空间的发展。游客的出游时间、出游目的地、旅游活动方式等行为模式皆与文化资本有关，旅游主客体之间存在着结构上的文化认同。如游客钟情于茶文化旅游景区，必然具备能够解读文化编码系统的能力，形成文化认同。因此，游客需要接受文化教育，比如出行前阅读旅游攻略，知识结构才能与茶文化审美相匹配。"仁者乐山"和"智者乐水"的区别就在于文化认同感不同，游客的需求层次对应于文化资本所表达的身体和趣味的等级，需求结构隐藏着一套偏好编码，影响着游客的审美趋向和价值判断。因此，旅游地的茶文化如果能够获得游客的文化认同，游客会产生地方依恋，提高茶文化旅游的满意度和忠诚度。

（三）茶文化空间成为利益博弈的文化场，推动着空间的演化

茶文化空间为游客、当地居民、投资经营者等相关利益群体提供了一个表演的舞台。茶文化空间在各种位置之间存在着一种客观关系网络，这个网络围绕着游客的旅游活动展开，在市场逻辑下，为各个空间位置的表演者提供利益。茶文化旅游有利于文化交流与传播，影响游客的文化资本，

而文化资本有助于把茶文化空间建构成一个有意义和价值的生活空间。根据布迪厄的社会学理论，使茶文化空间构成了旅游地茶旅产业各要素之间相互关联的一个网络。

①它是一个场所或载体，为游客提供旅游服务产品的文化空间。例如茶文化景区、茶馆、茶楼等。

②它是聚集性空间，具有容纳、聚集和停留功能。使茶文化空间是游客流、资本流、文化流、商品流等汇聚之地，其主要特征是流动性。游客的广泛流动带动了各种流相互影响和渗透，将各种旅游要素植入旅游场域之中，推动着茶文化交流和旅游产品的转型升级，进而促使文化演变。

③它是一种社会关系场。旅游活动的介入，使茶文化空间成为社会服务空间。在这个复杂的服务网络中，隐藏着多种力量对茶旅市场进行调控和统治。当地居民、投资经营者等相关利益群体根据游客的文化资本进行空间响应，对文化空间进行重构或再生产，推动着空间的演化。

四、旅游地茶文化空间演化的驱动机制模型构建

综上，旅游地茶文化空间演化的驱动机制可以概括为市场供需机制、政府管理机制与文化资本助推机制三大动力机制，并根据驱动因素的不同，形成了需求内驱力、供给外驱力、政府调控力与文化资本助推力四大驱动力系统。市场供需机制是茶文化空间演化的核心动力机制，主要由需求内驱力和供给外驱力两大动力系统，是在市场维度观测供需机制的驱动作用。政府管理机制是从政府管理维度分析行政调控对空间演化的驱动作用。文化资本是从文化素养维度观察文化资本的变化对空间文化产生的影响程度。

由于空间类型和尺度不同，这些驱动机制对空间演化的作用在不同的阶段可能不尽一致，不过，对于空间演化的动力系统而言，这些机制构成了旅游地茶文化空间关键的结构性要素，对于茶文化空间演化的理论研究具有参考价值。由于文化资本的阶层分化，使得游客主体与旅游地空间客体之间形成了文化需求和供给响应之间的对应关系，政府作为市场"守夜人"的身份，在市场逻辑框架下，对供需双方进行市场引导和调控，企图使得茶文化空间结构要素实现最优化配置。这样，在需求内驱力、供给外

驱力、政府调控力及文化资本助推力的合力作用下，茶文化空间逐步形成。因此，茶文化空间的演化受多种动力要素的影响和驱动，这些外力并非孤立发挥效能，通常是在依赖、共生、协调等作用机制之上形成的有机发展整体。如图 7-1 所示：

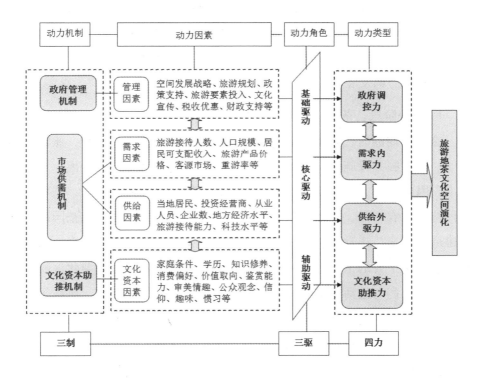

图 7-1　旅游地茶文化空间演化"三制四力"的动力机制模型

第四节　旅游地茶文化空间的演化机理

一、茶文化空间的形成路径

（一）"垄断"与"长尾"：茶文化空间形态的差异化演化

茶文化作为旅游地的原态文化，经过长期的历史积淀，文化资源丰富，茶旅结合的时间较早。整体上看，在旅游的推动下，茶文化空间历经了萌芽、形成、发展巩固及升级与衰落四个发展阶段，空间形态历经了农耕、生产、旅游服务、旅游文创4种空间形态。同时，空间形态的演变发生了农耕空间衰变、生产空间聚变、旅游服务空间裂变、旅游文创空间渐变四种方式，通常会导致空间形态分布出现差异化特征，旅游服务空间数量多，分布广、增长快，呈现"垄断状态"，农耕空间数量少、分布集中、增长慢，呈现"长尾状态"。这样，可能导致空间形态发展不平衡问题，影响茶文化空间的协调发展。

1. 萌芽阶段，茶文化空间形态渐进式演化

这一时期的时代背景是旅游地的旅游业刚刚起步，游客少，旅游产品单一，旅游服务设施简陋，旅游与茶文化空间的关系是若即若离，影响力较小。因此，茶文化空间多表现为自然状态的农耕空间。同时，茶叶作为一种特殊的农产品，采摘的茶叶需要进一步生产加工，在种植茶园附近往往建造有厂房、摇青间、焙茶间、仓储间等生产空间。长期以来，这两种空间通常是主要的茶文化空间形态。农耕空间经历着缓慢的演化。农耕空间功能是生产与生活功能，为当地居民提供生活起居、种植、耕作等农事活动，是一种生活空间。早期阶段，人工开山种植，每家每户茶农的茶园面积较小，多则几十亩，少则二三亩，采摘的茶叶生产、加工通常在家里制作，这样，平时生活的农居空间就成为手工作坊，空间功能和形态均发生了变化，这是茶文化空间演化的特殊性。旅游业兴起后，新的产业要素进入，将打破农耕时代传统的结构体系，为旅游产业发展建构新空间。在旅游活动中，部分客人有购茶需求，需要购物空间为其提供购茶服务。出现了商品服务空间等新的空间形态。除此之外，生产空间也发生了渐进式变化。茶叶作为生活用品，饮茶是人们的生活需要。茶叶销量好，订单多，供不应求，乡镇、生产大队、部分茶农会建厂制茶，诞生了一些生产空间。生产空间通常依茶园而建，分布较为广泛，演化的速度比农耕空间快。此外，这一时期还存在一些科技空间。这些空间的功能是为茶叶种植、生产、加工提供新技术，提高茶叶产量和质量。

这一时期，茶文化空间形态演化表现为茶文化空间数量少，分布较为零散，旅游活动对其影响较小，空间的发展大多是自我组织、自我修复的过程，这个过程的演化较为缓慢。

总之，茶文化空间的萌芽阶段，由于计划经济的影响较大，茶叶自产自销的市场经营活动没有广泛展开，茶文化空间通常以生产和生活为路径的渐进式演变，形成了较为单一的农耕空间和生产空间。

2. 形成阶段，茶文化空间形态的嵌入式演化

这一时期，茶文化空间开始向旅游服务空间演化，越来越多的茶店、购物点向游客提供购茶服务。整体上看，农耕空间、生产空间仍持续缓慢增长，旅游服务空间逐渐诞生。旅游服务空间通常是以旅游服务为路径的嵌入式演变。

其一，景区嵌入式建构。形成阶段，景区游客的接待量会越来越多，旅游活动作为一种体力消耗性运动，需要补充较多的水分，茶水是旅游活动中的必需品。这也需要景区为游客提供更多的售茶点。前期茶农在道路两旁设置的流动式的茶摊既不能保证服务质量，又影响景区管理秩序，景区管理部门通常会在停车场、景区内的关键节点建造茶室、茶吧，为游客提供品茶、购茶服务。这种商品服务空间开始融入了地方文化元素。

其二，农家嵌入式建构。茶叶作为地方特产，随着游客购茶的人数越来越多，茶农开始把自己的农家空地建造茶舍，为游客提供品茶体验和购茶服务。

其三，厂房嵌入式建构。茶厂等生产空间为了向游客提供服务，通常实行厂店合一的嵌入式空间建造形式。在厂房中选择合适的位置择地建宅，建构生产、销售为一体的茶文化空间。该空间形态面积大，设施齐全，服务人员多，通常把茶艺、音乐等文化元素融入空间建构之中。

总之，在旅游的影响下，旅游地开始不断演化为游客提供购茶服务的商品空间，形成路径也从渐变式的空间生产延伸向嵌入式的空间建造演化，而空间的旅游服务功能通常是以购茶服务为主。

3. 发展巩固阶段，茶文化空间形态多样式演化

这一时期，随着大众旅游时代的到来，越来越多的茶文化空间开始向游客提供服务，成为旅游服务空间。茶商品、茶文化消费的趋势越来越明显，茶文化空间形态开始发生多样化演变。

其一，农耕空间衰变。游客的文化需求提升，需要更多文化特色明显的商品服务空间，农家茶楼、景区茶室这些单一购茶空间已不能满足游客的需求。农耕空间开始逐渐衰落。

其二，生产空间聚变。茶叶需求量的增多，需要规模化、机械化的企业生产，生产空间将开始合并，大的生产企业收购国有、集体茶厂成为龙头企业，而且，越来越多的家庭手工作坊也开始合作建厂，这样，空间数量减少了，但是生产规模扩大了。生产空间形态的演化呈现出聚变的特征。

其三，旅游服务空间裂变。这一时期，旅游服务空间受到旅游的冲击最大，发展的速度最快，由原初较为单一的购茶空间裂变为商品服务空间、居民服务空间、科技空间、食宿空间、文娱空间等多元形态。商品服务空间为游客提供茶叶购物服务，食宿空间为游客提供茶餐、茶点、茶住宿等。其中，商品服务空间演变最为典型，通常会保持对其他空间的绝对优势，处于垄断状态。而科技空间、居民服务空间的发展较为缓慢，处于长尾状态。

总之，这一时期，茶文化空间形态历经了多样式的发展状态，空间形态类型日益多元化，表明旅游空间服务越来越专业化、精细化，游客要求的服务质量也越来越高。

4. 上升与衰落阶段，茶文化空间形态文化性演化

这一时期，旅游服务空间开始向旅游文创空间转型升级，个性化、创意化、体验化元素成为茶文化空间形态可持续发展的力量之源。

其一，空间形态向个性化演变。空间形态个性化发展是茶文化服务客户群体细分的表现。个性化空间是小众群体消费的载体，具有私密性、文化性特点，服务水平比较高，地方文化特征较为明显。个性化空间通常融入住宿、餐饮、茶艺表演等元素，与其他文化空间的边界日渐模糊。

其二，空间形态向创意性演变。越来越多的茶文化空间需要融入一些

创意元素，为游客提供文化的享受或视觉上的惊喜。在空间设计上，融入了茶诗、茶联、茶席、茶具、茶宠、插花等文化元素，点缀为创意十足的美学空间。

其三，空间形态向体验性演变。随着游客文化需求的不断提升，越来越多的旅游文创空间向体验性空间发展。从身体体验讲，采茶、制茶、品茶、泡茶、斗茶、祭茶等文化体验满足客的身心感受；从视觉上讲，茶艺、茶演艺、茶道、茶歌舞等表演性的体验空间为游客提供视觉上的享受。可见，文创空间是旅游地茶文化空间的新形态，也是空间发展转型升级，创新发展的新趋势。

总之，这一时期，茶文化空间呈现出创意和体验的新形态，是旅游服务文化空间的不断升级，新的空间形态更注重空间的文化性、审美性、符号性，表明现代游客的消费从物质文化的商品空间转向精神文化的创意空间，也表现出旅游地的茶文化空间服务与建构进入新的发展阶段。

（二）从内生嵌入到外生扩充：茶文化空间格局的形成路径

茶文化空间是一定区域内相对独立和完整的空间单元。在不同区域的空间分布形成了一定的空间格局特征。由于旅游环境的区域性差异，空间格局存在较大的差异性，而且，在一定时期内，空间格局的形成路径也有所差异。按照茶文化空间格局的变化特征，把茶文化空间的形成路径归纳为内生嵌入型、外生扩充型、重构型和缩敛型四种类型。内生嵌入型通常是指茶文化空间建设选址过程中，充分利用空置土地，在空间内部选址建房。外生扩充型是指在空间外部边缘地区辟地建宅或在新区域择地建宅，或者在新的地区购买、租赁新空间用于茶文化服务，属于扩张式的空间建构活动。重构型演化方式通常发生在产业转型期，空间装修老化，文化氛围已经不合时宜，或者需要增加新功能，多数经营者会根据新时期游客的需求对自家的房屋进行维修、改造或重构等，这种形成路径空间格局相对稳定，但是文化内涵不断提升。缩敛型通常是指茶文化空间由于经营不善，倒闭、转让或空置，空间规模度越来越小，空间格局整体上出现萎缩的趋势。总之，茶文化空间在发展的过程中，通常按照这些形成路径进行演化。

1. 萌芽阶段，空间重构，初步形成点状分布

这一时期，茶文化空间格局的形成路径是空间重构。重构型空间形成路径通常是茶文化空间在原有生活空间上的改造，选择改造空间的选址往往位于游客聚集的地区或场所，能够跟游客直接接触。通常情况下，当地居民会对自己的房屋做部分的改造和修缮，增添游客喝茶、购茶的服务功能。不过，这些空间数量少，密度低，通常在度假区、火车站、游客接待中心等地段集中分布，空间格局多数为点状聚集。

2. 形成阶段，内生嵌入与外生扩充联合作用，逐渐形成点—轴分布

这一时期，茶文化空间通常有两种类型的形成路径。

其一，内生嵌入型。茶农、生产商、经营者利用自家农耕空间、生产空间、旅游服务空间等空间范围内的闲置土地，在空间内部建造新的空间，用于茶叶生产、销售等茶事活动，为游客提供旅游服务。

其二，外生扩充型。投资商、经营者在游客分布集中的新区域购置土地，建造新空间，或者购买租赁新空间。这两种方式的空间建构，导致了空间格局的快速变化。

①空间分布向游客聚集区集中，形成核心旅游节点区域。根据增长极理论，游客集散中心、酒店周围、核心景区等游客集中区域是旅游地经济发展的增长极，这些地区会通过极化效应和扩散效应，对周边地区产生辐射力，引导它们不断建构出新的茶文化空间，使得这些地区的空间密度不断提升，成为空间分布的核心节点。这时，茶文化空间表现出物以类聚的规律性。

②空间结构呈现点—轴状态。旅游核心节点对茶文化空间的轴线聚集和扩散具有重要的推动作用。由于游客的流动性，商品服务空间会沿着商业街道、交通要道、或旅游线路分布，并通过这些轴线把核心节点连接起来，形成点—轴系统的空间发展轴。

3. 发展巩固阶段，外生扩充，初步形成网—轴分布

这一时期，游客持续增多，行业利润增大，吸引更多的投资商进行茶产业投资，建构了更多的茶文化空间。然而，核心旅游节点的土地利用和空间密度日趋极限，需要在周边地区寻找土地和空间资源，建构新的茶文化空间。空间形成路径表现为外生扩充式发展，造成了空间格局的显著变化。

①空间分布达到极化状，核心旅游节点裂变，产生次一级旅游节点。游客聚集区的核心旅游节点空间分布已基本饱和，竞争较为激烈，再加上房租不断提升，产业利润会不断减低，推动着茶文化空间向新的区域拓展，并且，在旅游资源的带动下，将会形成次一级的旅游节点。

②空间格局发展为网—轴结构。随着景区的空间延伸、游客活动领域的扩大，新的核心节点不断形成，必然带动着新的区域旅游中心形成，也引来了新一轮茶文化空间的扩张与建构，这样，以核心节点区域为中心，以交通要道为脉络，在旅游地形成了相互关联的、网—轴状的全域分布格局。

4. 升级或衰落阶段，重构与缩敛，空间格局趋向稳定

这一时期，旅游地的游客接待量已开始缓慢下降，同时，茶文化产品的市场竞争日益激烈，再加上游客鉴赏力的提升，提出更高的文化消费要求，空间规模的扩张已渐渐平息，而文化内涵的要求则越来越高。茶文化空间不得不进行整合或升级，通过重构或缩敛的方式对空间进行重新布局：

①核心旅游节点茶文化空间的空间密度逐渐降低。旅游市场衰弱，行业利润随之降低，核心节点区域作为增长极的辐射作用逐渐减小，部分茶文化空间由于经营不善，将消失或被当地居民低价收购，或者向周边地区迁移，核心区域的空间密度逐渐降低。在这个过程中，商品服务空间格局变化较大，生产空间、科技空间较小。与此同时，还有部分经营者对原有空间进行重构，通过翻修、改造的方式提升空间的文化元素。这种演化路径通常对空间格局影响不大。

②空间网络格局基本稳定，但核心旅游节点对周边网络的支配力逐渐减弱。城市交通的便利性和自驾游时代的到来，使游客的活动范围扩大，对度假区、游客服务中心的依赖性越来越小，而边远的茶文化空间通常更富有生态、文化、体验等个性化元素，更具有市场活力。

可见，这一时期，核心网络的影响力日益衰弱，边缘空间结构的影响

力不断增强。

（三）从文化借用到文化创新：茶文化空间文化形态的形成路径

对于茶文化空间而言，空间文化形态通常会经历农耕文化、产业文化、旅游服务文化与旅游创意文化四个演化阶段。根据文化传播与文化变迁理论，茶文化在空间载体中的演化路径可以归纳为四种形式：传播、借用、整合与创新。文化传播理论指出文化产生之后，会通过各种载体传播出去，而人与人之间的接触和交流是主要的传播途径。文化会在不同群体中相互借用，甚至在族群文化中进行改造与融合。文化变迁理论认为在借用外来文化的过程中，要不断地对本土文化进行创新，产生新的文化形态。基于以上理论，对茶文化空间的文化形态的变迁路径进行分析。

1. 萌芽阶段，文化的传播与借用，推动了农耕文化的演化

这一时期，文化的传播与借用，加快了农耕文化的演化。农耕文化由功能文化、饮品文化和民俗文化组成。茶叶具有药理保健功能，从药品演化成为饮品、食品、贡品等，并根据时令节气冠之以茶礼、茶俗，形成民俗文化。在旅游过程中，主（当地居民）客（游客）双方的接触与交流是农耕文化演变的主要路径。主客异质文化之间的相互传播和借用均能引起文化形态的演变。

①农耕文化的多途径传播。

其一，茶叶经营者在游客饮茶、品茶过程中，向游客解说茶功能文化，介绍品饮方法，进行茶叶推销。

其二，导游在向游客的讲解中，介绍茶文化。这两种茶文化传播路径导致茶叶的销售量增加，茶叶的种植面积和产量提升，丰富了农耕文化。

其三，游客在购茶过程中，会向经营者传达需求信息，该信息传递给经营者或当地居民，会产生新的文化供给，促进文化形态的演变。

②文化的借用，加快农耕文化的发展。如福鼎白茶在文化宣传口号："一年为茶，三年为药，七年为宝。"普洱茶："三年为药、五年为丹、十年为宝。"茶文化之间相互借用，同时也影响了陈茶工艺的研发。农耕文化

中借用较多的是茶礼、茶俗，例如普洱茶、安化黑茶、大红袍的祭茶仪式，具有异曲同工之处。可见，文化的传播与借用是文化形态演化的主要路径。

2.形成阶段，文化的借用与整合，推动产业文化和旅游服务文化演化

这一时期，在旅游需求的推动下，文化的借用，推动了产业文化和旅游服务文化的变迁。

①产业文化的借用与整合。茶产业活动是一种生产、加工、制作的劳动方式，为了规范制造流程，通常借用工业化生产、食品生产的规章制度、卫生制度、工作流程、企业精神等企业文化，并根据茶产业的生产特点，整合成茶产业制度。茶产业既能够生产物质产品（茶叶），又能够生产文化产品（茶工业游、生态茶园观光游等）。而在对旅游产品开发过程中，借用了旅游资源开发利用的相关制度，整合成茶旅产业文化。可见，产业文化是在旅游背景下发展起来的旅游文化。

②旅游服务文化的借用。首先，投资商或经营者通过借用其他旅游空间的服务文化对茶空间进行服务水平提升。如借用酒店服务提升茶艺小姐的接待服务水平。其次，借用其他行业的空间经营模式，产生以茶为主题的服务文化。如借用酒店空间开始茶文化主题酒店，演化出住宿服务文化；借用演艺娱乐场所举办茶歌舞表演，演化出娱乐文化等。

总之，茶产业向其他产业知识的借用与整合，促进了旅游服务文化的发展与演化。

3.发展巩固阶段，借用与创新，加快旅游服务文化的演化

文化的活力在于它的创新性。这一时期，游客接待量增大，文化需求提升，需要更高层次的旅游产品，旅游服务水平和能力需要不断提升。当地居民、经营者等相关利益主体通过创新手段进行文化生产与创作。

①服务内容的借用与创新。前阶段茶文化的旅游服务内容通常较为简单，如商品服务、住宿服务等。随着游客消费水平的提升，服务内容需要创新，融入更多文化性元素。如把茶艺、歌舞表演等文化艺术，融入茶园观光旅游产品之中，提升游客的文化鉴赏水平。通过国际茶会、茶博览会等大型茶市活动进行茶文化交流，借用和创新域外的茶文化，如日本的茶

道、中国台湾的茶席设计、韩国的茶空间设计等。

②融入体验元素，创新服务方式。体验元素已成为游客服务的主要内容，茶文化服务的方式中越来越多融入了体验元素。食宿空间开设茶体验室，为游客提供品茶服务；旅游空间大型茶演艺项目，丰富游客的旅游产品；商品服务空间引进了茶艺、茶道表演，设置游客制茶、泡茶体验项目等。

③融入科技元素、创新服务手段。如引入声、光、电技术，渲染茶文化演艺的氛围；引入 4D 影视技术，增强茶文化演艺的动态效果和真实体验等。

可见，创新是提升旅游服务文化的重要路径。

4.升级或衰落阶段，旅游创意文化的创新路径

这一时期，游客接待量降低，同时文化鉴赏力提升，游客的文化需求在不断变化，固守不变的文化形态容易造成审美疲倦，旅游产品向商、养、学、闲、情、娱文化性转变，文化消费成为新的经济增长点，旅游文化服务也需要进一步向创意文化转型，不断融入创意元素，提升审美价值。因此，创意文化是茶文化空间的高级形态。旅游创意文化的创新路径如下：

①将创意元素融入产品或品牌之中，实现与茶旅产业的融合。茶文化作为旅游地的特色文化，将茶文化融入旅游购物商品、旅游标识、旅游形象、旅游品牌、旅游线路等文化体系之中，体现产品的个性化和地方感，提升产品的文化内涵。将体验化、个性化元素融入创意文化之中，如茶园DIY 体验，开发茶叶采摘、茶园认领产品项目，提升了文化附加值。

②将创意元素融入空间设计之中，提高茶文化空间的美学价值和情感倾向。创意文化总是附着于一定的物质条件或空间客体。创意空间是茶文化空间文化创新的主要路径。旅游地通常在食宿空间、商品服务空间、文娱空间等空间形态中融入创意元素，提升游客的审美体验和情感认知。

二、茶文化空间演化的作用机理

根据上述研究，旅游地茶文化空间的形态、格局及文化形态经历了四个阶段的演化，在演化过程中，通常会受到自身作用力的自然演化和外在

驱动力的人为演化。根据本文对驱动机制的研究，旅游地的文化空间演化通常为"三制四力"的动力机制，即市场供需机制、政府管理机制和文化资本助推机制。这些机制中包含着需求内驱力、供给外驱力、政府调控力和文化资本助推力四大动力源，它们以文化空间为角逐对象，彼此之间相互联系，相互作用，需求影响供给、供给推动需求，市场机制使需求与供给机制密不可分。政府的宏观调控机制对市场施加影响，干预或引导供需机制的市场行为，文化资本提升游客的文化需求，影响空间的文化形态。因此，在各种驱动力的相互作用下，旅游地的茶文化空间演化此起彼伏，形成空间演变的作用机理。根据上文演化模式、演化特征的研究获知，旅游地茶文化空间从自然演化到人为演化，经历了一个复杂的演化过程。在动力机制的作用下，茶文化空间的旅游空间形态从农耕空间、生产空间开始向旅游服务空间、文创空间演化。空间供给也从旅游发展初期的点状分布向轴状演化，在市场竞争的压力下，最终向周围扩散，形成网络关联结构。总之，在旅游业的推动下，旅游地茶文化空间成为一个文化生产、消费、变迁的利益场。游客对茶文化产品的需求，促使政府、投资商、当地居民等相关利益主体在旅游市场上争相献技，而空间是他们竞争的目标，各种力量的角逐加快了空间的演变。

（一）萌芽阶段，茶文化空间的自我调适作用

1. 空间性的自我调适加快了茶文化空间形态、格局的演化

空间性是茶文化空间的本质属性，一个茶文化空间必然有对应的位置和区域。这一时期，空间性的演化是一种自我调适、自我修复的过程，这个过程也将引起茶文化空间形态与格局的变化。

首先，茶园的开垦和建造促进了农耕空间、生产空间形态和格局的演化。农业作为第一产业，是国民经济的基础。茶叶是重要的经济性作物，是茶农衣、食、住、行的主要收入来源。开垦茶园，提高种植面积，是茶农提高家庭收入的主要手段。茶园面积的增加，使农耕空间的形态发生了变化。

其次，茶园的开垦带动了生产空间格局变化。新植茶园附近会建造一

些厂房进行生产加工。前期茶叶生产空间的建设通常遵循"山厂合一"的原则，也就是茶山在那里，茶厂也设在该处。最后，农耕空间为茶叶生产、加工提供平台。早期的茶农的居住空间里，往往建造有制茶作坊。

2. 经济性的自我调适加快了茶文化空间形态、格局的演化

茶文化空间是经济活动的载体，也是游客文化符号消费的对象。计划经济时代，茶叶通常是国家经营或集体经营，商业活动较弱，对茶文化空间的演化作用力小。20世纪90年代，多数旅游地的茶叶走向了市场化，茶农自产自销，经济性的自我调适对茶文化空间的影响日益增多。首先，国民经济水平的提升，居民消费水平提高，人们对茶叶消费的欲望越来越强烈，带动了茶叶种植与生产，农耕空间和生产空间数量增多，分布区域扩大，推动着空间格局的变化。其次，空间的经济性促进了空间自身的调适和发展。茶空间是经济性空间，例如，茶厂通过生产茶叶获得经济收入，同时，可以利用获得的利润进行扩大再生产，空间的数量和规模会不断扩大，带来自身的演化。

（二）形成阶段，供需主导的主客互动式作用

这一时期，市场经济的运行，茶文化空间开始在供需主导的市场机制下发生演变。主要表现为旅游者主体的茶文化空间需求与旅游地客体空间的供给，这是一种主客互动式演化路径，其作用机理表现为：

1. 需求内驱力的消费驱动

游客是一个具有一定购买动机与支付能力的潜在消费者，在旅游地会产生一定的消费愿望和消费行为。茶产品作为旅游地的特色购物商品，往往会成为多数游客的消费对象。

①游客接待量的增多。这一时期，我国国内旅游市场日渐兴起，旅游地接待游客的数量不断提升，使茶产品的消费量也不断增大。首先，茶商品的消费。游客进入目的地，茶叶往往是主要的购买商品。同时，茶壶、茶碗、茶杯、茶盘、茶炉等茶具产品也是游客的主要购买商品。其次，茶文化的消费。茶艺表演、茶园观光、旅游服务等文化产品进行消费。

②购买能力的提升，增强了游客对茶产品的购买欲望。城镇居民可支配收入的提升、节假日闲暇时间的增多，使其对茶文化旅游产品购买和消费的欲望和动机就会明显增强。

2. 供给外驱力的生产响应

游客需求信息反馈给旅游地的相关供给主体，他们将会调控资本投资规模，调整商品结构，优化资源配置，进而实现茶旅产业结构的变动、产品的生产制造和服务技能的培养。

①当地居民，尤其茶农，通过开垦茶园、建造厂房，提供茶叶商品的生产，推动农耕空间、生产空间的发展。

②投资经营商，对旅游地的茶产业进行资本投资和经营管理。首先，充分利用旅游地丰富的茶旅资源，开发茶文化旅游景区。其次，成立茶企业，对茶商品、茶文化进行生产经营，推动着旅游服务空间、生产空间的发展。

③茶产业从业人员，通过提供旅游服务、提升旅游接待能力，推动商品服务空间、文娱空间的发展。

④当地知识精英，通过茶文化的传承和创新，为茶产业发展提供智力支持和知识挖掘，提升茶文化产品的知名度，推动着科研空间的发展。

可见，这一时期，茶文化空间的演化是一种人为演化，旅游者主体需求与茶文化空间客体供给的互动作用是主要的驱动力。受其影响，空间形态发生了显著变化，农耕空间开始与旅游融合，商品服务空间的发展提速。空间格局也随之发生了显著的变化，商品服务空间开始在游客服务中心集中，农耕空间和生产空间向茶园种植区聚集，沿着交通要道形成了点—轴分布状态。

（三）发展巩固阶段，四力联动的交互式作用

这一时期，国内旅游氛围已经形成，我国已进入大众旅游时代，旅游消费的观念和意识日趋增强。茶文化空间开始在需求内驱力、供给外驱力、政府调控力和文化资本助推力的交互作用下发生演变。

（1）需求内驱力、供给外驱力继续发挥主导作用。旅游产品价格降低、居民收入提高、旅游客源市场多元化、重游率提升等多因素影响着游客的旅游需求，推动着茶文化产品的供给及空间的演化。

（2）政府调控力发挥基础性的引导作用。地方政府通过行政干预或扶持政策对茶文化空间进行指导性演化。

①政府通过旅游要素投入、茶产业要素投入的方式，加大茶旅服务设施建设，如茶广场、茶博物馆、茶博览园等公共服务空间，并通过媒体宣传扩大茶文化的对外影响。

②通过旅游规划指导茶文化旅游景区的开发和利用。

③通过空间发展战略，指导大型茶旅项目的审批、土地利用、财政支持、税收优惠等，推动综合型茶文化空间的建设和发展。

（3）文化资本助推力发挥指导性的辅助作用。

①文化资本通过游客的消费偏好、消费观念等，引导茶文化产品文化内涵的提升。

②文化资本通过游客的审美情趣、鉴赏能力、价值取向等文化素养，引导茶文化空间融入更多文化元素，提升空间的美学价值，推动了旅游服务文化的发展。

可见，这一时期，茶文化空间的演化是一种多种驱动力交互作用的人为演化。受其影响，空间形态发生了显著变化，商品服务空间已处于垄断地位，文娱空间已快速增长。文化形态从产业文化发展为旅游服务文化。空间格局也发生了显著的变化，商品服务空间已开始向周边地区扩散，农耕空间和生产空间继续在茶园种植区建造，周边地区的空间密度增加，空间格局逐步形成了网—轴分布状态。

（四）升级或衰落阶段，文化资本助推力的创新作用

这一时期，受旅游业整体衰弱影响，茶文化空间的发展进入了转型升级期。创新是推动旅游服务空间向旅游文创空间转型的重要动力。文化资本主要通过游客的消费偏好对旅游地茶文化空间进行文化凝视，达成文化

认同，产生空间消费。因此，需要根据文化资本倾向对茶文化空间进行创意改造。

（1）文化创新。文化创新要体现地方特色，又要进行文化融合，把茶文化与地方文化一起植入产品之中，进行品牌文化打造，如普洱茶把茶马文化结合起来打造文化产品，形成文化品牌，推动了茶文化的变迁。

（2）融入创意元素，打造创客空间。把茶吧、茶社、茶店、茶楼等空间进行创意化设计，打造个性化创客空间。创客空间既是个性化空间，又是体验性空间，还是休闲空间。创客空间直接推动着旅游文创空间的发展。

（3）空间经营方式创新。这一时期，在提升空间文化创意元素的同时，还需要通过空间跨界建构，创新茶文化空间的经营方式。把其他文化空间植入茶文化空间之中，扩充茶文化空间的功能，丰富产品内涵。如景区茶屋，把书店搬入茶室之中；茶隐山房，把住宿植入茶舍之中等等。

可见，这一时期，创新机制的引入，实现了文化资本对茶文化空间转型升级的助推作用。受其影响，空间形态发展为旅游文创空间，创意文化得到快速的演化。商品服务空间的分布范围进一步缩敛，经营者不断对茶文化空间进行升级改造，文创空间的规模度不断提升，但空间格局基本稳定。

三、茶文化空间演化机理的理论模型构建

茶文化空间在游客介入后，其空间性、文化性和经济性等本质属性也发生了演化。在演化过程中，空间形态、空间格局、文化形态等方面表现出共性的特征，又出现个性的差异。这些特征的出现，可能在于这些空间的演化存在着较为相似的驱动因素和机制。市场供需、政府管理和文化资本作为旅游地茶文化空间演化的主要驱动因素，它们以旅游地为表现舞台，各个因素之间相互作用，各驱动因子在不同演化阶段作用力此起彼伏，推动茶文化空间内部结构从无序走向有序，形成空间演化机理。可见，茶文化空间演化是一个多力交织的过程。随着我国城镇居民人均可支配收入的增多，旅游地的旅游人数和旅游收入不断提升，游客需求成为文化空间演化的内驱力。旅游的发展提高了地方经济水平，当地居民参与文化空间建设的积极性也高涨起来，同时，投资商把资本投向茶文化空间的建造，这

些因素共同形成供给外驱力。为了响应旅游经济的发展和文化的繁荣，地方政府也开始从幕后走向前台，通过政策支持、财政支持、文化宣传等特定指令进行行政调控，引导茶文化空间的发展。综上所述，本研究通过对茶文化空间演化机理的量化分析，再进一步借助文献分析和理论研究，以需求内驱力、供给外驱力、政府调控力和文化资本助推力为动力机制，构建出旅游地茶文化空间演化机理的理论模型。如图 7–2 所示：

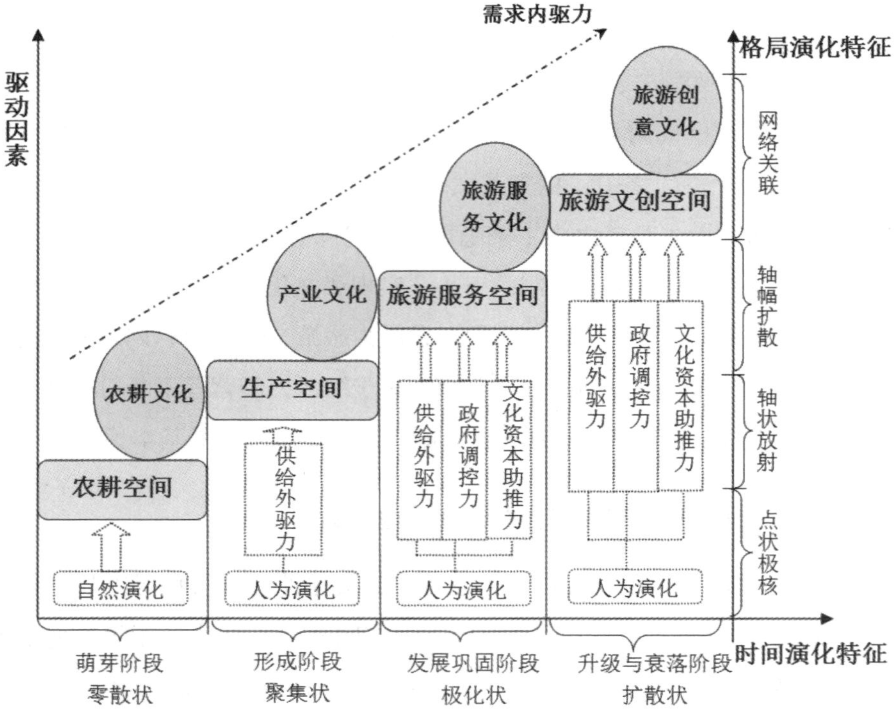

图 7–2 旅游地茶文化空间的演化机理

第八章　旅游地茶文化空间演化的实践启示

　　旅游话语系统是一个较为复杂的产业结构体系，茶文化空间为旅游产业结构要素提供了一个发挥其潜能的表演舞台，对该问题的研究为旅游地的可持续发展扩展了新视域。茶文化空间是指在旅游地各种位置之间构建的一个容纳主（游客主体）客（空间客体）关系的旅游产品供给网络载体。例如茶旅游景区、茶文化广场、茶主题民宿等。文化空间不仅具有空间性，而且具有文化性，具有休闲、教育和审美功能，是旅游目的地一个极富经济价值和文化价值的意义空间。

一、空间发展是旅游活动介入后旅游业产生的"鲶鱼效应"

　　"鲶鱼效应"是指旅游地新的产业要素介入后，开始搅动当地的生产关系，刺激相关企业活跃起来，积极参与到市场结构之中进行竞争，进而激活市场中同行业企业产品创新、创造的积极性和主动性，是一种物种共生并相互影响的社会学理论。

　　第一，旅游活动介入后，旅游地产生"旅游扰动"，各种"流"在茶文化空间汇聚、停留或释放，进而带动旅游产业各结构要素的生机与活跃。对于旅游地而言，茶文化空间是游客流、信息流、需求流、资本流、文化流、商品流等汇聚之地，其主要特征是流动性。游客的广泛流动带动了各种流相互影响和渗透，将各种旅游要素植入茶文化空间之中，推动着茶文化交流和空间结构的转型升级，进而促使空间演变。

　　第二，旅游活动介入后，茶文化空间结构要素的解构与重构。随着游客的进入，茶文化空间成为旅游服务空间，自身的功能发生改变，政府、社区、投资商等社会关系纷纷进入，茶文化空间成为各种结构要素角力的场所。在这个复杂的服务网络中，隐藏着三种力量对旅游市场进行调控和统治。

①市场调控。自由竞争，优胜劣汰。在竞争过程中，每个茶文化空间都企图获得高额利润，实现对旅游产品的统治。统治隐含着对抗，各种力量的角逐推动产品不断创新，推动文化创新与空间演变。

②政府调控。地方政府在场域中推行行政干预，与各利益群体达成"共识"，制定出资本及其空间发挥效能的制度或法律，实现文化、资本、空间三者之间的融合。政府调控使得游客、社区、投资商、知识精英等利益群体被权力机构"收编"。

③媒体调控。通过报纸、广播、电视、互联网等媒体机构对信息流、文化流等进行调控，通过信息传播强化对游客的影响和感知。

综上，茶文化空间是旅游话语系统各个供给要素之间的关系平台，与游客的消费需求结构上同源，游客的消费需求的改变将会触及茶文化空间结构要素的转型和升级。因此，游客需求的多样性，必然招致茶文化空间旅游产品类型的多样性和供求关系的复杂性。

二、空间形成是供需关系下游客主观需求与空间供给的客观响应

（1）供需关系是旅游市场运行的基本逻辑，又是茶文化空间形成与发展的内在机理。游客进入旅游地后，必然涉及对各种旅游产品的需求，产品生产、消费载体是空间，游客的茶文化需求必然要求产生空间的服务供给。从旅游和茶文化空间发展的相关性来看，科技空间、农耕空间、商品服务空间、生产空间、食宿空间及文娱空间等与旅游人次双侧检验在 0.01 水平上呈现显著相关关系，同时，科技空间、农耕空间、商品服务空间、生产空间、食宿空间、文娱空间等与旅游收入双侧检验在 0.01 水平上显著相关。商品服务空间与旅游的关系最为活跃，与旅游人次、旅游收入之间的关系系数均达到 0.9 以上。可见，购物、住宿、餐饮、观光、娱乐是游客来到旅游地后较为强烈的需求动机，旅游地的供给结构系统则必然涉及商品、食宿、景区等旅游服务空间及衍生的种植、生产等空间形态的响应。

（2）旅游地茶文化空间的形成阶段性特征较为明显，通常会经历萌芽期、形成期、发展巩固期及升级或衰落期四个发展阶段。游客接待量、旅游收入、旅游业重大事件、茶文化空间数量等是阶段性划分的主要依据，

这些划分依据通常代表着该阶段茶文化空间发展的主要特征。游客接待量增大、旅游收入提升，这一时期，将会明显发现茶文化空间数量、产值的提升。反之，则会下降。在这个过程中，重大事件会成为关键节点，重大事件会刺激稳定的旅游市场，使其一下子活跃起来，空间建造会产生乘数效应。

（3）1979年—2015年，武夷山茶文化空间形态从单一、简易的生产、生活空间演化为多元、内涵丰富的旅游服务空间。旅游业发展初期，游客少，茶文化空间仅仅是以简单形式出现在游客集中的天游峰、水帘洞、竹筏码头等景区。游客增多后，随着住宿、餐饮服务空间的生产，旅游地逐渐衍生出商品服务空间、居民服务空间、食宿空间、文娱空间等旅游空间新形态。商品服务空间提供购物服务，与游客直接接触，演化的速度最快，文化内涵最丰富。文娱空间为游客提供休闲、创意、体验文化，属于游客的精神空间。科技空间、居民服务空间间接为游客服务，演化速度较为缓慢。总之，茶文化空间在旅游的推动下，形态不断衍生和演化。

（4）1979年—2015年，茶文化空间的市场管理主体由单一的地方政府经营管理的非公司企业法人发展为当前的个体工商户、有限责任公司、农民专业合作社、个人独资企业、外商投资企业等多元主体。其中，个体工商户占比71.17%，有限责任公司占比27.46%，累计比例98.63%，几乎垄断了茶文化空间市场。整体上看，市场管理主体发展速度不均衡，阶段性特征明显，个体工商户、有限责任公司、农民专业合作社、个人独资企业等市场管理主体前期缓慢增长，后期快速提升。计划经济时期，大多为国有或集体所有制企业，市场管理主体地位不显著。进入市场经济时代，具有商品生产功能的有限责任公司及具有商品销售功能的个体工商户等市场管理主体纷纷出现，并一直占据主导地位。随着市场的不断开放及拓展，个人独资企业和外商投资企业的市场份额不断增大，成为市场结构的要素。对于茶文化空间而言，农民专业合作社成为市场管理新业态，近些年来，呈现出快速增长势头。

（5）1979年—2015年，茶文化空间由传统的生产、购物功能逐渐衍生出文化传播、旅游观光、文创策划等功能。不同的空间形态代表着不同的空间功能，商品服务空间、生产空间所主导的茶文化空间网络发展格局决定了购物功能、生产功能始终处于核心地位，所代表的茶叶批零、毛茶制售、茶及土产销售、茶具销售等是空间功能最为活跃的要素。随着游客文化消费需求的增加，茶文化交流、茶文化传播、茶园观光、广告制作、文创策划、空间设计等新业态的空间功能要素不断出现，这些新功能更偏向于文化和审美。

（6）1979年—2015年，茶文化空间格局从低密度的"主次双核"向高密度的"主次四核"演化。萌芽阶段，游客少，文化空间数量小，规模度低，零散分布在武夷街道、星村镇等景区分布集中地区，空间结构表现为沿着交通要道分布，点轴放射状的"一字型"结构。发展巩固阶段，文化空间不断生产和重构，规模度提升，演化为"主次四核"的分布形态，极化聚集在国家旅游度假区、旅游景区、交通要道的同时，也不断向周边乡镇扩散，空间结构演化为相互联结的"网—轴结构"，形成了以武夷街道为核心旅游节点，新丰街道、崇安街道和星村镇为次一级旅游节点的文化空间地域系统。

（7）1979年—2015年，茶文化空间在各乡镇的分布格局从旅游资源依赖向产业资源依赖转向。早期的茶文化空间主要分布在旅游景区景点分布集中、游客流集中的武夷街道、星村镇，这两个乡镇区位优势显著。后期的茶文化空间分布开始向兴田镇、五夫镇、上梅乡、洋庄乡、吴屯乡、岚谷乡等偏远乡镇转移，这些乡镇旅游资源丰裕度低、游客流小，但是茶园、茶厂等产业资源丰富，农耕空间、生产空间等空间形态在这里分布的比率高。就空间形态而言，商品服务空间、食宿空间、文娱空间、居民服务空间由于空间功能是向游客直接提供旅游服务，仍然集中分布在游客流较为集中的乡镇区域，不过，随着互联网时代的来临，商品服务空间对游客的依赖性逐渐减弱，逐步向新丰街道、崇安街道等物流发达、房租较为低廉的乡镇转移，茶文化空间格局进入了重新整合和重构的新时期。

（8）1979年—2015年，茶文化空间在各片区路段整体上形成了一轴两带的空间格局。贯穿各片区路段的核心发展轴是五九路—武夷大道—大王峰路。次级发展带分别为玉女峰路—武夷宫—御茶园路口—前兰路口—

星村发展带，以及大王峰路—印象大红袍路口—公馆村—南赤游客集散中心—南源岭—兴田镇发展带。各空间形态沿着发展轴在各片区路段呈现簇团式分布。其中，商品服务空间集中分布在武夷片、华龙段、双利段、苏闽段；生产空间以星村片、武夷片比重最高，食宿空间、文娱空间仍然以游客流集中的武夷片、五九路附近区域为主。这些主要的茶文化空间形态在片区路段的空间经营基本遵循区位优势好、交通便利、商业氛围浓、人流量大的街道、路段进行文化空间建构。并且遵循物以类聚的规则，逐步发展成为专业化很强的特色空间。如武夷山三姑国家旅游度假区的红袍一条街，是专业销售茶叶、茶具、茶包装、茶器等商品服务空间的聚集地。

三、空间驱动是多力交织下各种影响因素共同作用的结果

1979 年—2015 年，武夷山的茶文化空间迅速发展，是旅游地文化空间中最具活力、衍化速度最快的一种空间类型，从空间性、文化性和经济性衡量，该类型空间代表着文化空间发展的最高水平。茶文化空间的形成是一个长期的、复杂的、曲折的过程。文化空间数量、形态、格局的变化是外在的、可视的、现象的，而空间演化的驱动力则是内在的、潜藏的、规律的。旅游活动介入后，主观因素对客观因素的利益博弈，成为空间演化的推动力。除了旅游因素外，有些因素的影响是长期的、有些因素是短期的，有时属于单因素影响，有时属于多因素协同影响。凡此种种，决定了茶文化空间演化驱动机制的复杂性。

（1）市场供需因素、政府管理因素和文化资本因素是旅游地茶文化空间的主要影响因素。根据武夷山茶文化空间影响因素的实证研究，游客流、旅游收入、可支配收入等需求因素是影响茶文化空间的主要因素。居民可支配收入的提升，增加了旅游动机，出游率提升，需求量增大，旅游收入提高。根据供需理论，需求因素的冲击带来了供给因素的响应。地区国内生产总值的提升，提高了空间生产的能力。投资商对茶文化空间的投资金额、涉茶从业人员等越来越多，空间供给能力不断提升。政府管理因素对茶文化空间的影响主要通过茶产业政策、财政支持确定文化霸权和空间优势，通过文化宣传提高茶叶知名度，间接引导相关利益主体，不断建构茶

文化空间。文化资本与游客自身文化需求有关，决定着旅游产品的消费分层，助推着茶文化空间的文化内涵使其越来越丰富。

（2）从市场供需、政府管理与文化资本三个维度构建驱动机制的指标评价体系，采用熵值法对影响因素的进行权重计算，归纳出市场供需、政府管理、文化资本三个驱动因素的动力综合水平。整体上看，驱动因素的发展表现为逐年稳步上升态势。其中，市场供需驱动因因素对旅游地茶文化空间发展与演化的影响效果最为显著，表明旅游接待人次、旅游总收入、居民人均可支配收入、投资商、当地居民等指标的作用机制对茶文化空间的演化影响深远。管理因素具有后发优势，文化资本影响文化内涵的提升。

（3）根据理论分析及前期多类型旅游空间的文献梳理，进一步补充文化空间影响因素，需求因素主要围绕游客的直接作用力展开，如人口规模、城镇居民可支配收入、客源结构、人口结构变化、居住环境、旅游客源市场、旅游接待人数等影响因素，间接影响因子为旅游收入、旅游产品价格、旅游交通服务价格与服务次数、外部需求环境、重游率等。供给因素与旅游地的供给能力相关，投资商、当地居民、知识精英等相关利益主体是文化空间的主要生产者和产品供给者，产品的供给水平与资本投资量、旅游资源开发水平、接待能力、服务水平、地方经济发展水平、旅游资源禀赋、旅游企业数、旅游从业人数、科学技术、交通通达度等影响因子密不可分。政府管理因素进一步强调了政府的调控手段，如空间宏观的空间发展战略、旅游规划、旅游合作、旅游要素投入、旅游基础设施等。文化资本深化了社会资本、消费者偏好、消费观念、群体意识和价值取向等影响因子的作用机制。

总之，根据茶文化空间的实证研究及相关文献的梳理，把旅游地茶文化空间演化的驱动机制概括为：需求内驱力、供给外驱力、政府调控力和文化资本助推力联合驱动的结果，并建构出"三制四力"的驱动机制模型。

四、空间演化是不同发展阶段多种驱动力交替作用的外在表现

从茶文化空间演化的量化分析得知，1979 年—2015 年，武夷山的茶文化空间演化的外在表现呈现阶段性特征。1999 年申遗成功之前，属于自然演化阶段。1999 年—2006 年，空间演化速度缓慢上升，进入人为演化阶段。2006 年后，空间演化驶入快车道，人为演化特征明显。其中，空间规模度指数、茶具年销售额和人均 GDP 是茶文化空间自身演化的核心指标。结合市场供需因素、政府管理、文化资本因素作为自变量，通过 VAR 模型的脉冲分析和方差分解对茶文化空间的演化机理进行动态回归分析。

（1）脉冲分析指外界作用力冲击下茶文化空间产生的供给响应，反映着作用力的动态变化。1979 年—2015 年整体上看，文化资本因素的作用力较小，市场供需因素对茶文化空间演化的作用力最大，政府管理的作用力次之。从历时性演化特征看，市场供需因素对茶文化空间的脉冲响应是在第 4 期后开始显现，茶文化空间的动态影响曲线呈现为起伏波动的摆动状态。不过，从旅游总收入增长率的变化轨迹看，旅游总收入增长率变化与茶文化空间演化存在一致性，表明旅游总收入持续促进茶文化空间的演化。

（2）方差分解主要解释需求、供给、管理与文化资本等驱动力影响的持久程度。1979 年—2015 年整体上看，市场供需因素对茶文化空间演化的方差贡献率持续增大，最高达到 47.31%，表明市场供需因素的作用力最为显著和持久。政府管理因素的方差贡献率次之，最高达到 16.36%，冲击影响也相对持续和稳定。从历时性演化特征看，第 1 期茶文化空间自身作用力方差贡献率较大，属于自然演化阶段。表明政府管理机制对茶文化空间规划和引导后期发挥着重要影响。

（3）鉴于旅游背景下武夷山茶文化空间演化的动态分析，并结合多类型文化空间演化的理论研究及文献分析，通常从如下方面观测旅游地茶文化空间的演化机理：旅游地茶文化空间的演化过程通常经历萌芽阶段、形成阶段、发展巩固阶段和升级或衰落阶段，并历经了农耕空间、生产空间、旅游服务空间、旅游文创空间等空间形态的升级，空间格局从点轴极核结构逐渐演化为网状关联结构，为游客提供文化消费的空间服务系统被建构起来。

萌芽阶段，旅游地茶文化空间零散分布在景区内的少数区域，主要靠自身的自然演化。

形成阶段，供给要素响应游客需求，投资商、地方居民开始向游客流集中的度假区、酒店、购物广场、集散中心等区域建构茶文化空间，为游客提供商业服务，这种聚集状态通常趋向于人为演化。

发展巩固阶段，需求、供给、政府、文化资本等多因素纷纷介入茶文化空间的生产与重构，空间规模度快速提升，进入极化分布状态，市场竞争加剧，人为演化的速度提升。

升级或衰落阶段，随着游客数量的减少，投资商、地方居民等供给因素的产品生产数量减少，为降低企业成本，文化空间被迫转型或向偏远地区扩散，人为演化的驱动力逐渐减弱。

基于以上空间演化特征的分析和归纳，建构旅游地茶文化空间演化机理的理论模型。

五、研究不足与展望

旅游地茶文化空间的发展是一个复杂过程，它既有发展的连续性，又有要素的复杂性，还要综合考虑结构、形态、动力机制、演化机理的系统性。本研究的探索还处在一个表面层次，相关结论也有待实践验证，对茶文化空间的演化还需进一步深入探究。因作者学识水平的限制，本文在研究过程中可能存在如下不足：

（1）茶文化空间演化评价指标的科学性与合理性，有待进一步验证。

文化空间演化的指标体系，前期研究较少，尤其是文化的演化，用客观指标量化的难度较大，在数据搜集过程中，因统计数据的缺失，较多具有说服力的代表性指标，只能通过相关性强的可替代性指标进行代替。这样，部分指标不一定是最切近解释对象的理想指标，通过模型估计及因果关系检验，剔除未达到参数估计要求的几个指标，使其合乎经济学意义。虽然研究结果可能存在误差，但是研究过程应尽量做到科学、真实、客观。

（2）指标数据获取的庞大、困难与相对不足。

首先，本研究茶文化空间形成、驱动与演化的度量数据要求数量较为庞大，来自统计年鉴及国民经济和社会发展统计公报数据、武夷山市统计局数据处理中心、福建武夷山旅游发展股份有限公司、旅游局、茶业局等政府官方数据及深入相关企业调研搜集的企业数据，获取较为困难。因统计口径的差异及统计数据内容的非标准化，造成较多的指标数据在某些年度上存在缺失，为了进行统计分析，需要科学对缺失值进行处理，一定程度上增加了误差项的产生。

其次，数据获取相对不足。1979年—2015年，武夷山旅游业发展30余年，但是20世纪90年代之前的时间序列数据统计不全，难以满足指标的需要。因此，在演化机理的量化研究中，只能截取20年的数据进行量化分析，对武夷山旅游发展初期茶文化空间的演化机理难以做自回归的动态分析。

（3）其他案例地茶文化空间演化研究缺失及无力顾及。

在对文献梳理的过程中发现，其他案例地茶文化空间的研究较少，空间演化机理的阐释与分析也较为缺失。茶文化空间演化是一个复杂的过程，需要深入访谈和田野调查获取数据资料。因此，本研究选取了茶旅结合较有代表性、典型性的武夷山作为案例地，待后期条件成熟，增加案例地对研究结论做进一步的验证和推广。

另外，虽然在理论上借鉴了供需理论、旅游地生命周期理论、文化资本理论、点—轴理论等经济性、社会学、地理学的有关理论，但这些探索毕竟还是初步的。接下来需要努力研究的方向：

其一，文化资本对茶文化空间的影响需要进一步深入研究。茶文化空间的未来趋势是文创空间，而文化资本是文创空间发展的主要驱动力，关注了文化资本的发展，基本可以把握旅游地茶文创空间的发展趋势。

其二，立足于文化传承和文化创新的视角，进一步关注茶文化空间的旅游化生存问题。在旅游地，茶文化空间较为活跃，旅游化生存是茶文化空间可持续发展的重要途径。

其三，加大旅游地文化空间的研究。在旅游地茶文化空间演化评价指标体系的基础上，进一步验证、拓展和完善，构建旅游地文化空间的评价指标体系。

附录 A：武夷山文化资源赋存状况表

文化类型	资源类型	资源名称	分布位置	文化级别	旅游价值
历史文化	生产生活遗址	城村闽越王城遗址。	兴田镇城村。	国家重点文物保护单位	高
	红色遗址	赤石暴动旧址、列宁公园、闽北苏区大安。	武夷山市区中部、南部、洋庄乡大安村等。	省级文物保护单位	较高
	古墓葬	武夷悬棺、虹桥板。	九曲溪中部沿岸分布最多。	省级文物保护单位	较高
建筑文化	古民居	古崖居遗构。	水帘洞景区丹霞嶂。	世界文化遗产	较高
		下梅邹氏大夫地民居群。	武夷街道下梅村，为清代建筑。	历史文化名村古建筑群	较高
	古村	城村古村落。	兴田镇城村，明清建筑。	市级文物单位6处	一般
	古街	五夫兴贤古街。	武夷山市五夫镇西北，由6街坊组成，明清建筑。	市级文物单位6处	较高
	古桥	馀庆桥。	武夷山市区南门。	省级文物保护单位	较高
摩崖文化	摩崖石刻	水光、九曲、空谷传声、逝者如斯、壁立万仞、道南理窟、玉皇大天尊、世外沧浪等430余方。	分布景区各处，以九曲溪最为集中。	世界文化遗产	高

文化类型	资源类型	资源名称	分布位置	文化级别	旅游价值
理学文化	理学名流	杨时、游酢、李侗、朱熹、蔡元定、黄幹、真德秀、陈省等。	文化足迹主要分布在风景名胜区内。	世界文化遗产	较高
	理学遗迹	紫阳楼、朱子巷、朱子社仓、密庵、冲佑观、刘公神道碑、御赐"学达性天"匾额。	主要分布于五夫镇及天游峰、武夷宫景区。	世界文化遗产	较高
	书院文化	水云寮、叔圭精舍、屏山书院、兴贤书院、武夷精舍等。	主要分布在天游峰景区四周及五夫镇。	世界文化遗产	较高
道教文化	羽流名道	李良佐、王延羲、葛真人、李铁笛、白玉蟾、江师隆、江三宝。	文化足迹主要分布在风景名胜区内。		较高
	道教宫观	冲佑观、会真观、止止庵、天游观、云龙道院、桃源观、云窝道院、水帘道观、垒石道观等。	主要分布于风景名胜区内。	世界文化遗产	较高
佛教文化	佛教寺庙	瑞岩禅寺、天心永乐禅寺、慧苑寺、白云禅寺、妙莲寺。	岚古乡吴屯村、武夷山风景名胜区等。	世界文化遗产	较高
	高僧大德	扣冰古佛、道谦禅师、圆悟禅师、僧衍操、僧道桓、释超全、铁华上人、德容和尚、妙湛法师等。	文化足迹主要分布在岚谷乡吴屯村、风景名胜区内。	世界文化遗产	较高
茶文化	茶文化遗迹	御茶园遗迹、遇林亭窑址、大红袍母树、古茶园佛国古茶厂、茶洞、茶灶。	主要位于武夷山风景区。	世界文化遗产	高
	茶艺	宋代斗茶、茶百戏、武夷茶艺、禅茶茶道、止止茶道等。	文化再现于三姑国家旅游度假区茶文化空间内。	世界文化遗产	较高

文化类型	资源类型	资源名称	分布位置	文化级别	旅游价值
茶文化	茶歌舞	《武夷采茶词》《捡茶女》《采茶》《大红袍》《喊山》《祭茶》《敬你一杯武夷茶》等。	文化再现于三姑国家旅游度假区茶文化空间内。	世界文化遗产	较高
	茶诗文	苏轼《叶嘉传》、丁谓《咏茶》、朱熹《茶灶》、范仲淹《和章岷从事斗茶歌》等。	文化再现于三姑国家旅游度假区茶文化空间内。	世界文化遗产	较高
非遗文化	手工技艺	武夷岩茶（大红袍）制作工艺。	武夷山茶厂。	国家级非物质文化遗产	高
	民俗风情	枫坡拔烛桥、灯舞（五夫龙鱼戏）。	兴田镇、五夫镇等。	省级非物质文化遗产	一般

资料来源：根据遗产研究中心、《武夷山志》、《武夷茶经》等资料整理。

附录B：影响武夷山旅游业发展的重大事件表

发展历程	年份 （年）	月份	重大事件
武夷山旅游业的起步：景区的规划和建设（1979年—1988年）	1979	2月	崇安县武夷山规划队进入武夷山风景区进行景区规划工作。5月，成立崇安县武夷山建设委员会，进行风景区的开发建设和管理工作。
		4月	福建省革命委员会向国务院呈报《关于将武夷山自然保护区列为国家重点自然保护区的请示报告》。7月3日，国务院正式批准将武夷山自然保护区列为国家重点自然保护区。
	1980	2月	福建省人民政府批准成立福建省武夷山管理局，负责景区规划建设工作。
		4月	武夷山管理局提出武夷山风景区总体规划方案的《编写说明》。由福建省建设厅牵头，深入武夷山风景区，对风景区名胜资源进行综合考察。
		5月	邀请南京工程学院建筑研究所承担武夷山风景区建筑设计，逐步建成统一风格的风景名胜区。 中共福建省委第一书记纪项南到武夷山视察，提出"把武夷山建成特区"的设想。从1982年，每年拨款100万元作为武夷山风景区开发建设经费。
	1981	10月	由港澳《大公报》《文汇报》等10余家新闻单位，21位记者组成的港澳新闻界访问团游览武夷山。随后在海外发表大量文章，赞誉"武夷山水冠港澳"。
		12月	福建省人民政府将武夷山自然保护区和武夷山风景区合并成立武夷山管理局，为县一级机构，归中共建阳地委领导。
	1982	11月	国务院批准武夷山风景区为首批国家重点风景名胜区。
	1983	6月	武夷山管理局编制《武夷山风景名胜区总体规划》。
		11月	国家主席李先念视察武夷山风景区和自然保护区。为武夷山题词："武夷胜景，山不能破坏，水不能污染。"

发展历程	年份（年）	月份	重大事件
武夷山旅游业的起步：景区的规划和建设（1979年—1988年）	1983	10月	武夷山管理局与美籍华人黄忠良先生合办的"武夷山兰庭学院"（1989年改为国际武夷山兰亭学院）在幔亭山房正式开学。
	1985	10月	福建省管理局创办武夷山书画社，作为武夷山与海外文化交流窗口。
	1986	1月	福建省经济技术协作公司组织开辟的福州—武夷山旅游包机正式开航，首航客机从福州直飞武夷山。
		6月	福建省人民政府批准《武夷山溪东旅游服务区规划》。
	1987	3月	武夷山自然保护区正式加入联合国教科文组织"人与生物圈计划"的国际生物圈保护区网，并颁发证书。
		5月	武夷号旅游特快专列（福州——南平）正式通车。一九九八年十二月十日，直达武夷山。
武夷山旅游业的勃兴：基础设施的建设和完善（1989年—1998年）	1989	8月	经国务院批准，撤销崇安县，设立武夷山市。
	1990	3月	福建省武夷山管理局改为武夷山风景名胜区管理委员会。
		9月	世界旅游组织执委会主席巴尔科夫人考察武夷山并题词："未受污染的武夷山风景区是世界环境保护的典范"。
		10月	纪念朱熹诞辰860周年暨第三次朱子学国际学术研讨会在武夷山举行，日本、美国、韩国、新加坡、法国等国及港台260余名专家、学者与会。
	1991	5月	武夷山风景区被中华人民共和国国家旅游局确定公布为第一批中国奇山异水旅游国线，排名首位。
		12月	横南铁路（由南平经武夷山到江西横峰）计划正式通过专家论证。次年3月4日正式立项，12月26日正式动工。
		10月	国务院批复在武夷山风景区溪东旅游服务区设立武夷山国家旅游度假区，为全国首批11个国家旅游度假区之一。
		12月	武夷山风景区仿宋古街旅游配套工程、虎啸岩景区、大红袍茶文化旅游新线路、九曲溪码头等先后动身建设。
	1994	10月	中共武夷山市委、市政府举行设县建市千年庆典活动。原国家主席杨尚昆、海内外新闻界、投资商等1000多名代表聚集，共议发展武夷山之计。
	1995	5月	全国旅游局长座谈会在武夷山召开。会议就1995年中国休闲度假游，《旅游法》草案，2010年长远规划等问题进行了讨论。
		9月	武夷山正式向国家旅游局申参与创建中国优秀旅游城市活动，1999年1月5日在广西桂林的全国旅游工作会议暨创建中国优秀旅游城市工作会议上，武夷山市被正式授予"中国优秀旅游城市"称号。

发展历程	年份 （年）	月份	重大事件
武夷山旅游业的勃兴：基础设施的建设和完善（1989年—1998年）	1995	10月	在武夷山召开海峡两岸纪念朱熹诞辰865周年暨朱熹对中国文化贡献学术会议，来自海峡两岸的专家，学者80余人参加会议。
		10月	为纪念明代旅行家，地理学家徐霞客入闽考察武夷山等名山380周年，在武夷山举办"96中国武夷山休闲度假旅年·徐霞客文化旅游节"。
	1997	1月	武夷山市政府民航武夷山站在武夷山机场举行仪式，欢迎第一批抵达武夷山的游客，拉开武夷山97中国旅游年活动的序幕。
		3月	在武夷山举办"97中国旅游武夷山茶之旅"活动。
		7月	武夷山风景名胜区大红袍文化旅游线路剪彩开通。同时，武夷山风景区管委会开始勘察规划水帘洞鹰嘴岩旅游线路的改造建设工程。
	1998	8月	武夷山国家旅游度假区综合开发项目正式入选国家旅游局确定的第一批中国旅游业发展优先项目。
武夷山旅游业成熟阶段：旅游品牌的打造（1999年—2008年）	1999	4月	福建省首趟定期"假日列车"福州至武夷山"周末假日列车"开始运营。
		9月	"爱我中华，爱我武夷"武夷山旅游文化艺术节开幕。艺术节活动持续一个月，基本上每天都有节目，以迎接中华人民共和国五十华诞，展示武夷山旅游文化风采。
		11月	经福建省人民政府批准，全以风景名胜区企业改制的旅游股份制企业福建武夷山旅游发展股份有限公司在武夷山成立，并举行第一次股东大会。
		12月	联合国教科文组织世界遗产委员会第23届大会经审定，顺利通过将武夷山作为世界文化与自然双重遗产列入《世界遗产名录》的决议。至此，武夷山申报世界双遗产取得圆满成功。武夷山，从而成为我国继泰山、黄山、峨眉山之后的第四处，世界第23处文化与自然双遗产地。
		7月	由南平市政府主办，武夷山市政府承办的武夷国际旅游投资洽谈会在武夷山举行。
	2001	4月	第一届中国武夷山世界遗产节在武夷山景区，召开遗产节期间举办"世界遗产论坛"。

发展历程	年份 （年）	月份	重大事件
武夷山旅游业成熟阶段：旅游品牌的打造（1999年—2008年）	2002	9月	武夷山市在天心永乐禅寺举行世界文化遗产省市级文物保护单位揭碑仪式。9月30日，10月初武夷山城村民俗文化村旅游项目正式对外开放。 由武夷山民营企业绿州竹业有限公司开发的新景点——武夷山龙川大峡谷正式对外开放。
	2004	12月	武夷山森林公园和原始森林公园被评为国家森林公园。
	2005	1月	武夷国旅成为闽北首家出国游组团社。经国家旅游局批准，我省的武夷山中国国际旅行社有限责任公司、漳州国旅、厦门春辉国旅、漳州中旅等四家旅行社被新增为出国游组团社。这样，武夷国旅就成闽北首家由国家旅游局批准的出国周游组团社。
		2月	武夷山入选了由国家发改委、中宣部、国家旅游局等13家单位首次联合公布的《2004年至2010年全国红色旅游发展规划纲要》中的红色旅游精品线路，即黄山—婺源—上饶—弋阳—武夷山线。
		4月	由景区集团公司、乡镇、村民共同组建的下梅民俗文化旅游发展有限公司成立，这不仅标志着武夷山乡村旅游开发步入一个新起点。
		5月	武夷山市旅游协会与台湾省嘉义市旅行商业同业公会签署并交换了"武夷山—阿里山旅游对接合作意向书"，使武夷山和阿里山成为海峡两岸旅游合作的首对名山。
	2006	10月	"浪漫武夷，风雅茶韵"，武夷山大红袍晋京系列推介活动。
	2007	5月	第三届中国武夷山旅游节即将举办，第三届中国武夷山旅游节暨第十届海峡西岸武夷国际旅游投资洽谈会在武夷山市举办。
	2008	4月	江泽民同志在武夷山考察。
		8月	武夷山被国家旅游局批准列入国家首批5A级旅游景区。
		11月	张艺谋率《印象大红袍》总导演组专程从北京飞抵武夷山，并对武夷山实地采风考察。
	2009	5月	由品牌中国产业联盟、共青团福建省委南平市人民政联合主办的"品牌中国武夷高峰论坛"5月13日在武夷山风景高尔夫酒店隆重举行。

发展历程	年份（年）	月份	重大事件
武夷山旅游业转型升级阶段：产品升级（2009年至今）	2009	12月	中国武夷山国际山水茶体育旅游节暨武夷山国际茶业博览会举行。
	2010	3月	3月5日16：15，从厦门高崎国际机场起飞的厦航MF8314航班承载151位乘客降落武夷山机场，标志着目前国内首条专为国家级旅游度假景区而打造的旅游空中快线厦门—武夷山空中快线正式开通。
	2011	11月	武夷山市积极规划整合全市文化旅游资源，内容包括进一步完善城村闽越王城、五夫朱子文化、瑞岩寺等文化旅游项目建设，挖掘整理柳永文化旅游项目茶刘战旅游项目，开发建设柳永纪念馆、武夷茶都，丰富文化旅游内涵，整合乡村旅游项目。
	2013	5月	第16届海峡西岸武夷国际投资洽谈会在武夷山举行。来自美国、加拿大澳大利亚、巴西、新加坡等国家和港澳台地区及省内外的1800多名客商及嘉宾参加了大会；签约合同项目278个，投资总额1027亿元。
		12月	据国家旅游局在官网上公示了2013年国家生态旅游示范区名单，共有39家单位拟为"国家生态旅游示范区"，武夷山国家生态旅游示范区入选。 12月30日第三届"万里茶道"与城市发展中蒙俄市长峰会筹备动员大会举行。
	2014	1月	迎接高铁时代融入武夷新区，构建大武夷旅游圈，做足旅游辐射。
		2月	武夷山旅游产品列"99必游必购必尝"前茅。
		3月	武夷山获"2013年度最佳山水景区"。
		4月	武夷茶联姻宜兴壶，打造壶茶旅游快速通道。
		7月	武夷山入选中国十大生态旅游景区入选。
		8月	第三届"万里茶道"与城市发展中蒙俄市长峰会硬件建设现场办公会在下梅召开。
		9月	迎接高铁时代的到来，推出"清新福建行，一元游大武夷"活动，为期9个月，从9月1日至9月30日。
	2015	4月	"武夷水秀·梦之泉"在国家旅游度假区武夷水秀剧场首演。
		6月	合福高铁通车，武夷山进入高铁时代，游客接待量猛增。

资料来源：根据《武夷山志》资料整理

附录 C：1979—1998 年武夷山市茶厂分布表

序号	名称	所有者	所有制形式	经营场所	空间形态	空间功能	资料来源	所在区域	所在乡镇
1	武夷山市茶叶总厂	武夷山市茶场	省办	厂房	生产空间	生产功能	《武夷山市志》	茶场	武夷街道
2	武夷山市岩茶厂	综合农场	县办	厂房	生产空间	生产功能	《武夷山市志》	天心村	武夷街道
3	九龙山茶厂	武夷街道	乡办	厂房	生产空间	生产功能	《武夷山市志》	柘洋村	武夷街道
4	天心茶叶精制茶厂	天心村办	村办	厂房	生产空间	生产功能	《武夷山市志》	天心村	武夷街道
5	武夷山市茶叶精制厂	茶叶局	县办	厂房	生产空间	生产功能	《武夷山市志》	下洲	新丰街道
6	岩福茶厂	新丰街道办	乡办	厂房	生产空间	生产功能	田野调查	岩福路	新丰街道
7	兴田茶厂	兴田镇	乡办	厂房	生产空间	生产功能	《武夷山市志》	兴田村	兴田镇
8	农业外资扶持企业基地	兴田镇	乡办	厂房	生产空间	生产功能	田野调查	兴田村	兴田镇
9	黄土农场茶厂	兴田镇	村办	厂房	生产空间	生产功能	《武夷山市志》	程家洲村	兴田镇
10	南岸茶厂	南岸村办企业	村办	厂房	生产空间	生产功能	《武夷山市志》	南岸村	兴田镇
11	盛兴茶厂	兴田镇	个体	厂房	生产空间	生产功能	《武夷山市志》	兴田村	兴田镇

序号	名称	所有者	所有制形式	经营场所	空间形态	空间功能	资料来源	所在区域	所在乡镇
12	九曲茶叶精制厂	星村镇	乡办	厂房	生产空间	生产功能	《武夷山市志》	星村	星村镇
13	九曲茶厂	星村镇	村办	厂房	生产空间	生产功能	《武夷山市志》	星村	星村镇
14	九曲茶叶示范厂	星村镇	村办	厂房	生产空间	生产功能	《武夷山市志》	星村	星村镇
15	曹墩茶厂	曹墩村办茶厂	村办	厂房	生产空间	生产功能	田野调查	曹墩村	星村镇
16	桐木红茶厂	星村镇	村办	厂房	生产空间	生产功能	《武夷山市志》	桐木村	星村镇
17	华侨农场精制茶厂	华侨农场	县办	厂房	生产空间	生产功能	《武夷山市志》	黎源村	星村镇

附录 D：茶文化空间功能中心度统计表

序号	关键字段	频次	点度中心度	中间中心度	接近中心度
1	茶叶批零	1134	730	147.49	70.115
2	毛茶制售	501	355	45.953	67.033
3	茶叶种植	425	1619	134.339	85.915
4	茶具销售	321	1309	48.130	82.432
5	茶具、土产销售	283	710	46.202	78.205
6	茶叶包装	240	956	27.965	77.215
7	茶文化交流	199	898	31.977	79.221
8	茶文化传播	169	838	48.256	85.915
9	茶几根雕销售	121	591	31.001	75.309
10	茶叶包装设计	114	548	27.965	75.309
11	茶工艺品销售	114	241	29.849	70.115
12	旅游工艺品销售	96	468	17.645	73.494
13	茶园观光	92	524	64.533	72.619
14	营销策划	68	436	22.803	78.205
15	茶艺表演	52	309	15.304	73.494
16	茶叶网上批零	49	254	6.555	65.591
17	茶叶生产加工	37	145	5.591	61.616
18	广告制作	34	241	24.928	76.250
19	茶用品销售	31	154	12.334	71.765
20	会议会展服务	30	225	24.099	77.215
21	烟、茶零售	24	53	4.714	58.654
22	茶叶销售	22	80	5.125	63.542
23	茶具等藏品销售	22	86	8.475	64.894
24	文化活动策划	21	120	25.742	75.309
25	网络技术服务	20	173	15.379	73.494
26	企业形象策划	19	163	9.434	70.115
27	毛茶加工	19	108	1.775	57.009

序号	关键字段	频次	点度中心度	中间中心度	接近中心度
28	茶叶技术服务	18	98	31.593	60.396
29	包装盒销售	18	29	0.481	54.464
30	企业管理	17	127	20.928	73.494
31	商务咨询	14	108	16.546	71.765
32	园林绿化、设计	13	97	16.762	70.930
33	文艺活动策划	13	113	10.542	63.542
34	生态农业开发	13	85	15.171	67.033
35	购、售社员产品	12	60	0.000	49.194
36	茶服饰销售	12	107	19.820	70.115
37	旅游观光	12	44	0.103	53.982
38	购、供农产资料	12	60	0.000	49.194
39	住宿服务	12	3	0.000	41.497
40	茶文化研究	10	31	0.328	51.695
41	初级农产品加工	10	40	3.775	58.654
42	图文、动画设计	10	97	3.412	61.616
43	影视制作	9	73	4.259	61.000
44	农产品加工服务	9	50	0.000	49.194
45	文创策划	9	39	6.947	63.542
46	房地产服务	8	52	7.771	63.542
47	茶空间设计	8	68	14.198	69.318
48	品牌策划	8	72	2.391	59.804
49	电脑技术服务	8	88	5.305	66.304
50	文艺交流	7	46	4.107	62.245
51	文旅项目开发	6	27	1.898	55.455
52	工艺美术品设计	6	56	5.815	64.894
53	茶新品研究	6	37	1.772	57.547
54	旅游项目开发	6	33	0.973	55.963
55	茶食品销售	6	9	0.056	49.593
56	茶饰品销售	5	30	1.422	59.223
57	电商服务	5	42	4.130	59.223
58	茶叶技术研究	5	34	0.000	49.194
59	茶叶外贸服务	5	46	5.341	64.211
60	礼仪服务	5	36	3.378	61.616
61	茶保健服务	5	44	3.411	58.654

参考文献

［1］［美］罗伯特·K·殷.案例研究：设计与方法（周海涛，译者）.重庆：重庆大学出版社，2004.

［2］黄羊山，王建瓶.旅游规划.福州：福建人民出版社，1999.

［3］保继刚，楚义芳等.旅游地理学.北京：高等教育出版社，2010.

［4］王丰龙，刘云刚.尺度概念的演化与尺度的本质：基于二次抽象的尺度认识论.人文地理，2015，130（1）：9-15.

［5］冯天瑜.中华文化词典.武汉：武汉大学出版社，2001.

［6］Henri Lefebvre.The Production of Space. Translated by Donald Nicholson-Smith. Blackwell，1991:25-28.

［7］Gartner W. Tourism image：Attribute Measurement of State Tourism Products Using Multidimensional Scaling Techniques. Journal of Travel Research，1989，28（2）：16-20.

［8］Gartner W. Image Formation Process.Journal of Travel and Tourism Marketing，1994，2（2）：191-216.

［9］Mazanec J A. Image Measurement with Self-organizing Maps: A Tentative Application to Austrian Tour Operators.Tourism Review，1994，49（3）：9-18.

［10］Charlotte M Echtner，J R Brent Ritchie. The Meaning and Measurement of Destination Image.The Journal of Tourism Studies，2003，14（1）：37-48.

［11］Bonn M A, Joseph-Matthews M S, Dai M, Hayes S and Cave J. Culture and Heritage Attraction Atmospherics : Creating the Right Environment for Visitors.Journal of Travel Research. 2007, 45（4）: 345-354.

［12］Fiske John. Heading the Popular. London : Routledge, 1995 : 43-76.

［13］张晓萍，李鑫.基于文化空间理论的非物质文化遗产保护与旅游化生存实践.学术探索，2010（6）:105-109.

［14］陈虹.试谈文化空间的概念与内涵.学术论坛，2006（4）: 44-47.

［15］张博.非物质文化遗产的文化空间保护.青海社会科学，2007，9（1）: 33-37.

［16］向云驹.论"文化空间".中央民族大学学报，2008，35（3）: 81-88.

［17］苗伟.文化时间与文化空间：文化环境的本体论维度.思想战线，2010，36（1）: 101-106.

［18］萧放.城市节日与城市文化空间的营造——以宋明以来都市节日为例.西北民族研究，2010，67（4）: 99-110.

［19］王晴.论图书馆作为公共文化空间的价值特征及优化策略.图书馆建设，2013（2）: 77-80.

［20］李星明.旅游地文化空间及其演化机理.经济地理,2015,35（5）: 174-179.

［21］MacCannell D. Staged authenticity: Arrangements of social space in visitor settings.American Journal of Sociology，1979，79（3）: 589-603.

［22］关昕."文化空间：节日与社会生活的公共性"国际学术研讨会综述.民俗研究，2007，33（2）: 265-272.

［23］李玉臻.非物质文化遗产视角下的文化空间研究.学术论坛，2008，212（9）: 178-181.

［24］朴松爱、樊友猛.文化空间理论与大遗址旅游资源保护开发——以曲阜片区大遗址为例.旅游学刊，2012，22（4）: 39-47.

［25］王承旭.城市文化的空间解读.规划师，2006，22（4）：69-72.

［26］侯兵，黄震方，徐海军.文化旅游的空间形态研究——基于文化空间的综述与启示.旅游学刊，2011，26（3）：70-77.

［27］吴文藻.吴文藻人类学社会学研究文集.北京：民族出版社，1990：76.

［28］Jordan T G, Mona Domosh, Lester Rowntree. The Human Mosaic: A Thematic Introduction to Cultural Geography，7th edition.New York:Longnan，1997:3-30.

［29］赵荣，王恩涌等.人文地理学.北京：高等教育出版社，2000:23-24.

［30］李蕾蕾.从新文化地理学重构人文地理学的研究框架.地理研究，2004，23（1）：125-134.

［31］唐晓峰，周尚意，李蕾蕾."超级机制"与文化地理学研究.地理研究，2008，27（2）：431-438.

［32］张敏，张捷，姚磊.南京大学文化地理学研究进展.地理科学，2013，33（1）：24-28.

［33］向云驹.再论"文化空间"——关于非物质文化遗产若干哲学问题之二.民间文化论坛，2009（5）：5-12.

［34］D. Harvey. Social Justice and the City. London: Edward Arnold Ltd. 1973:13.

［35］［美］戴维·哈维.后现代的状况——对文化变迁之缘起的探究（阎嘉，译者）.北京：商务印书馆，2003:258.

［36］黄继刚.爱德华·索雅的空间文化理论研究:［博士学位论文］.济南：山东大学，2009:6.

［37］胡惠林.时间与空间文化经济学论纲.探索与争鸣，2013（5）：10-16.

［38］赵红梅.论旅游文化——文化人类学视野.旅游学刊，2014，29（1）：16-26.

［39］王方，周秉根．旅游文化的类型与特征及其在旅游业中的地位分析．安徽师范大学学报（自然科学版），2004，27（1）：87-90.

［40］王明煊，胡定鹏．中国旅游文化．杭州：浙江大学出版社，1998.

［41］沈祖祥．旅游与中国文化．北京：旅游教育出版社，2002.

［42］李向明，杨桂华．中国旅游审美观的变迁与发展——基于山水文化的视角．广西民族大学学报（哲学社会科学版），2011，33（1）：150-155.

［43］李悦铮，俞金国，付鸿志．我国区域宗教文化景观及其旅游开发．人文地理，2003，18（3）：60-63.

［44］石坚韧．旅游城市的建筑文化遗产与历史街区保护修缮策略研究．经济地理，2010，30（3）：508-513.

［45］张军．对民俗旅游文化本真性的多维度思考．旅游学刊，2005，20（5）：38-42.

［46］田茂军．保护与开发：民俗旅游的文化反思．江西社会科学，2004（9）：227-230.

［47］曹玮，胡燕，曹昌智．推进城镇化应促进传统村落保护与发展．城市发展研究，2013（8）：34-36.

［48］彭欢首．长沙市旅游文化发展战略初探．旅游学刊，1998（3）：21-23.

［49］何建伟．深圳华侨城旅游文化特色探析．旅游学刊，1999（5）：54-57.

［50］杨刚．关于南岳旅游文化发展的若干问题探讨．经济地理，2001，21（5）：633-636.

［51］马晓冬，翟仁祥．论旅游文化资源及其开发——以苏北地区为例．人文地理，2001，16（6）：89-92.

［52］郑辽吉．丹东市旅游文化开发及其利用．经济地理，2002，22（S1）：276-280.

［53］曹诗图，沈中印．长江三峡旅游文化开发战略构想．西南师范大学学报（人文社会科学版），2004，30（2）：78-81.

［54］吴永江.张家界城市旅游文化建设与发展战略.广西社会科学，2008（6）：207-210.

［55］刘敏，陈田，钟林生.草原旅游文化内涵的挖掘与提升——以内蒙古自治区为例.干旱区地理，2006，29（1）：156-162.

［56］Echtner M.Ritchie J. The meaning and measurement of destination image The Journal of Tourism Studies，1991，2（2）：2-12.

［57］王玲.基于公共文化空间视角的上海市博物馆旅游发展研究：［博士学位论文］.上海：复旦大学，2010.

［58］高红岩.电影旅游集群的文化空间生产研究.人文地理，2011，26（6）：34-39.

［59］郭凌，王志章.乡村旅游开发与文化空间生产——基于对三圣乡红砂村的个案研究.社会科学家，2014（4）：83-86.

［60］安宁，朱竑，刘晨.文学旅游地的空间重构研究——以凤凰古城为例.地理科学，2014，34（12）：1462-1469.

［61］黄剑锋，陆林.空间生产视角下的旅游地空间研究范式转型——基于空间涌现性的空间研究新范式.地理科学，2015，35（1）：47-55.

［62］陈岗.旅游文化的空间形式与空间整合模式研究——以古都南京文化旅游为例.改革与战略，2011，27（10）：137-139.

［63］翟文燕，张侃，常芳.基于地域"景观基因"理念下的古城文化空间认知结构——以西安城市建筑风格为例.人文地理，2010，25（2）：78-81.

［64］黄泰，保继刚.基于文化空间解读的城市水上旅游组织策划模式研究——苏州环城河水上旅游案例分析.规划师，2008，24（8）：37-40.

［65］明庆忠，段超.基于空间生产理论的古镇旅游景观空间重构.云南师范大学学报（哲社版），2014，46（1）：42-48.

［66］王德刚，田芸.旅游化生存：非物质文化遗产的现代生存模式.北京第二外国语学院学报，2010（1）：16-21.

［67］严雷.旅游地文化空间形成机理研究——以恩施六角亭老城区为例：［硕士学位论文］.武汉：华中师范大学，2014：14.

［68］［德］海德格尔.演讲与论文集（孙周兴 译者）.北京：生活·读书·新知三联书店，2005：163.

［69］张祖群.古都遗产旅游的文化空间类型研究.北京：经济管理出版社，2014：146.

［70］［德］海德格尔.海德格尔选集（孙周兴 选编）.上海：三联书店，1996.

［71］周新华.茶文化空间概念的拓展及茶席功能的提升.农业考古，2011（2）：86-89.

［72］中华茶人联谊会.中华茶叶五千年.北京：人民出版社，2001：35.

［73］王立霞.茶·茶文化·茶文化学：茶的文化史考察.农业考古，2013（2）：23-31.

［74］李爽，丁瑜，钟爱勤，伍艳慈.基于社交媒体的广州早茶文化空间建构研究.特区经济，2016（7）：24-30.

［75］朱宇丹.传统茶文化元素在室内空间中的应用.福建茶叶，2016（10）：91-92.

［76］李伟，郭芳.论茶文化对旅游业的牵引作用.云南师范大学学报，2002，34（1）：75-80.

［77］宗敏丽，祁黄雄，吴健生等.茶文化旅游模式研究及开发策略——以浙江顾渚村为例.中国农学通报，2012，28（3）315-320.

［78］周晓芳.广州茶文化旅游资源的开发利用.资源开发与市场，2003，19（1）：41-57.

［79］林南枝，陶汉军.旅游经济学.南开大学出版社，2009：19-63.

［80］董亚娟.供需视角下入境旅游流驱动与城市目的地响应耦合关系研究——以西安市为例：［博士学位论文］.西安：陕西师范大学，2012.

［81］朱晓峰.生命周期方法论.科学学研究，2004，22（6）：566-571

［82］Butler R W. The concept of a tourist area cycle of evolution : Implications for management of resources. Canadian Geographer, 1980, 24（1）：

5-12.

［83］朱伟珏."资本"的一种非经济学解读——布迪厄"文化资本"概念.社会科学，2005（6）：117-163.

［84］布迪厄.文化资本与社会炼金术——布尔迪厄访谈录（包亚明 译者）.上海：生活人民出版社，1997：192-201.

［85］王宁，刘丹萍等.旅行社会学.南开大学出版社，2008：85.

［86］程晓丽，枙亚雯.基于点—轴理论的皖南国际旅游文化示范区旅游空间结构研究.地理科学，2013，33（9）：1082-1088.

［87］吴必虎，俞曦.旅游规划原理.北京：中国旅游出版社，2010：242.

［88］孙兆刚.论文化生态系统.系统辩证学学报，2003，11（3）：100-103.

［89］邓先瑞.试论文化生态及其研究意义.华中师范大学学报（人文社会科学版），2003，42（1）：93-97.

［90］黎德扬，孙兆刚.论文化生态系统的演化.武汉理工大学学报（社会科学版），2003，16（2）：97-101.

［91］［美］克莱德·M·伍兹.文化变迁.何瑞福译，石家庄：河北人民出版社，1989：29-37.

［92］赵红梅.民族旅游：文化变迁与族群性.旅游学刊,2013,28(11)：10-11.

［93］孙九霞，苏静.旅游影响下传统社区空间变迁的理论探讨——基于空间生产理论的反思.旅游学刊，2014，29（5）：78-86.

［94］马耀峰.旅游研究之顶层设计——时空思维的旅游应用与启示.中国旅游评论，2011（7）：26-28.

［95］徐通锵.字的重新分析和汉语语义语法的研究.语文研究，2005（3）：1-9.

［96］方东美.原始儒家道家哲学.台北：黎明文化事业股份有限公司，1983：133.

［97］［德］海德格尔.形而上学导论（熊伟，王庆节，译者）.北京：

商务印书馆，1996：65.

[98] 柏拉图.蒂迈欧篇（谢文郁，译者）上海：上海人民出版社，2005：35.

[99][英]牛顿.自然哲学的数学原理（赵振江 译者）.北京：商务印书馆，2006：7.

[100] David Harvey. The Geopolitics of Capitalism in Gregory（eds）Social Relations and Spatial Structures. New York：St Martin's Press：142.

[101] Henri Lefebvre.The Production of Space.Translated by Donald Nicholson-Smith. Blackwell，1991：26.

[102] Mathieson A Wall G.Tourism：Economic，Physical and Social Impacts. Essex：Longman Ltd，1982.

[103] Pearce D.Tourist Development（Second Edition）. Essex：Longman Scientific &Technical，1992.

[104] Mitchell L. Recreational geography：inventory and prospect. Pros. George，1985（1）：198-120.

[105] Christaller.W. Some considerations of tourism location in Europe：the peripheral regions-underdeveloped countries- recreation areas.Regional Science Association Papers，1964，12：95-103.

[106] Friedmann，J.Regional Development Policy：A Case Study of Venezuela..Cambridge：MIT Press. 1966.

[107] Cooper，C.P. Spatial and temporal patterns of tourist behaviour. Regional Studies，1981，15（5）：359-371.

[108] Fagence，M. Georaphically-referenced planning strategies to resolve potential conflict between environmental vaJues and commercial interests in tourism development in environmentally sensitive areas.Journal of Environmental Management，1990，31：1-18.

[109] Smith，R.A. Beach resort evolution implications for planning. Annals of Tourism Research，1992，19（1）：304-322.

[110] Fujita M，Krugman P，Venables A J. The Spatial Economy：

Cities, Regions and International Trade.Cambridge, Massachusetts : MIT Press, 1999.

［111］MacDonald R. Lee J. Cultural rural tourism : Evidence from Canada. Annals of Tourism Research, 2003, 30（2）: 307-322.

［112］Andreas Papatheodorou. Exploring the evolution of tourism resorts. Annals of Tourism Research, 2004, 31（1）: 219 -237.

［113］Tosun C, Timothy D, Ozturk Y. Tourism Growth, National Development and Regional Inequality in Turkey.Journal of Sustainable Tourism, 2003, 11（2）: 133-161.

［114］Hall C, Page S. The geography of tourism and recreation : Environment, space and place. London : Routledge, 2006.

［115］朱晶晶, 陆林等 . 海岛型旅游地空间结构演化机理分析——以浙江省舟山群岛为例 . 人文地理, 2007, 93（01）: 34-39.

［116］卞显红 . 城市旅游核心—边缘空间结构形成机制——基于协同发展视角 . 地域研究与开发, 2009, 28（04）: 67-71.

［117］王丽华, 俞金国 .20 世纪 90 年代以来我国主要旅游城市格局演化特征及机制研究 . 地域研究与开发, 2008, 27（05）: 54-58.

［118］戈冬梅, 姜磊 . 基于 ESDA 方法与空间计量模型的旅游影响因素分析 . 热带地理, 2012, 32（5）: 561-567.

［119］张奇, 刘小燕, 谭璇 . 重庆市高等级旅游景区发展演变及空间分布特征探究 . 市场论坛, 2012（2）: 28-31.

［120］王淑新, 王学定 . 西部地区旅游经济空间变化趋势及影响因素研究 . 旅游科学, 2012, 26（6）: 55-67.

［121］刘佳, 赵金金 . 中国省域旅游经济发展的时空分异特征及其影响因素研究 . 经济问题探索, 2012（11）: 110-116.

［122］刘佳, 奚一丹 . 长三角地区旅游经济发展格局演化与影响因素空间计量分析 . 云南地理环境研究, 2015, 27（3）: 15-24.

［123］李如友, 黄常州 . 江苏省旅游经济重心演进格局及其驱动机制 . 地域研究与开发, 2015, 34（01）: 93-99.

［124］刘法建，张捷.中国入境旅游流网络结构特征及动因研究.地理学报，2010，65（8）：1013-1024.

［125］李莺飞，郭晓东.新疆入境旅游发展的空间差异及其演变趋势分析.资源开发与市场，2014，30（5）：633-636.

［126］薛华菊，马耀峰.基于 ESDA-GIS 中国入境旅游流质时空演进模式及影响因素研究.资源科学，2014，36（9）：1860-1869.

［127］梁璐.城市餐饮业的空间格局及其影响因素分析——以西安市为例.西北大学学报（自然科学版），2007，37（6）：925-930.

［128］陈辞，李强森.城市空间结构演变及其影响因素探析.经济研究导刊，2010，92（18）：144-146.

［129］吴勇.山地城镇空间结构演变研究——以西南地区山地城镇为主：［博士学位论文］.重庆：重庆大学，2012.

［130］刘晓星.中国传统聚落形态的有机演进途径及其启示.城市规划学刊，2007，169（3）：55-60.

［131］郭晓东，马利邦，张启媛.基于 GIS 的秦安县乡村聚落空间演变特征及其驱动机制研究.经济地理，2012，32（7）：56-62.

［132］王静，徐峰.村庄聚落空间形态发展模式研究.北京农学院学报，2012，27（2）：57-62.

［133］冯应斌.丘陵地区村域居民点演变过程及调控策略：重庆市潼南县古泥村实证：［博士学位论文］.重庆：西南大学，2014.

［134］靳诚，徐菁，陆玉麟.长三角区域旅游合作演化动力机制探讨.旅游学刊，2006，21（12）：43-47.

［135］陈非，庄伟光，李坚诚.区域旅游合作的"核心—边缘"模式及动力机制——以"海西"为例.广东社会科学，2012（03）：60-66.

［136］黄华.边疆省区旅游空间结构的形成与演进研究——以云南省为例：［博士学位论文］.上海：华东师范大学，2012.

［137］王峰，刘安乐，明庆忠，西南边疆山区旅游空间格局演化特征及其驱动机制——以云南省为例.云南师范大学学报（哲学社会科学版），2014，46（04）：61-68.

［138］金丽.国际旅游城市形成发展的动力机制与发展模式研究：［博士学位论文］.天津：天津大学，2007.

［139］刘名俭，黄茜.武汉城市圈旅游产业空间集聚的动力机制研究.湖北大学学报（哲学社会科学版），2010，37（05）：70-74.

［140］陆林，鲍捷.基于耗散结构理论的千岛湖旅游地演化过程及机制.地理学报，2010，65（6）：755-768.

［141］韩非，蔡建明，刘军萍.大都市郊区乡村旅游地发展的驱动力分析——以北京市为例.干旱区资源与环境，2010，24（11）：195-200.

［142］游巍斌，何东进等.武夷山风景名胜区景观格局演变与驱动机制.山地学报，2011，29（06）：677-687.

［143］毛长义，张述林，田万顷.基于区域共生的古镇（村）旅游驱动模式探讨——以重庆16个国家级历史文化名镇为例.重庆师范大学学报（自然科学版），2012，29（05）：71-77.

［144］曹芳东，黄震方等.城市旅游发展效率的时空格局演化特征及其驱动机制——以泛长江三角洲地区为例.地理研究，2012，31（08）：1431-1444.

［145］［131］尹寿兵，刘云霞，赵鹏.景区内旅游小企业发展的驱动机制——西递村案例研究.地理研究，2013，32（02）：360-368.

［146］杨俊，李月辰等.旅游城镇化背景下沿海小镇的土地利用空间格局演变与驱动机制研究——以大连市金石滩国家旅游度假区为例.自然资源学报，2014，29（10）：1721-1733.

［147］熊亚丹.区域旅游发展保障、动因分析——以环鄱阳湖区域为例.旅游纵览（下半月），2015（09）：191.

［148］刘传喜，唐代剑与常俊杰，杭州乡村旅游产业集聚的时空演化与机理研究——基于社会资本视角.农业经济问题，2015（06）：35-43.

［149］刘少湃.大城市近郊旅游景区的空间演变.城市问题，2008（08）：14-17.

［150］向宝惠，柴江豪，唐承财.武夷山三姑旅游城镇空间结构演化过程及其调控策略.生态经济，2009（10）：79-81.

[151] 周年兴，梁艳艳，杭清. 同里古镇旅游商业化的空间格局演变、形成机制及特征. 南京师大学报（自然科学版），2013，36（04）：155-159.

[152] 龚伟，马木兰. 乡村旅行社区空间共同演化研究. 旅游科学，2014，28（03）：49-62.

[153] 李雪，董锁成，李善同. 旅游地域系统演化综述. 旅游学刊，2012，27（9）：46-55.

[154] 李伯华，刘沛林等. 景区边缘型乡村旅游地人居环境演变特征及影响机制研究——以大南岳旅游圈为例. 地理科学，2014，34（11）：1353-1360.

[155] 朱翠兰，侯志强. 基于系统熵的区域旅游合作系统演化研究——以厦漳泉地区为例. 旅游论坛，2013，6（05）：56-61.

[156] 陈睿，吕斌. 区域旅游地空间自组织网络模型及其应用. 地理与地理信息科学，2004，20（06）：81-86.

[157] 张立明，赵黎明. 旅游目的地系统及空间演变模式研究——以长江三峡旅游目的地为例. 西南交通大学学报（社会科学版），2005，6（01）：78-83.

[158] 汪德根. 城市旅游空间结构演变与优化研究——以苏州市为例. 城市发展研究，2007（01）：21-26.

[159] 陈虹涛，武联. 信息时代我国城市游憩商务空间演变初探. 西北大学学报（自然科学版），2007，37（05）：835-838.

[160] 卞显红. 城市旅游空间成长及其空间结构演变机制分析. 桂林旅游高等专科学校学报，2002，13（03）：30-35.

[161] 陈梅花，张欢欢，石培基. 大兰州滨河带旅游空间结构演变研究. 干旱区资源与环境，2010，24（12）：195-200.

[162] 任开荣. 区域旅游系统空间结构演化研究——以丽江市为例. 安徽农业科学，2010，38（18）：9806-9807.

[163] 张华. 旅游目的地区域空间结构演化研究——以岳阳为例. 广义虚拟经济研究，2010（02）：48-59.

[164] 陈志钢，保继刚，典型旅游城市游憩商业区空间形态演变及影

响机制——以广西阳朔县为例.地理研究,2012,31(07):1339–1351.

[165]程晓丽,黄国萍.安徽省旅游空间结构演变及优化.人文地理,2012(06):145–150.

[166]刘大均,谢双玉等.基于分形理论的区域旅游景区系统空间结构演化模式研究——以武汉市为例.经济地理,2013,33(4):155–160.

[167]胡宪洋,马嘉,寇永哲.大西安旅游圈旅游规模分布演变及空间特征.经济地理,2013,33(06):188–192.

[168]牟红,雷子珺.长江三峡旅游共生空间结构生长与演进研究.未来与发展,2013(12):110–113.

[169]王慧娴,张辉.旅游政策与省级旅游目的地空间演进互动机制研究.经济问题,2015(06):109–113.

[170]卞显红,闫雪.内生与外生型旅游产业集群空间演化研究.商业研究,2012(08):180–187.

[171]乔花芳,曾菊新,李伯华.乡村旅游发展的村镇空间结构效应——以武汉市石榴红村为例.地域研究与开发,2010,29(03):101–105.

[172]申涛,田良.海南岛旅游吸引物空间结构及其演化——基于41家高等级旅游景区(点)的分析.热带地理,2010,30(01):96–100.

[173]朱岚涛,王力峰,黄梅芳.中原旅游圈空间结构演化与发展模式研究.经济地理,2012,32(07):147–151.

[174]马朋朋,张胜男.国外城市创意旅游空间演化研究.特区经济,2012(11):108–109.

[175]王恩旭,吴荻,辽宁沿海经济带旅游空间结构演变与优化研究.辽宁师范大学学报(社会科学版),2014,37(04):505–509.

[176]戴学军.旅游景区(点)系统空间结构随机聚集分形研究——以南京市旅游景区(点)系统为例.自然资源学报,2005,20(05):706–713.

[177]赵小芸.旅游小城镇产业集群动态演化研究:[博士学位论文].上海:复旦大学,2010.

［178］李雪，李善同，董锁成.青岛市旅游地域系统演化时空维分析.中国人口·资源与环境，2011（S2）：246-249.

［179］李中轩，吴国玺.洛阳市旅游资源的空间结构及其演化模式.地域研究与开发，2012，31（04）：107-109.

［180］王朝辉，陆林等.世博建设期上海市旅游住宿产业空间格局演化.地理学报，2012，67（10）：1423-1437.

［181］陈君子，刘大均，谢双玉.武汉市旅游景区空间结构演化.热带地理，2013（03）：349-355.

［182］李文正.陕南A级旅游景区空间格局演变特征及内在机理研究.水土保持研究，2014，21（05）：138-143.

［183］薛华菊.环首都经济圈入境旅游规模—经济—质量空间演化研究.地理与地理信息科学，2014，30（05）：111-116.

［184］逯付荣，刘大均，谢双玉.湖北省优秀旅游城市空间结构演化研究.旅游论坛，2014，7（02）：63-67.

［185］龚箭，吴清，刘大均.中国优秀旅游城市空间分异及影响机理研究.人文地理，2014（02）：150-155.

［186］黄雪莹，张辉，厉新建.长三角地区旅游空间结构演进研究：2001-2012.华东经济管理，2014，28（01）：69-73.

［187］王峰，刘安乐，明庆忠.西南边疆山区旅游空间格局演化特征及其驱动机制——以云南省为例.云南师范大学学报（哲学社会科学版），2014，46（04）：61-68.

［188］虞虎，陈田等.中国农村居民省际旅游流网络空间结构特征与演化趋势.干旱区资源与环境，2015，29（06）：189-195.

［189］卢亮，陶卓民.农业旅游空间布局研究.商业研究，2005（19）：171-173.

［190］陆林，鲍杰等.桂林—漓江—阳朔旅游地系统空间演化模式及机制研究.地理科学，2012，32（09）：1066-1074.

［191］樊亚明，徐颂军.广东省温泉旅游地空间结构及演化发展.华南师范大学学报（自然科学版），2013，45（03）：99-105.

［192］林瑶云，李山．旅游圈空间演化的嵌套模型与效用分析．旅游学刊，2015，30（06）：17-29.

［193］史文涛，唐承丽等．河南省入境旅游经济时空差异演变研究．西部经济管理论坛，2014，25（01）：45-49.

［194］李晓维，唐睿．江苏省各城市接待国内旅游人数的时空演化特征分析——基于空间自相关和 Hurst 指数分析法．安徽农业大学学报（社会科学版），2015，24（06）：28-34.

［195］武夷山市市志编委会．武夷山市志．北京：中国统计出版社，1994：1021-1024.

［196］萧天喜．武夷茶经．北京：科学出版社，2008：67-106.

［197］迈尔斯，休伯曼．质性资料的分析：方法与实践（张芬芬，译者）．重庆：重庆大学出版社，2008：371-372.

［198］刘军．社会网络分析导论．北京：社会科学文献出版社，2004.

［199］海贝贝，李小建，许家伟．巩义市农村居民点空间格局演变及其影响因素．地理研究，2013，32（12）：2258-2269.

［200］郭显光．改进的熵值法及其在经济效益评价中的应用．系统工程理论与实践，1998（12）：98-102.

［201］高铁梅．计量经济分析方法与建模 –Eviews 应用及实例．北京：清华大学出版社，2009.

［202］叶启桐．名山灵芽——武夷岩茶．北京：中国农业出版社，2008：14.

［203］于洪雁，李秋雨等．社会网络视角下黑龙江省城市旅游经济联系的空间结构和空间发展模式研究．地理科学，2015，35（11）：1429-1436.

［204］汤国安，杨昕．地理信息系统空间分析实验教程．北京：科学出版社，2006：384-385.

［205］蔡雪娇，吴志峰，程炯．基于核密度估算的路网格局与景观破碎化分析．生态学杂志，2012，31（1）：158-164.

［206］沈惊宏，陆玉麒等．基于"点—轴"理论的皖江城市带旅游空

间布局整合.经济地理，2012，32（7）：43-49.

［207］陆玉麒.论点—轴系统理论的科学内涵.地理科学，2002，22（2）：136-140.

［208］龙茂兴，孙根年等.区域旅游"点—轴系统"演进研究——以陕南为例.经济地理，2010，30（8）：1383-1388.

［209］宗晓莲.旅游地空间商品化的形式与影响研究——以云南丽江古城为例［J］.旅游学刊，2005，20（4）：30-36.

［210］Rakic T, Chambers D. Rethingking the consumption of places［J］. Annals of Tourism Reaearch，2012，39（4）：1612-1633.

［211］风谈天.社会学研究方法.北京：中国人民大学出版社，2001.

［212］孙九霞，张骁鸣.中大旅游评论.广州：中山大学出版社，2014：5.

［213］董观志，刘芳.旅游景区游客流时间分异特征研究——以深圳欢乐谷为例.社会科学家，2005（1）：132-135.

［214］杨俭波.旅游地社会文化环境变迁机制试研究.旅游学刊，2001（6）：70-74.

［215］尹长林.长沙市城市空间形态演变及动态模拟研究：［博士学位论文］.长沙：中南大学，2008：30.

［216］方忠，吴华荣.城市创意指数评价体系研究——基于价值链分析法的视角.经济与管理，2011，25（4）：50-54.

［217］吕庆华，芦红.创意城市评价指标体系与实证研究.经济地理，2011，31（9）：1476-1482.

［218］孙维.文化资本的界定与测度［J］.统计与决策，2010（6）：166-167.

［219］Throsby D. Cultural Captital［J］. Journal of Cultural Economics，1999（23）：3-12.

［220］金相郁，武鹏.文化资本与区域经济发展的关系研究.统计研究，2009，26（2）：28-34.

［221］张科静，仓平，高长春.基于 TOPSIS 与熵值法的城市创意指数

评价研究 . 东华大学学报（自然科学版），2010，36（1）：81-85.

［222］刘合林 . 城市文化空间解读与利用——构建文化城市的新路径 . 南京：东南大学出版社，2010：113-114.

［223］吕庆华 . 中国创意城市评价 . 北京：光明日报出版社，2014：89-90.

［224］方忠权 . 广州会展企业空间聚集特征与影响因素 . 地理学报，2013，68（4）：464-476.

［225］王博，吴清等 . 武汉城市圈旅游经济网络结构及其演化 . 经济地理，2015，35（5）：192-197.

［226］向艺，郑林，王成璋 . 旅游经济增长因素的空间计量研究 . 经济地理，2012（6）：162-166.

［227］Granger C，Newbold P. Spurious regressions in ecomonics. Journal of Economics，1974，2（2）：111-120.

［228］向延平，蒋才芳 . 旅游外汇收入、FDI 和 GDP 关系的脉冲响应分析 . 数量统计与管理，2013，32（5）：896-902.

［229］Kant.Critique of Teleological Judgment.London：Hackett Publishing Company，1987：253.

［230］H.Hakent. Information and Self-Organization：A Macroscopic Approach to Complex Systems.Springer-Verlag，1988：11.

［231］许登峰 . 基于自组织理论的旅游产业集群发展研究 . 广西民族大学学报（哲学社会科学版），2010，32（1）：122-126.

［232］吴彤 . 自组织方法论研究 . 北京：清华大学出版社，2001：12-14.

［233］傅华 . 文化需求论——消费者对物品与劳务的另一种购买动机 . 南京经济学院学报，2000（1）：59-65.

［234］斐迪南·穆尼斯 . 共同体与社会——纯粹社会学的基本概念 . 北京：商务印书馆，1999：80.

［235］A.Yiannakis & H.Gibson.Roles Tourist Play. Annals of Tourism Research，1992，19（2）：287-303.